职业教育院校机电类专业系列教材

数控技术应用专业教学用书

# 数控机床维护与常见故障分析

宗国成　尹昭辉　沈为清　编

机　械　工　业　出　版　社

本书围绕数控机床的组成，从数控机床的使用和维护的角度，阐述了数控机床机械与电气控制的基本工作原理，论述了数控机床的维护与故障分析的常用方法，努力构建数控机床的基础知识和数控机床维护与故障分析技术新的体系，以利于技能型人才的培养和学生创新意识的建立。

本书为职业教育院校机电类专业系列教材，主要作为职业院校（高职或中职）数控技术应用专业、机电一体化专业和相关专业的教材，也可作为从事数控机床工作的工程技术人员的参考书。


**图书在版编目（CIP）数据**

数控机床维护与常见故障分析/宗国成，尹昭辉，沈为清编．—北京：机械工业出版社，2008.8（2021.7重印）

职业教育院校机电类专业系列教材．数控技术应用专业教学用书

ISBN 978-7-111-24589-6

Ⅰ．数…　Ⅱ．①宗…②尹…③沈…　Ⅲ．①数控机床—故障诊断—高等学校：技术学校—教材②数控机床—维修—高等学校：技术学校—教材　Ⅳ．TG659

中国版本图书馆CIP数据核字（2008）第100622号

机械工业出版社（北京市百万庄大街22号　邮政编码100037）

责任编辑：汪光灿　责任校对：纪　敬

封面设计：陈　沛　责任印制：郜　敏

北京盛通商印快线网络科技有限公司印刷

2021年7月第1版第8次印刷

184mm×260mm·10.25印张·243千字

标准书号：ISBN 978-7-111-24589-6

定价：33.00元

| 电话服务 | 网络服务 |
|---|---|
| 客服电话：010-88361066 | 机　工　官　网：www.cmpbook.com |
| 010-88379833 | 机　工　官　博：weibo.com/cmp1952 |
| 010-68326294 | 金　　书　　网：www.golden-book.com |
| **封底无防伪标均为盗版** | 机工教育服务网：www.cmpedu.com |

# 前　　言

本书是根据教育部现阶段技能型人才培养培训方案的指导思想和最新的专业教学计划——“数控机床维护与常见故障分析”课程大纲而编写的，是职业教育院校系列教材。本书的特点是充分考虑现阶段职业教育的现状，立足基础与应用，结合数控技术的特点，以数控机床的组成为主线进行重点内容的编排，结合数控机床的一般使用方法和维护保养规则进行数控机床知识的介绍。

本书共分为8章，主要内容包括：数控机床的工作过程（4学时）；数控机床的维护与管理（5学时）；数控机床故障诊断基本技能（5学时）；数控机床常见机械故障分析（10学时）；数控机床常见电气故障分析（4学时）；数控装置的故障分析（10学时）；驱动系统的故障分析（10学时）；PLC故障分析（4学时）。在论述本书时，力求视野开阔，立足点高，努力使所选编的内容有典型性；语言上尽可能地浅显易懂。

本书主要作为职业教育院校（高职或中职）数控技术应用专业、机电一体化专业和相关专业的教材，也可作为从事数控机床工作的工程技术人员的参考书。

本书由淮阴工学院宗国成（编写第一章、第二章、第三章、第六章）、淮安信息职业技术学院尹昭辉（编写第四章、第五章）、江苏财经职业技术学院沈为清（编写第七章、第八章）编写。在本书的编写过程中，淮阴工学院的侯志伟副教授给予了大力的支持，在此表示衷心感谢！

由于编者水平有限，书中难免有错误和不当之处，恳请读者批评指正。

**编　者**

**2008年2月**

# 目　　录

# 第一章　数控机床的工作过程

## 第一节　数控机床的作用

### 一、数控技术

国家标准定义数控（Numerical Control，简称 NC）为："用数字化信号对机床运动及其加工过程进行控制的一种方法"。数控技术是指用数字、文字和符号组成的数字指令来实现机械设备动作控制的技术。它所控制的通常是位置、角度、速度等机械量和相关动作的开关量。数控技术是机床控制与计算机技术密切结合发展起来的一项技术。

数控机床中的数控技术，是按行业规范的数字和文字编码方式，把各种机械位移、速度、加速度（见图 1-1 中 4）参数及和加工有关的辅助功能如主轴起停（见图 1-1 中 1）、自动更换刀具（见图 1-1 中 3）、切削液自动开启和停止等动作（见图 1-1 中 2），用数字、文字符号表示出来，由专门的数控系统识别并处理这些符号，将之变成电信号，由这些电信号利用电气部件及电动机，驱动机床自动地实现预计的机械动作，从而完成加工任务。1952 年，第一台数控机床问世，成为世界机械工业史上一件划时代的事件，推动了工业自动化的发展。由于现代数控机床都用计算机来进行控制，所以一般称为计算机数控（Computerized Numerical Control，简称 CNC）。目前，它是采用计算机实现数字程序控制的技术。这种技术用计算机按事先存储的控制程序来执行对设备的控制功能。由于采用计算机替代原先用硬件逻辑电路组成的数控装置，使输入数据的存储、处理、运算、逻辑判断等各种控制机能的实现，均可通过计算机软件来完成。

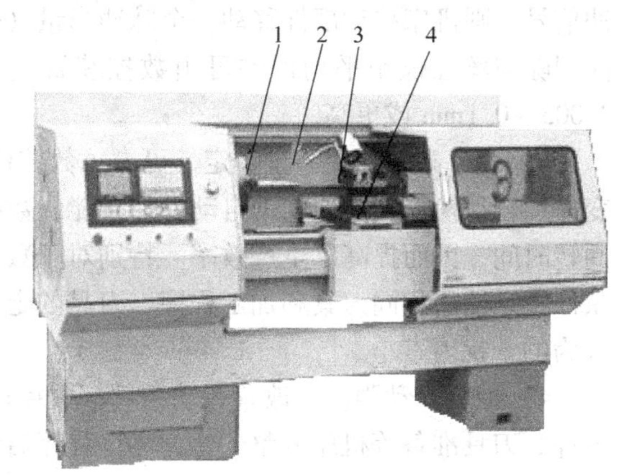


图 1-1　数控机床

1—主轴的起停、速度　2—切削液动作　3—刀架旋转　4—移动刀架（速度、加速度）

数控技术的应用，使数控机床成为一种技术密集度和自动化程度很高的机电一体化加工设备。它综合地应用了计算机技术、自动控制技术、精密测量技术等先进技术，涉及电力、电子、机械、控制等多个领域，它是现代制造技术的基础。

### 二、数控机床的作用

第一台数控机床是 1952 年美国帕森斯公司与麻省理工学院（MIT）为解决加工直升飞机叶片轮廓检验用样板而合作研制的三坐标数控铣床。随着科学技术的发展，机械产品结构更加合理，其性能、精度和效率提高很快，更新换代日趋频繁，生产类型也由大批大量生产向多品种小批量生产转化。因此，对机械产品的加工相应地提出了高精度、高柔性与高度自动化的要求。数控机床就是为了解决单件、小批量、特别是复杂型面零件加工并保证质量要求而产生的。

数控机床的基本作用也是用于零件的加工，但是数控机床是一种用数控系统来控制的机床，它的切削运动和辅助动作都受控于数控系统发出的指令。这样，在传统的普通机床上需要操作工人反复手工操作的内容，如切削液的开启关闭、主轴的开启与转速的变换、走刀路径的选择、进给部件的移动量确定及机床的停止操作等，将按照编程人员编写好的零件加工程序来自动执行，在自动加工过程中，人为的干预很少。

与普通机床相比，数控机床具有以下特点：

1）适应性强、具有高度柔性。适应性强是指数控机床更能适应随生产对象变化而变化。柔性是指在数控机床上加工零件，主要取决于加工程序，它与普通机床相比，制造、更换工具、夹具少，不需要经常调整机床。因此，数控机床适合单件、小批生产及新产品的开发。

2）精度高。数控机床正式加工过程不需要人工干预，而是自动工作的，并通过实时监控来保证加工工作的顺利完成。数控机床是按数字信号形式控制的，数控装置每输出一个脉冲信号，则机床移动部件移动一个脉冲当量（普通为0.001mm），而且机床进给传动链的反向间隙与丝杠螺距平均误差可由数控装置进行补偿，数控机床的加工精度，一般可达到0.005～0.1mm或更高。

3）效率高，加工质量稳定、可靠。数控机床可以采用较大的切削用量，而且具有自动变速、自动换刀和其他辅助自动操作功能，数控加工工序相对集中，减少了半成品的工序间周转时间，因而提高了生产效率。特别对于数控加工同一批零件，在同一机床，在相同加工条件下，使用相同刀具和加工程序，刀具的走刀轨迹相同，零件的一致性好，质量稳定，受人为的干扰因素小。

4）减轻劳动强度，改善劳动条件。数控机床操作者主要完成程序的输入、编辑、装卸零件、刀具准备等机床调整工作，零件程序启动后，机床就自动连续的进行加工，直至加工结束。操作者在自动加工过程中注意观察加工状态，并进行零件关键尺寸的检验等工作，劳动强度极大降低。另外，机床一般是封闭式加工，既清洁，又安全。

5）有利于生产管理的现代化。数控机床的加工，可预先精确估计加工时间，所使用的刀具、夹具可进行规范化、现代化管理，是现代集成制造技术的基础。

## 第二节　数控机床的种类

金属切削机床品种规格繁多，常见的机床有车床、钻床、镗床、磨床、齿轮加工机床、螺纹加工机床、铣床、刨插床、拉床、锯床等。数控机床是用数控系统装备起来的“工作母机”。现有的金属切削机床基本都能实现数控化。

### 一、按工艺要求分类

1. 普通数控机床

普通数控机床是指在加工工艺过程中能完成一个（或部分）工序加工的数控机床，如数控铣床、数控车床（见图1-1）、数控钻床、数控磨床等。普通数控机床在自动化程度上还不够完善，刀具的更换与零件的装夹仍需人工来完成。

值得注意的是，现代普通数控车床一般都带有自动回转刀架，可以一次完成较多工序的加工任务。

2. 加工中心

加工中心是指带有刀库和自动换刀装置的数控机床，可以分为铣削加工中心（见图1-2）和车削加工中心。

铣削加工中心将数控铣床、数控镗床、数控钻床的功能组合在一起，零件在一次装夹后，可以对大部分加工面进行铣、镗、钻、扩、铰及攻螺纹等多工序加工。车削加工中心将部分铣削功能移植到动力刀架上，从而零件在一次装夹后，可以完成回转体零件的常规车削和端面铣、钻孔等功能。加工中心能有效地减少由于多次装夹造成的定位误差，所以它适用于零件工序多、形状复杂、精度要求高、生产批量较小的产品。

图1-2　铣削加工中心

1—刀库　2—换刀机械手

## 二、按控制方式分类

按有无检测元件和反馈环节，可以分为开环、全闭环和半闭环系统的数控机床。

1. 开环控制系统

开环控制系统是指不带反馈装置的控制系统，由步进电动机驱动线路和步进电动机组成，如图1-3所示。数控装置经过控制运算发出脉冲信号，每一脉冲信号使步进电动机转动一定的角度，步进电动机通过滚珠丝杠推动工作台移动一定的距离。

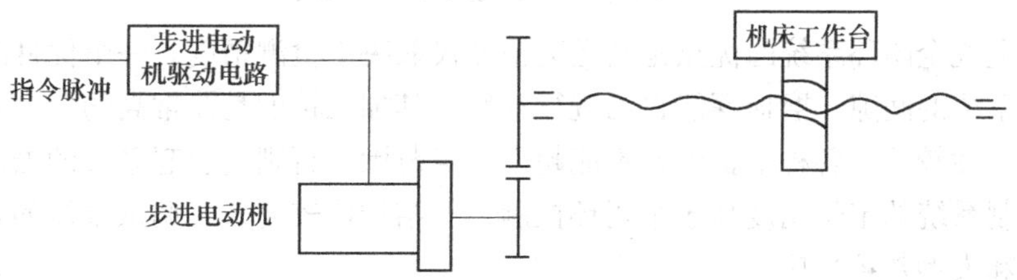


图1-3　开环控制数控机床原理

采用这种结构的数控机床结构比较简单，工作稳定，容易掌握使用，但控制精度和加工速度一般，适用于要求不高的零件的加工。

2. 半闭环控制系统

如图1-4所示，半闭环系统的特点是将角位移传感器装在传动丝杠或伺服电动机上，它检测的是转角信号。角位移信号反馈到数控装置的比较器中，与输入原指令位移值进行比较，用比较后的差值进行控制，使移动部件补充位移，直到差值消除为止，从而实现了从数控装置到电动机转角间的闭环自动调节。

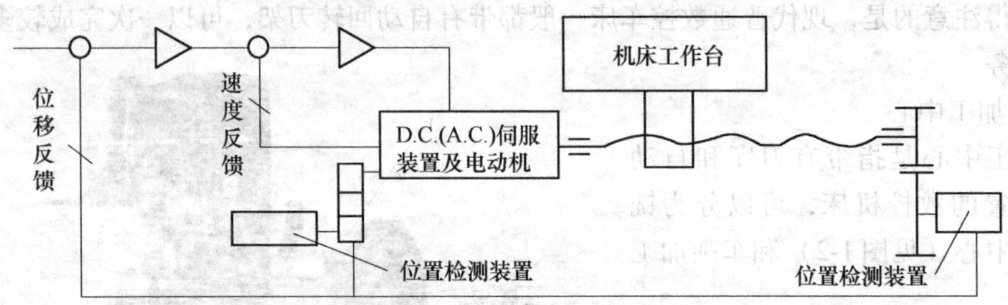


图 1-4 半闭环控制数控机床原理

半闭环系统的优点是系统稳定性好，精度控制适中，优于开环系统；缺点是所组成的控制环不包括机械传动链，故精度相对于全闭环要低。半闭环系统是大多数中小型数控机床所首选的结构形式。

3. 闭环控制系统

如图 1-5 所示，全闭环系统的特点是机床移动部件上直接安装有直线位移检测位置，检测装置将检测到的实际位移反馈到系统的比较器中，与输入的原指令位移值进行比较，系统用比较后的差值控制移动部件作补充位移，直到差值消除时才停止移动，从而实现精确定位与运动控制。

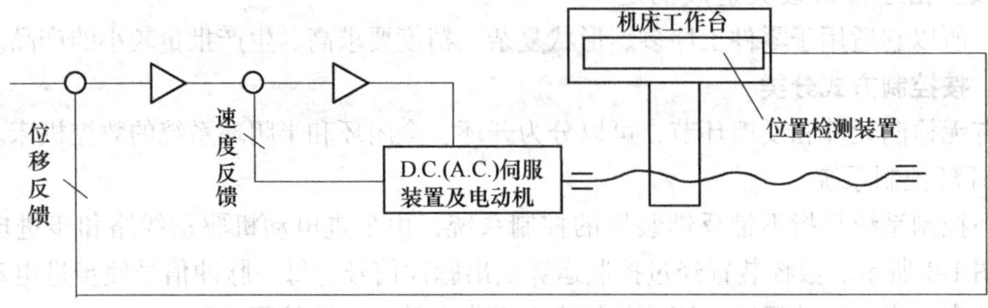


图 1-5 闭环控制数控机床原理

从理论上说全闭环系统的优点是其运动精度仅取决于检测精度。一个优良的全闭环系统可以对传动系统的间隙、磨损等能自动进行补偿，其加工精度是非常高的。全闭环系统的缺点是系统稳定性较差。各种干扰因素不能超出一定范围，否则会引起系统的振荡。

闭环控制系统的定位精度高于半闭环控制，但结构比较复杂，调试维修的难度较大，常用于高精度和大型数控机床。

## 三、按控制轨迹分类

按照数控装置控制机床移动部件的轨迹来分类，有点位控制数控机床、点位直线控制数控机床、轮廓控制数控机床等。

1. 点位控制数控机床

如图 1-6 所示，点位控制数控机床是指数控装置只控制刀具或工作台从一点准确移至另一点，然后进行定点加工，而点与点之间的路径不需要控制的数控机床。采用这类控制的有数控钻床、数控镗床等。

2. 点位直线控制数控机床

如图 1-7 所示，点位直线控制数控机床是指数控装置除控制直线轨迹的起点和终点的准确定位外，在这两点之间还要控制进给速度并进行直线切削。采用这类控制的有简单的数控铣床、数控车床和数控磨床等。

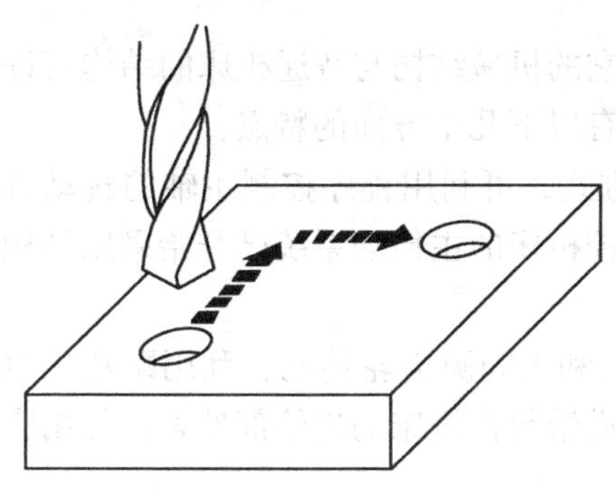

图 1-6　点位控制数控机床工作过程

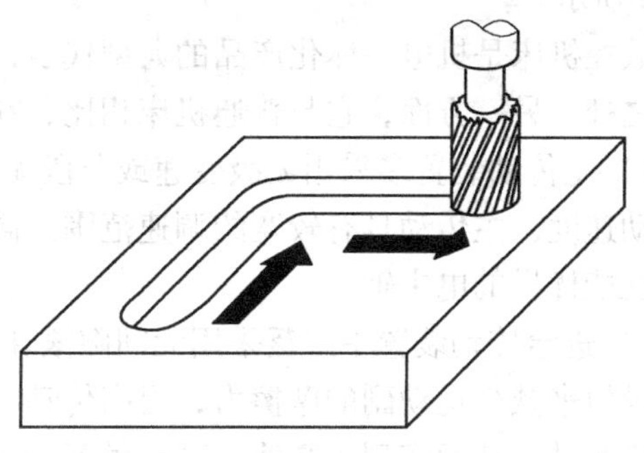

图 1-7　点位直线控制数控机床工作过程

3. 轮廓控制数控机床

如图 1-8 所示，轮廓控制数控机床是指能够连续控制两个或两个以上坐标方向的联合运动并进行切削加工的数控机床。为了使刀具或工作台能按照预定的轨迹加工工件的曲线轮廓，数控装置具有插补运算的功能。采用这类控制的有数控铣床、数控车床、数控磨床和加工中心等。

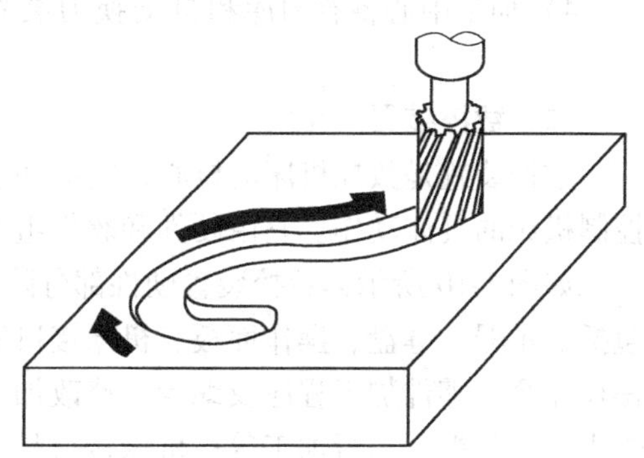

图 1-8　轮廓控制数控机床工作过程

数控装置控制几个坐标轴按需要的函数关系同时协调运动，称为坐标联动，按照联动轴数，数控机床还可以分为两轴联动、两轴半联动、三轴联动、多坐标联动数控机床等。联动轴数越多，机床档次越高，功能越强。

## 第三节　数控机床的构成

数控机床一般由机床机械本体和数控装置、伺服系统、可编程序控制器、检测反馈装置等组成，如图 1-9 所示。

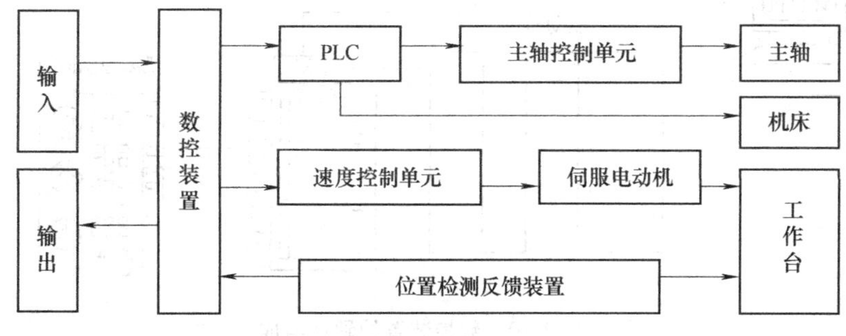


图 1-9　数控机床的组成

## 一、数控机床的机械本体

数控机床的机械本体一般包括床身、工作台、主轴部件、刀具部件等内容，如图 1-1、图 1-2 所示。

数控机床是机电一体化产品的典型代表，一方面它的机械结构与普通机床的结构有许多相似之处，另一方面，它与普通机床相比，在结构上有以下几个方面的特点：

1）主传动装置多采用无级变速或分段无级变速方式，可利用程序控制主轴的转动方向和转动速度，主传动具有较宽的调速范围。高转速数控机床的主传动系统已开始采用结构紧凑、性能优异的电主轴。

2）进给传动装置中广泛采用无间隙滚珠丝杠传动和无间隙齿轮传动，利用贴塑导轨或静压导轨来减少运动副的摩擦力，提高传动精度。高进给数控机床的进给部件直接使用直线电动机驱动，从而实现了高速、高灵敏度伺服驱动。

3）床身、立柱、横梁等主要支承件采用合理的截面形状，且采取一些补偿变形的措施，使其具有较高的结构刚度。

4）加工中心备有刀库和自动换刀装置，可进行多工序、多面加工，大大提高了生产率。

## 二、数控装置

数控装置是数控机床的核心，它的功能是接受载体送来的加工信息，经计算和处理后去控制机床的具体动作。它由硬件和软件组成。

如图 1-10 所示，数控装置硬件部分除计算机（一般为专用电路）外，其外围设备主要包括显示器、键盘、操作面板、机床接口等。显示器供显示加工信息与监控；键盘用于输入操作命令、零件加工程序及编辑、修改加工程序等；操作面板可供操作人员改变工作方式、输入设定数据、运行加工等；机床接口是计算机和机床之间联系的桥梁，机床接口包括伺服驱动接口及机床输入/输出接口。

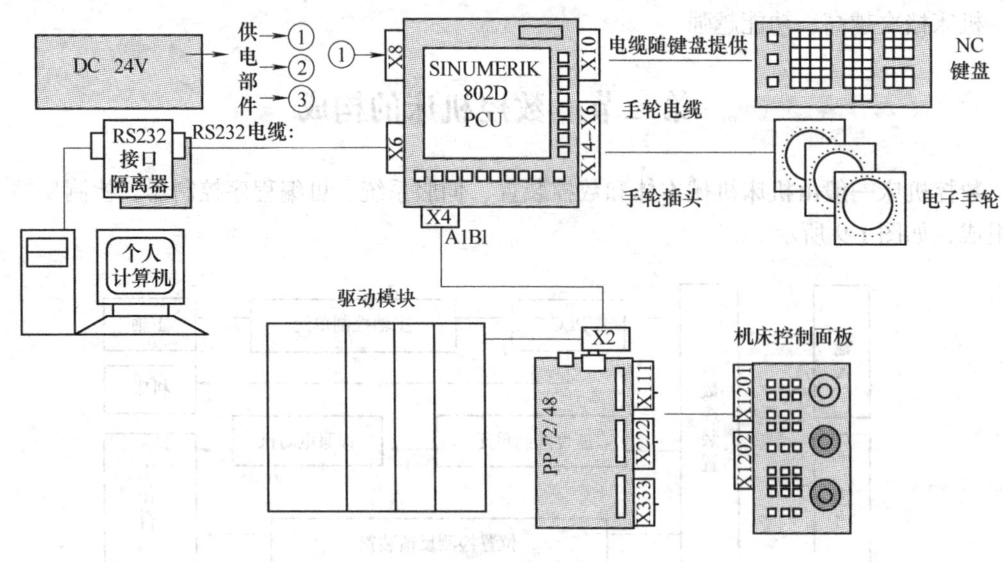


图 1-10 数控装置的硬件组成

软件由管理软件和控制软件组成。管理软件主要包括输入输出、显示、自诊断等程序；

控制软件包括输入、译码、刀具补偿、速度控制、插补运算、位置控制等部分组成。

## 三、驱动系统

数控装置发出的脉冲信号，必须经过驱动系统的放大，才能由相应的电动机拖动机床的机械部分进行相应的动作。

在数控机床中，这样的系统称为伺服驱动系统，简称伺服器。

数控机床中的驱动系统包括用于控制进给的驱动系统和控制主轴的驱动系统两种。其中进给驱动系统要求必须能对机床移动部件的位置和速度进行控制。主轴驱动系统的基本要求是能对主轴转速进行控制，加工中心的主轴系统还要能对转角进行精确控制。

常见的进给驱动系统有步进驱动和交流伺服驱动等，如图 1-11 所示。

a)

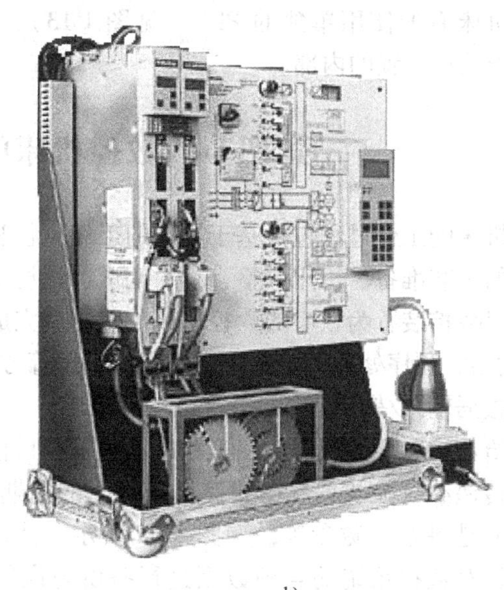

b)

图 1-11　驱动系统

a）步进驱动器　b）交流伺服驱动器

主轴驱动包括专用于伺服主轴的控制器和用于普通电动机的变频器等。专用于伺服主轴的控制器功率一般较进给驱动要大（控制的是机床的主运动），其调速性能稳定，用于普通电动机的变频器，如图 1-12 所示。

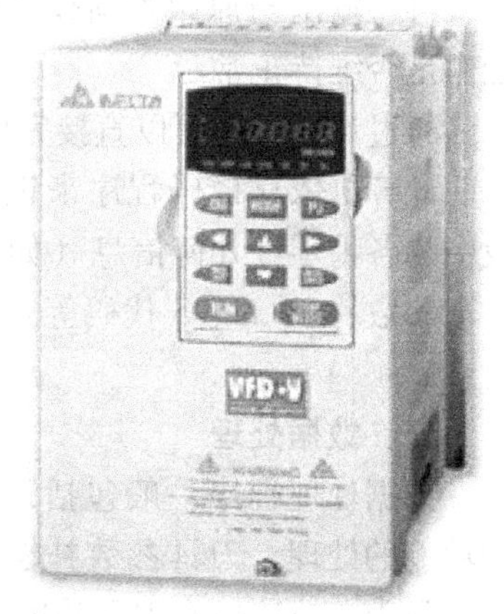


图 1-12　主轴变频器

## 四、其他部件

检测装置是对数控机床中运动部件的位置及速度进行检测，以控制驱动元件正确运转。位置检测指对运动部件的位置作测量，而速度检测则是对运动件速度作测量（如测速发电机）。检测装置的精度直接影响数控机床的定位精度和加工精度。

数控装置是数控机床的核心，通过接口协调采集外部信息，并将处理过的信息，发送给各种执行元件和机构。对于一台数控机床而言，单台机床工作时需接收诸如各种键盘命令、行程开关信号；调试或加工工件时，需要将数控程序传送给伺服系统等以控制机床的各种动作。

可编程序控制器，即 PLC，它对主轴单元实现控制，将程序中的转速指令进行处理而控制主轴转速；管理刀库，进行自动刀具交换、选刀方式、刀具累计使用次数、刀具剩余寿命及刀具刃磨次数等管理；控制主轴正反转和停止、准停、切削液开关、卡盘夹紧松开、机械手取送刀等动作；还对机床外部开关（行程开关、压力开关、温控开关等）进行控制；对输出信号（刀库、机械手、回转工作台等）进行控制。

图 1-13 PLC

数控机床有的使用单独的 PLC（见图 1-13），有的 PLC 集成于数控装置的内部。

## 第四节 数控机床的工作过程

数控机床的工作过程包括基于原理的工作过程和基于使用的加工过程。加工过程一般包括加工前的工艺准备、机床调整、程序调试、试切加工和正式加工等内容；基于原理的工作过程是指以数控装置为核心的数控机床如何协调完成数控加工任务的所有内容，它包括数据的输入/输出、程序处理、位置控制、程序管理等方面。

### 一、数据输入/输出

输入给数控装置的有零件加工程序、电器接口信号和补偿数据等。输入装置可将不同的加工信息传递给数控装置。在数控机床产生的初期，输入装置为穿孔纸带，现已淘汰；目前，使用的是键盘、磁盘等，如图 1-14 所示。使用 CF 卡可以方便地对数控系统的各种数据进行备份与恢复，大大方便了信息的输入/输出工作。

输出是指输出内部工作参数（含机床正常、理想工作状态下的原始参数、故障诊断参数等）。对机床刚工作时的状态，一般需输出以记录保存这些参数，待工作一段时间后，再将输出与原始资料作比较、对照，可帮助判断机床工作是否维持正常。

通过计算机也可以直接完成数据的输入/输出工作。

计算机依靠译码程序来识别输入的内容，将加工程序段中的各种零件几何信息（如轮廓的形状、节点坐标等）、工艺参数（F、M、S 代码等）翻译成计算机内部能识别的信息。

图 1-14 数控机床用存储器

### 二、数据处理

数据处理程序一般包括刀具参数补偿、速度计算和辅助功能的处理。刀具参数补偿主要是把零件轮廓轨迹转化为刀具中心轨迹或在刀具长度上进行处理。速度计算是解决加工程序段及程序段间的速度运动问题。加工速度的确定是一个工艺问题，数控系统只是保证这个编程速度的可靠实现。另外，辅助功能如主轴功能、换刀等亦在这个程序中实现。

**三、位置控制**

将计算机送出的位置进给脉冲和进给速度指令，经变换和放大后转化为进给电动机（步进电动机或交、直流伺服电动机）的转动，从而带动机床工作台移动。

位置控制是数控机床主要任务之一。

**四、管理程序**

当一个程序段开始插补时，管理程序即着手准备下一个或几个程序段的读入、译码、数据处理，即由它调用各个功能子程序，且保证一个程序段加工过程中将下一个程序段准备就绪。一旦本程序段加工完成，即开始下一个数程序段的插补加工。整个零件加工就在这种周而复始的过程中完成。

## 思　考　题

1-1　数控机床由哪几部分组成的？简述数控机床各组成部分的作用。

1-2　什么是数控技术？

1-3　什么是轮廓控制数控机床？

1-4　什么是开环控制系统、闭环控制系统和半闭环控制系统？

# 第二章　数控机床的维护与管理

规范地使用数控机床，是有效提高企业经济效益的重要环节，对机床使用部门要做到“三好”，即管好机床、用好机床和修好机床；对操作人员要求做到“四会”，即会使用、会维护、会检查、会排除一般故障。

## 第一节　数控机床的订购与验收

### 一、数控机床的订购与招标

1. 数控机床的订购

数控机床由控制系统和机械本体两大部分组成，其中控制系统由专业厂家生产，机床厂家按客户要求将控制系统与自己生产的机械本体进行装配。这两部分的功能和档次决定了一台数控机床的综合性能。

订购数控机床就涉及到数控机床的选型问题。数控机床的选型依据就是用户根据自己的需求对拟购进的机床事先确定使用要求。数控机床最适宜加工形状复杂、加工精度要求高的中、小批量轮番生产的零件，对于有些零件的关键工序，也可以选用数控机床来加工。根据数控机床的组成和工作特点，其选择包括机械和系统两大部分。

根据典型加工工件确定数控机床的机械部分（包括选择车、铣及不同的结构形式等诸多内容），一般具体包括以下几个方面：

（1）主参数　对于数控车床而言，机床的回转直径和加工长度决定加工对象的尺寸范围。对于数控铣床而言，主参数主要指工作台尺寸和行程、主电动机功率等。

（2）精度　无论是零件的尺寸精度、形状精度还是位置精度，它内部受到机床因素和工艺因素的影响，在数控机床选型时，机床精度往往成为用户最关心的问题。

机床精度主要包括主轴回转精度、导轨导向精度、坐标相互位置精度、机床阻尼特征、机床热变形特性。数控系统功能、机床附加工功能对机床精度也有影响。

（3）刚度　机床刚度是指机床在外力作用下抵抗变形的能力，它直接影响到生产率和加工精度。机床刚度包括静态刚度和动态刚度。其中机床的动态刚度还和伺服系统的驱动能力有关。

为使数控机床具有良好的静态刚度，应注意合理选择构件的结构形式，如基础件采用封闭的完整箱体结构，构件采用封闭式截面，合理选择、布局隔板和加强肋条，尽量减小接合面，提高部件间接触刚度，采取补偿构件变形的结构措施等。

提高数控机床动态刚度则可通过改善机床阻尼特性（如填充阻尼材料）来提高抗振性、在床身表面喷涂阻尼涂层、采用新材料（如人造花岗石、混凝土等）等方法实现。

（4）机床的可靠性　机床运转可靠性包括在使用寿命期内故障尽可能少和机床连续运转稳定可靠两方面。

（5）噪声和造型　噪声包括机械摩擦和高频电源引起的噪声等，它直接影响到操作者的身心健康。近几年来，机床的造型也得到了普遍的重视，它对工业安全、人身卫生、生产效率有着潜在的影响。

根据零件的组成形式和加工工艺特点选择合适的数控系统，选择数控系统可从系统的档次和功能上进行考虑。

（1）根据机床类型进行选择　数控系统由专业厂家生产，车床配车床系统，铣床配铣床系统，加工中心配加工中心系统，其基本原则是运动轴数和控制轴数一致。

（2）根据功能进行选择　一个数控系统具有许多功能，有的属于基本功能，有的属于选择功能，选择功能需要用户特别订购。

选择数控功能时，前提是基本功能能够完成大部分的加工任务，在必要的情况下可以通过购买选择功能加强机床的加工能力。

2. 数控机床的招标

招标购买数控机床，是规范市场秩序的一种方法。在招标购买数控机床的过程中，要做好标书的编写工作和组织好招标会。

编写购买数控机床的标书，一定要充分进行市场调研和了解生产的实际需求，招标书上的标的物要数量准确、规格明确，计划购买几台机床，各是什么型号，各配备什么系统，都有什么特殊要求等，一定要写清楚。

在招标会的召开过程中，应尽可能地向厂家了解有关技术细节，并通过参加会议的专家评委，找出机床的优势和不足，以利于后继工作的顺利进行。

在购买数控机床的整个过程中，不但要关注机床整机情况，还要注意：

1）具体备品备件（刀具、夹具、工具等）的规格、数量。

2）随机资料名称、数量。

3）人员培训数量、时间。

4）售后服务响应时间等。

## 二、数控机床的安装

数控机床发运到用户指定的地点后，一般由机床生产厂家的技术人员到工作场地进行安装，直至机床能正常工作，这一阶段所做的工作称为数控机床的安装与调试。从技术角度来说，数控机床的安装包括机械和电气两方面的内容，其复杂程度随机床的档次不同而不同，但基本工作都包括：

1. 安装准备

数控机床在运输到达用户以前，用户应首先根据设备要求和生产现场实际情况选择好安装位置。在安装位置的选取过程中，机床之间、机床和墙壁之间要留有足够的距离供生产及维修使用，而且机床要远离振源，必要时可设置防振沟，应避免阳光照射，避免潮湿，环境应洁净。对于大型的数控机床，根据生产厂家提供的基础图做好机床基础，在安装地脚螺栓的部位做好预留孔；对于一般的数控机床，采用减振垫铁（见图 2-1）就可以了。使用减振垫铁时，将垫铁放置于机床的地脚孔下，并使每个垫铁都受力后再调整机床水平，最后旋紧螺母即可。

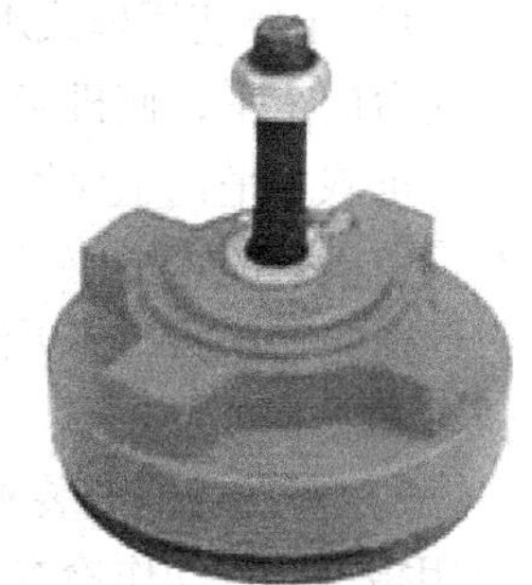

图 2-1　减振垫铁

2. 开箱验收

在机床厂家人员在场的情况下，用户应及时开箱检查，按照装箱单和合同对包装箱内物品逐一进行核对检查，并做记录。它包括：

1）包装箱是否完好，机床外观有无明显损坏，是否锈蚀、脱漆。

2）技术资料是否齐全。

3）附件品种、规格、数量。

4）备件品种、规格、数量。

5）工具品种、规格、数量。

6）安装附件，如垫铁、地脚螺栓等的品种、规格、数量。

3. 机床的吊装与就位

按照说明书要求，安全地将机床吊装就位。就位时，垫铁和地脚螺栓等也应相应对号入座。机床吊装与就位时应注意人身安全与设备安全。

4. 机床的连接

机床就位后，接下来的工作就是将各部件连接组装成一台完整的数控机床。

机床部件的连接组装内容也因不同的机床而不同，现代数控机床在用户地的连接工作大多非常简单，有的甚至于接上电源即可调试。

总的来说，数控机床的连接包括机械组装和电气连接两部分，加工中心等还包括液压、气压连接等。机械组装包括立柱、数控柜、电气柜、刀具库和机械手等内容。机械组装不但要求准确可靠地将各部件连接组装成整机，而且要保持机床原有的制造和安装精度。电气的连接包括数控装置（系统）、驱动和外围电路的连接等。特别注意的是，数控机床要有良好的地线，以保证人身、设备安全和减少电气干扰，伺服系统、变压器和强电柜之间都要有连接保护接地线。

## 三、数控机床的调试

数控机床安装完成后，接着便是现场调试工作，调试的结果就是要通过新机床验收工作，以保证达到其技术指标及预期的质量和效率。

1. 调试前准备

机床调试前，应首先去除各安装面、导轨和工作台等上的防锈油，调整机床床身水平，然后按照机床说明书要求加装润滑油、液压油、切削液，接通外接电源、气源等。

2. 机床通电试车

机床通电试车一般采用各部件分别通电试验后，再作全面供电试验，根据机床说明书检查机床主要部件功能是否正常齐全，机床各部件尽可能手动操作运动。

3. 机床精度和功能的调试

1）主要使用框式水平仪（见图2-2）等检测工具，通过调整垫铁的方式调整机床导轨、工作台的水平，使机床几何精度达到允许公差范围。

框式水平仪主要用于检验各种机床及其他类型设备导轨的直线度和设备安装的水平位置、垂直位置，也能应用于小角度的测量。带有V形槽的工作面，还可测量圆柱工件的安装平行度，以及安装的水平位置和垂直位置。

图2-2　框式水平仪

2）对自动换刀装置，调整好刀库、机械手位置、行程参数等，再用指令进行动作检查，要求准确无误。

3）机床调整完毕后，仔细检查系统中参数设定值是否符合随机指标中规定的数据，然后试验各主要操作功能、安全措施、常用指令执行情况等。

4）检查机床辅助功能及附件的正常工作情况。

**四、数控机床的试运行**

试运行是指数控机床在带有负载的情况下，经过较长时间（一个班次或更长）的自动运行，全面地检查机床功能及工作可靠性的过程。试运行中采用的程序叫考机程序。考机程序中一般应包括：

1）每个坐标的运动。

2）数控系统的主要功能。

3）主轴的最高、最低及常用转速。

4）快速及常用的进给速度。

5）装满刀具的刀库选刀及换刀动作。

6）其他要求完成的功能（通信、辅助功能、特殊功能等）。

**五、数控机床的验收**

数控机床的验收是指使用各种高精度仪器、仪表，对机床的机、电、液、气等各部分及整机进行单项性能和静、动态精度的检测及综合性能的测试，并与合同要求的各项指标进行对比的过程。

数控机床的验收一般分两个阶段进行验收，一是以开箱检验为主要形式的预验收（见数控机床的安装部分）；二是以检验机床功能、性能、精度为主要内容的最终验收，最终验收要按合同和国家有关标准来进行。

由于新的数控机床在运输过程中要产生振动和变形，此时机床精度与出厂检验的精度产生偏差，而机床的调整也会对相关的精度产生一定影响，位置精度的检测元件安装在机床相关部件上，几何精度的调整会对其产生一定的影响。所以，验收必须对机床的几何精度、位置精度及工作精度做全面检验，才能保证机床的工作性能。

验收机床几何精度，要在机床精调后一次完成，不允许调整一项检测一项。位置精度检验要依据相应的精度验收标准进行。机床的切削精度是一项综合精度，它不仅反映机床的几何精度和位置精度，同时还包括试件的材料、环境温度、刀具性能以及切削条件等各种因素造成的误差。

1. 数控机床的几何精度

数控机床的几何精度反映机床的关键机械零部件及其安装后的几何形状误差。它检测的内容包括：

1）直线进给运动的平行度、垂直度。

2）回转运动的轴向及径向跳动。

3）主轴与工作台的位置精度等。

2. 机床的定位精度

定位精度是数控机床验收的一项重要内容，通过激光干涉仪或其他仪器进行下列内容的检测验收。

1）直线运动的定位精度及重复定位精度。

2）回转运动的定位精度及重复定位精度。

3）直线运动反向误差。

4）回转运动反向误差。

定位精度检测要求在坐标全行程上按照一定距离（如 200mm）设置定位点，并用 G00 编写程序使机床往返运动 5 次，记录每个定位点的实测值，在任意 300mm 测量长度上，定位精度的普通级为 0. 02mm，精密级为 0. 01mm，重复定位精度的普通级为 0. 016mm，精密级 0. 01mm。

3. 机床的切削精度

切削精度是数控机床的几何精度和定位精度在切削条件下的一项综合精度。

美国 NAS（国家宇航标准）979 在 20 年前就制订了“圆形—菱形—方形”试件标准（见图2-3）。

“圆形—菱形—方形”试件的大多数切削运动是在 *X*—*Y* 平面上进行的，因此，沿 *X*—*Z* 和 *Y*—*Z* 平面上的精度大部分没有测定。

图 2-3　圆形—菱形—方形试件

切削精度检测验收的内容有：

1）孔加工精度。

2）平面加工精度。

3）直线加工精度。

4）斜线加工精度。

5）圆弧加工精度。

表 2-1 为某机床厂数控铣床的验收检验项目清单。

**表 2-1　数控铣床出厂检验项目清单**（机床型号：X714，系统：FAUNC 0i MATE）

| 序号 | 检验项目 | 检验示图 | 精度/mm 允差 | 精度/mm 实测 |
|---|---|---|---|---|
| 1 | 主轴箱沿 *Z* 坐标方向移动的直线度：<br>a）*YZ* 平面<br>b）*XZ* 平面 | a　b | a）0. 016/300 | 0. 006 |
| | | | b）0. 016/300 | 0. 006 |
| 2 | 主轴箱沿 *Z* 坐标方向移动对工作台面的垂直度：<br>a）*YZ* 平面<br>b）*XZ* 平面 | a　b | a）0. 016/300 | 0. 010 |
| | | | b）0. 016/300 | 0. 010 |

（续）

| 序号 | 检验项目 | 检验示图 | 精度/mm | |
|---|---|---|---|---|
| | | | 允差 | 实测 |
| 3 | 工作台面的平面度 | 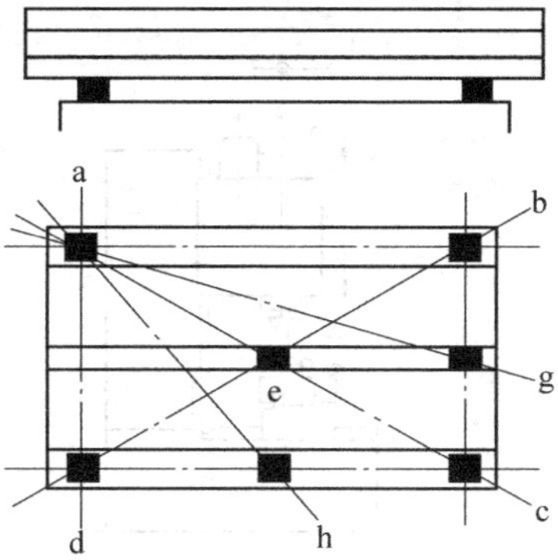 | 0.040/1000 | 0.020 |
| | | | 最大允差 0.050 | 0.028 |
| | | | 局部公差，在任意 300mm 测量长度上为 0.020 | 0.012 |
| 4 | 工作台面对工作台移动方向的平行度（在任意 300mm 测量长度上） | 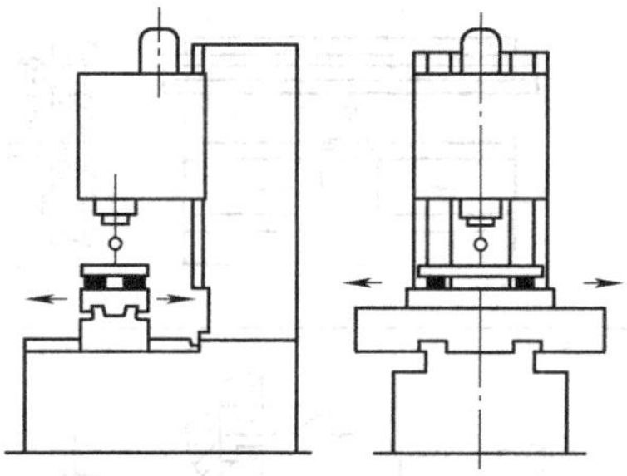 a)工作台沿 $Y$ 移动 b)工作台沿 $X$ 移动 | a）0.025 | 0.010 |
| | | | b）0.025 | 0.012 |
| | | | 最大允差 0.050 | 0.020 |
| 5 | 主轴的轴向窜动 | 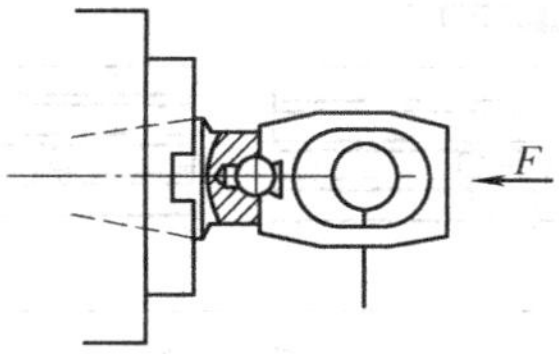 | 0.010 | 0.004 |
| 6 | 主轴锥孔轴线的径向跳动：<br>a）靠近主轴端面<br>b）距主轴端面 300mm 处 | 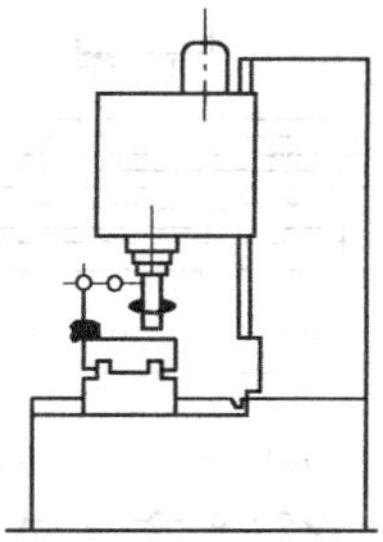 | a）0.010 | 0.004 |
| | | | b）0.020 | 0.010 |
| 7 | 主轴旋转轴线对工作台面的垂直度：<br>a）在 $YZ$ 平面内<br>b）在 $XZ$ 平面内 | 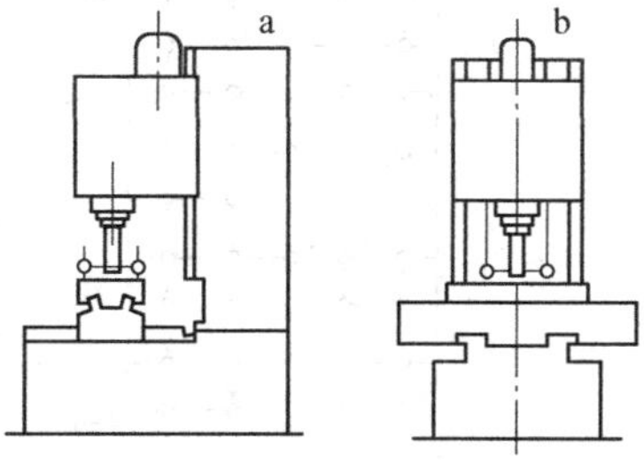 | a）0.016/300 | 0.014 |
| | | | b）0.016/300 | 0.012 |

（续）

| 序　号 | 检验项目 | 检验示图 | 精度/mm | |
|---|---|---|---|---|
| | | | 允　　差 | 实　　测 |
| 8 | 主轴箱沿 *Z* 坐标方向移动对主轴旋转轴线的平行度：<br>a）在 *YZ* 平面内<br>b）在 *XZ* 平面内 | a b | a）0.016/300 | 0.012 |
| | | | b）0.016/300 | 0.012 |
| 9 | 工作台中央 T 形槽的直线度：*X* 坐标方向的中央 T 形槽 | | 0.01/任意 500 | 0.008 |
| | | | 最大允差 0.03 | 0.018 |
| 10 | 工作台沿 *X* 坐标方向移动对工作台基准 T 形槽的平行度 | | 0.015/任意 300 | 0.012 |
| | | | 最大允差 0.04 | 0.020 |
| 11 | 工作台沿 *Y* 坐标方向移动对工作台沿 *X* 坐标方向移动的垂直度 | | 0.02/300 | 0.010 |
| 12 | 直线运动坐标的定位精度 | j=1 j=2 j=m<br>i=1 i=1<br>i=2 i=2<br>i=n i=n | *X* 向 0.05 | 0.008 |
| | | | *Y* 向 0.04 | 0.003 |
| | | | *Z* 向 0.04 | 0.004 |

（续）

| 序　号 | 检验项目 | 检验示图 | 精度/mm | |
|---|---|---|---|---|
| | | | 允　差 | 实　测 |
| 13 | 直线运动坐标的重复定位精度 | | 0.02 | X0.004 |
| | | | | Y0.002 |
| | | | | Z0.004 |
| 14 | 试件材料：HT200<br>刀具：硬质合金立铣刀切削深度：小于0.2mm<br>a）直线度<br>b）平行度<br>c）垂直度 | | 0.02/300 | 0.012 |
| | | | 0.04/300 | 0.02 |
| | | | 0.04/300 | 0.03 |
| 15 | a）X、Y坐标方向的孔距<br>b）对角线方向的孔距<br>试件：L=200，HT200<br>刀具：硬质合金镗刀 | | a）0.020 | 0.010 |
| | | | b）0.030 | 0.020 |
| 16 | 圆度<br>试件：HT200 | | 0.040 | 0.030 |

数控机床验收还包括主轴系统性能、进给系统性能、安全装置、润滑装置、气液装置及各附属装置等性能。

## 第二节　数控机床的管理

数控机床是一种自动化程度高、结构复杂的先进加工设备，要发挥数控机床的高效益，就必须正确操作和精心维护，才能保证其利用率。正确操作使用能够防止机床非正常磨损，避免突发故障的发生；做好日常维护保养，及时发现和消灭故障隐患，可使设备保持良好的技术状态，从而延长设备使用时间。

### 一、数控机床使用注意事项

1. 数控机床对使用环境的要求

为提高使用寿命，数控机床一般要求放置在温度较稳定的、要避免太潮湿、粉尘过多或有腐蚀气体的场所。腐蚀气体易使电子元件受到腐蚀变质，造成接触不良或元件间短路，影响设备的正常运行。

2. 数控机床对电源的要求

数控机床中的数控装置和驱动系统对电源的要求都很高，为了避免电源波动幅度大（FUANC 大于 ±10%，西门子大于 ±5%）和可能的瞬间干扰信号等影响，数控机床一般建议采用专线供电或增设稳压装置。

3. 操作规程

操作规程是保证数控机床安全运行的重要措施之一，制定好操作规程是使用好数控机床的基本要求，要有良好的管理制度保证操作者按操作规程操作。机床发生故障时，操作者要注意保留现场，做好记录，并及时向维修人员如实说明故障前后的情况，以利于分析、诊断出故障的原因，及时排除故障。

### 二、数控机床的维护保养制度

数控机床种类多，各类数控机床因其功能，结构及系统的不同，而具有不同的特性，其维护保养的内容和规则也各不相同，具体应根据其机床种类、型号及实际使用情况，并参照机床使用说明书要求，制订和建立必要的定期、定级保养制度。数控机床的维护保养一般涉及如下内容。

1. 数控系统的维护保养

数控系统是控制数控机床的核心，因而对数控系统的维护保养尤显重要。对于数控系统的维护保养，首先是要有合理的操作规程，操作者要严格遵守操作规程，非维修人员禁止打开数控系统的后盖，打开的后盖要及时关闭。日常注意观察散热通风系统的工作情况，发现问题及时解决。在机床调试好后要备份好机床参数，运行一段时间后应定期更换存储用电池。

2. 机械部件的维护保养

机械部件是数控机床赖以存在的基础，机械部件的精度直接影响数控机床的使用，因而数控机床机械部件的维护保养必须严格按照规程办事。

数控机床机械部件的维护保养包括机床外观、工作台面、主传动链、滚珠丝杠螺母副以及刀库与换刀机械手等。

3. 其他内容的维护保养

数控机床有的还包括液压、气压系统，对它们的维护保养也很重要。此外，数控机床还要定期进行各种精度检查并校正。

**三、文件档案管理**

数控机床的管理首先要从文件档案管理抓起，数控机床的文件档案包括新机床的随机文件、软件和机床使用过程中的文件、软件等内容。

新机床的随机文件、软件一般包括数控系统操作手册、数控系统编程手册（数控系统厂家提供）、机床使用说明书、电气图册、机床参数备份、备件明细（机床生产厂家提供）等。该部分资料是能使用数控机床和使用好数控机床的基础。

机床使用过程中的文件、软件包括使用该机床加工的零件产品的有关技术资料、与零件产品对应的数控加工程序、工艺卡片、机床使用记录、维修记录等内容。做好这方面的管理工作，就能够最大限度地发挥数控机床的利用率。

**四、数控机床的使用管理**

数控机床的保修期一般为1年，对于新购买的数控机床，要充分利用保修期，使机床磨合到最佳状态，使其容易出故障的薄弱环节尽早暴露，以便在保修期内得以排除。在没有加工任务时，数控机床也要定期通电，最好是每周通电1～2次，每次空运行1h以上，利用机床本身的发热来降低机内的湿度，使电子元件不致受潮，同时也能及时发现有无电池报警发生，以防止系统软件、参数的丢失。

数控机床的管理是一项系统工程，包含从数控机床的选用及安装、调试、验收等前期管理，到数控机床使用、维护保养、故障检测及修理、改造更新的管理，以及设备报废的全过程。

**五、数控机床的管理方法**

数控机床的管理，可根据单位购买及使用数控机床的具体情况及其所处阶段，选择不同的管理方法。

1. 初级阶段

在刚接触数控机床使用的初级阶段，由于缺少成熟的管理办法，也缺乏使用经验，编程、操作均不成熟，维修技术亦很欠缺。在此状况下，可由车间管理数控机床。通过培养技术骨干，由骨干带动工人，并维持较长时间的技术员与工人合作关系，针对本企业典型零件，进行工艺设计、编程等技术工作，保证首件试切合格，同时让工艺文件、程序归档，从而做好机床的应用与管理工作。

2. 中级阶段

当数控机床数量逐渐增多，应用技术也有了一定积累后，数控机床可采用专业管理、集中使用的方法。将数控机床集中于数控工段或车间，工艺技术准备归工艺部门负责，生产管理由工厂统一平衡和调度。

3. 成熟使用阶段

当经过了较长时间的使用数控机床，数控机床类型、数量较多，辅助设施齐全，应用技术成熟，技术力量较深时，可使数控车间扩大成封闭的独立生产部门，具备独立生产完整产品、零件的能力。必要时，可利用计算机管理机床、刀具，使机床开动率提高，进一步向FMS/CIMS方向迈进，以提高自动化水平和生产能力。

在数控机床的管理过程中，无论处于哪个阶段，都必须建立各项规章制度，如建立定人、定机、定岗制度，进行岗位培训，禁止无证操作；根据机床特点，制定各项操作和维修安全规程；机床保养每次应有内容、方法、时间、部位、参加人员等详细记录；故障维修亦要有故障现象记录、原因分析、排除方法，说明隐含问题及使用备件情况；机床保养、维护用的各类备品、备件应做好采购、管理工作；机床技术资料出借、保管应有详细登记等。

## 第三节　数控机床的维护

### 一、数控机床操作规程

数控机床操作规程的内容因机床的型号不同和使用要求的不同而不同，但一般都包括以下内容：

(1) 开动机床前的准备　清理好工作场地，目视检查是否有明显的损伤，检查油箱中油量是否充足，然后准备好使用机床的工、夹、刃及量具等，并摆放整齐。

(2) 开动机床并使用机床　按照机床说明书的规定，严格按开机顺序要求启动机床，按工艺要求装夹工件及选择合适的刀具和量具，按具体的数控系统和机床要求进行手动或自动加工零件，或对机床进行调整，选择合适的时间进行测量。

在使用机床时不要做和加工无关的事，除非是专门维修机床，否则不要打开电器柜门。

(3) 结束前的工作　关闭机床前要将所使用的各种工具清洁后摆放到指定的位置，清理完机床及周围的环境后方可关闭机床。

严格遵守交接班制度。

数控机床的操作规程包括：

1) 操作者必须熟悉数控机床的一般性能、结构，掌握数控基本知识及具体机床的具体特点、数控系统所具有的特定零件程序指令的使用方法，严禁超性能使用。操作者必须持证上岗。

2) 开机前应按点检卡规定进行点检，各开关、旋钮是否在规定位置。如果油标指示油量太少，要按机床说明书的要求加注指定标号的润滑油。使用过程中注意油路的畅通和保持润滑系统的清洁。

3) 开机后要首先点动各坐标轴，试运行主轴，无异常时方可进行下一步操作。

4) 点动移动各坐标轴，使各坐标轴停在远离参考点 -100mm 以上的位置，然后进行回参考点操作。完成回参考点操作后，要将机床各坐标轴手动负方向移动 50mm 以上。

5) 加工前

① 应检查程序与工件（毛坯）是否一致；

② 检查刀具表内刀具是否与程序内刀具信息一致，检查刀具的完好程度；

③ 通过系统提供的各种方法检查程序是否正确、切削用量的选择是否合理；

④ 按工艺要求合理地夹紧工件；

⑤ 对刀，确定工件坐标系原点的位置，检查工件坐标系与程序坐标系是否相符。

6) 开始加工

① 确定机床状态及各开关位置，工作方式为“自动”，进给倍率开关应为0；

② 关闭防护门，启动机床；

③ 运行程序，观察机床动作及进给方向与程序是否相符，各种 M 功能是否正常；

④ 观察工件坐标、刀具位置、剩余量三者相符后，逐渐加大进给倍率开关至 100%；

⑤ 当正常加工时，需要暂停程序前，应先将倍率开关缓慢关至 0 位；

⑥ 中断程序后恢复加工时，要保证先起动主轴，然后缓慢进给至原加工位置，再逐渐恢复到正常切削速率；

7）有机床报警时，确定排除警报故障后，方可恢复加工。

8）当发生紧急情况时，应迅速停止程序，必要时可使用紧急停止按钮。

9）正常情况下不可在刀具与工件接触的时候停机。

10）加工过程中操作者不得离开机床，不得做和机床加工无关的事。

11）加工完毕后，要清理机床，并进行日常保养，登记本次使用机床情况。

**二、数控机床的保养级别**

数控机床同其他机床一样，其保养级别分为例行保养（日保养）、一级保养（月保养）和二级保养（年保养）。

1. 例行保养

例行保养由机床操作者每天独立进行，主要的工作是班前对机床进行检查，正常使用过程中进行日常维护和结束工作前清扫、清理机床等。

2. 一级保养

一级保养以操作工为主，维护工配合，在机床运行 200h 左右后，对机床的外露部件和易磨损部分进行拆卸、清洗、检查、调整和紧固。

3. 二级保养

二级保养以维修工为主，操作工辅助进行的一次包括修理内容的保养。机床在运行了一年后进行的二级保养既包括一级保养的内容，还包括修复和更换磨损零件、导轨间隙的调整、润滑液及切削液的更换、电气系统的检修、机床精度的检验和螺距误差的补偿等。

**三、数控机床的日常维护**

数控机床的日常维护保养是一项需要很大责任心的工作，使用部门要有切实可行的日常维护要求与指标，并有严格的奖惩制度作保证，才能使该项工作落实到实处。

观察机床是否工作正常，使机床保持良好的润滑状态，及时清理机床各工作表面，搞好基本的卫生是数控机床日常维护的基础。不同的机床有不同的日常维护要求与内容，保证机械部分运行平稳（移动平稳、转动平滑，无爬行、无卡死等）、电气部分工作稳定可靠（继电器接触器正常动作、行程开关灵敏、驱动器发热正常、电动机启停正常、旋转平稳等）。特别需要强调的是，对于数控机床而言，不但要做好“硬件”的维护，还要做好“软件”的维护工作，即对数控机床的各种参数要做好备份工作，对零件数控加工程序要做好管理工作，对于什么程序加工什么零件，对于系列零件的加工与自编子程序的调用要合理、规范。

数控机床通用的日常维护保养见表 2-2。

**表 2-2　数控机床日常维护保养**

| 序号 | 检查部位 | 检查内容与要求 |
|---|---|---|
| 1 | 润滑 | 检查润滑油的油面、油量，并及时补充；观察液压泵工作是否正常（能否定时起动、打油及停止），导轨各润滑点在打油时是否有润滑油流出等 |

（续）

| 序号 | 检查部位 | 检查内容与要求 |
|---|---|---|
| 2 | X、Y、Z及回旋轴导轨 | 清除导轨面上的切屑、切削液等杂物，检查导轨润滑油是否充分，导轨面上有无滑伤及锈斑，导轨防尘刮板上有无夹带铁屑。如果是安装滚动滑块的导轨，当导轨上出现划伤时应检查滚动滑块 |
| 3 | 压缩空气气源 | 检查气源供气压力是否正常，空压机注意及时排水 |
| 4 | 机床进气口的油水自动分离器和自动空气干燥器 | 及时清理分水器中滤出的水分，加入足够润滑油，空气干燥器是否能自动切换工作，干燥剂是否饱和 |
| 5 | 气液转换器和增压器 | 检查存油面高度并及时补油 |
| 6 | 主轴箱润滑恒温油箱 | 恒温油箱正常工作，由主轴箱上油标确定是否有润滑油，调节油箱制冷温度能正常启动，制冷温度不要低于室温太多（相差2～5℃，否则主轴容易产生空气水分凝聚） |
| 7 | 机床液压系统 | 油箱、液压泵无异常噪声，压力表指示正常压力，油箱工作油面在允许的范围内，回油路上背压不得过高，各管接头无泄漏和明显振动 |
| 8 | 主轴箱液压平衡系统 | 平衡油路无泄漏，平衡压力指示正常，主轴箱上下快速移动时压力波动不大，油路补油机构动作正常 |
| 9 | 数控系统及输入/输出 | 数控装置启动正常 |
| 10 | 各种电气装置及散热通风装置 | 数控柜、机床电气柜进气排气扇工作正常，风道过滤网无堵塞，主轴电动机、伺服电动机、冷却风道正常，恒温油箱、液压油箱的冷却散热片通风正常 |
| 11 | 各种防护装置 | 导轨、机床防护罩应动作灵敏，刀库防护栏杆、机床工作区防护栏检查门开关应动作正常 |

## 四、数控机床的定期维护

根据机床实际使用情况和生产任务情况的不同，数控机床的一、二级保养常有不同的管理要求和执行方法，习惯上常将二者合并为数控机床的定期维护保养。不同的企业可根据自身情况制订不同的定期维护保养制度。

数控机床的定期维护是指机床在工作了一定时间后，需要对有关零部件进行必要的检查和需要经过拆洗等才能完成的维护工作。数控机床的定期维护可以有效地检查机床故障隐患，是数控机床使用过程中的重要环节，要规范化、制度化。

数控机床定期维护保养见表2-3。

**表2-3 数控机床定期维护保养**

| 序号 | 检查周期 | 检查部位 | 检查内容与要求 |
|---|---|---|---|
| 1 | 每周 | 各电柜进气过滤网 | 清洗各电柜进气过滤网 |
| 2 | 半年 | 滚珠丝杠螺母副 | 清洗丝杠上旧的润滑油脂，涂上新的润滑油脂，清洗螺母两端的防尘网 |
| 3 | 半年 | 液压油路 | 清洗溢流阀、减压阀、过滤器，更换或过滤液压油，注意加入油箱的新油必须经过过滤 |
| 4 | 半年 | 主轴润滑恒温油箱 | 清洗过滤器，更换润滑油，检查主轴箱各润滑点是否正常供油 |

（续）

| 序号 | 检查周期 | 检查部位 | 检查内容与要求 |
|---|---|---|---|
| 5 | 每年 | 检查并更换直流伺服电动机电刷 | 从电刷窝内取出电刷，用酒精清除电刷窝内和整流子上碳粉。当发现整流子表面有被电弧烧伤时，抛光表面，去毛刺，检查电刷表面和弹簧有无失去弹性，更换长度过短的电刷，并抱合后才能正常使用 |
| 6 | | 润滑液压泵、过滤器等 | 清理润滑油箱池底，清洗更换过滤器 |
| 7 | 不定期 | 各轴导轨上镶条、压紧滚轮、丝杠 | 按机床说明书上规定调整 |
| 8 | | 冷却水箱 | 检查水箱液面高度，切削液装置是否工作正常，切削液是否变质，经常清洗过滤器，疏通防护罩和床身上各回水通道，必要时更换并清理水箱底部 |
| 9 | | 排屑器 | 检查有无卡位现象 |
| 10 | | 清理废油池 | 及时取走废油以免外溢。当发现油池中突然油量增多时，应检查液压管路中漏油点 |

## 思　考　题

2-1　选购数控机床要注意哪些方面？

2-2　数控机床的调试包括哪些方面的内容？

2-3　数控机床的验收分几个阶段？各要注意些什么问题？

2-4　数控机床的精度有哪些指标？什么叫几何精度？什么叫定位精度？什么叫重复定位精度？

2-5　可从哪几方面完善数控机床的维护保养制度？

2-6　数控机床操作规程的基本内容有哪些？

2-7　数控机床的保养有哪几个级别？

# 第三章　数控机床故障诊断基本技能

## 第一节　数控机床的一般诊断方法

数控机床是一种高效的自动化设备，它综合了计算机、自动化、伺服驱动、精密测量和精密机械等多个领域的技术成果。相应地，数控机床的制造、使用和维护维修的要求都非常高。具有较高的数控机床故障诊断技术可以使数控机床充分发挥其经济性能，提高生产效益。

不同的数控机床、不同的数控装置及驱动等，对应着不同的技术要求和故障诊断方法。数控机床的故障诊断方法很多，并且不同的方法经常相互穿插使用，实际工作过程中应灵活处理，不能教条。

**一、直观法**

直观检查法是故障分析最基本的方法，就是利用感官对机床进行检查。

1. 看

用肉眼仔细观察有无冒烟、打火等现象，查看机床各坐标轴的位置、主轴状态、刀库、机械手位置等否处于正常状态，数控系统、温控装置、润滑装置等电控装置有无报警指示，保险是否烧断，元器件是否烧焦、开裂，电线电缆是否脱落等；观察机械传动是否有异常。

如某车床按下 $Z$ 轴手动进给时，刀架只是振动而不能移动，经仔细观察，发现该轴正方向已严重超程，导致该轴丝杠卡死，关机后将电动机卸下，手动将丝杠摇回，重新安装后故障消除。

2. 问

向操作人员仔细询问故障产生的过程及故障现象。

向操作人员询问机床的使用情况和故障产生时的机床状态是机床维修人员工作的基础，通过交流，可以找出故障发生原因的蛛丝马迹。

3. 触摸

用手指感觉并判断机床不同部位的温度情况（有无过热），在断电情况下通过触摸电路板的安装状况、各接插件的插接状况、各功率及信号导线的联接状况等来寻找可能出现故障的原因。如某台加工中心，在换刀时，其中的5号刀换刀总是不成功（换刀动作停留在取5号刀的位置），在断电的情况下重新紧固了外置的PLC卡，重新上电后故障消除。

4. 闻

通过嗅觉感知因短路而产生的各种气味。

如操作者在操作机床时突然闻到一股焦味，迅速停机后向机床维修人员报告情况，维修人员打开电气柜门，发现一继电器线圈已经发黑，经检查发现，有一接触器的一个接头脱落了，重新接好接触器，更换了继电器后，机床使用正常。

5. 听

听有无异常声音、机床起动过程中各种接触器是否吸合等。

有一台数控车床，在换刀时刀架总是转个不停，而正常换刀时应该听到两次接触器的吸合声，经检查发现输入/输出板固定不牢，有松动，重新安装好输入/输出板后，换刀过程顺利完成。

**二、自诊断法**

现代数控系统一般都具有丰富的自诊断功能，有时甚至可以用自诊断的功能强弱来衡量一台数控机床的档次。数控系统的自诊断功能是指在机床的整个工作过程中，数控系统软件中的诊断程序部分不停地对系统的工作情况、机床的运行状态进行逻辑分析判断，系统一旦发现它认为的不正常的信息，就通过不同的方式予以警示。

自诊断包括启动过程诊断、在线诊断和离线诊断。

1. 启动过程诊断

数控系统是一台专用的计算机，它的启动过程和个人计算机的启动过程相似，也有一个自检过程，复杂的是数控系统除了要自检数控系统自身的软、硬件外，还要检查和它相连的驱动有关信息、各种反馈信息（急停开关、编码器、机床操作面板、行程开关、自动润滑系统、刀位或刀库情况等等）。只有当系统需求的条件都满足时，机床才可以正常地使用。如果启动过程发生问题，则首先可根据软、硬件的报警指示对故障进行定位和归类，然后进行相应的处理。

硬件报警指示是指包括数控系统、伺服系统在内的各电子、电器装置上的各种状态和故障指示灯，通过指示灯状态和相应的功能说明来获知故障原因与排除方法是维修数控机床的基本手段。

软件报警指示是指因系统软件、PLC 程序的故障而产生的报警显示，对照相应的诊断说明手册，依据显示的报警号便可获知可能的故障原因及故障排除方法。

2. 在线诊断

在线诊断是指在机床正常运行过程中，数控系统对自身及其相连的各类信号进行自动诊断检查的功能（系统对自身的监控），即在线诊断包括数控系统内部设置的自诊断和加工过程的自动检查和自动诊断。只要数控系统的电源启动后，在线诊断就一直处于工作状态，如果有故障或系统运行条件不具备，则系统将通过显示屏或指示灯予以提示。如一般情况下要求在开机前需将急停开关旋钮按下。当开机启动稳定后，显示器上一般都有急停报警指示，此时手动也不能移动机床坐标轴，原因就是系统通过 PLC 程序已检测到了急停信号。

在线诊断是数控系统稳定可靠工作的有效保障，不同档次的数控机床，对在线诊断的要求也不尽相同，一般而言，加工零件的要求越高（零件材料昂贵、大型零件、复杂及精度要求高的零件等），即零件基本上不允许出废品，则数控系统的在线诊断功能要求越强。

在线诊断是数控系统自身的一种保护功能，操作者及维修人员可以通过在线诊断功能方便快捷地将故障锁定在尽可能小的范围，这样才能保证机床的完好率，从而提高生产质量和效率。

3. 离线诊断

离线诊断是指把专用的诊断程序输入数控系统中进行运行，在该程序的运行过程中检查故障的方法，这种方法要求专门购买额外的功能，并按该功能的要求去分析处理。

### 三、综合法

在数控机床故障诊断与维修的实际操作过程中，在不断学习与实践总结的情况下，综合应用各种方法，是维修数控机床的关键。

1. 仪器检查

使用常规电工仪表，对各组交、直流电源电压，对相关直流及脉冲信号等进行测量，从中找寻可能的故障。例如，用万用表检查各电源情况，数控系统（装置）一般为 24VDC，步进驱动的电压有 85VAC、100VAC 等，交流及变频器驱动输入一般为 -10V ~ +10V，编码器的电源信号多为 ±5VDC，对这些信号的检测可以很快地将故障缩小到较小的范围。

2. 接口状态检查

数控系统通过 PLC 连接了很多输入输出信号，有些故障与接口信号不稳定或丢失相关。这些接口信号有的可以在相应的接口板和输入/输出板上通过指示灯显示，有的可以通过强制操作在 CRT 屏幕上显示其有无，而所有的接口信号都可以用 PLC 编程器调出。

通过对这些信号的检查，可以方便地将故障锁定在输入/输出元器件上，还是在数控系统上。

3. 参数调整

数控系统、PLC 及伺服驱动系统都设置有许多可修改的参数以适应不同机床、不同工作状态的要求，这些参数使各电气系统与具体机床相匹配。因此，有些参数的变化或丢失是不允许的；而随着机床的长期运行，机床的机械或电气性能的变化会打破最初的匹配关系和最佳化状态，操作不当或电压波动较大也可能引起参数的变化。此类故障需要重新调整相关的一个或多个参数方可排除。

4. 备件置换

当故障分析结果集中于某一印刷电路板上时，由于电路集成度很高，系统厂家一般又不提供相关的资料，要做到元器件级维修是十分困难的。为了缩短停机时间，在有可能的条件下可以先将备件换上，然后再去检查修复故障板或请系统厂家维修。

更换任何备件都必须在断电情况下进行。由于印刷电路板上常有一些开关或短路棒的设定以匹配实际需要，因此，在更换备件板时一定要记录下原有的开关位置和设定状态，并将新板作好同样的设定，否则可能会产生报警而不能工作。某些电路板是不能轻易拔出的，例如，含有工作存储器的主板，或者备用电池板，拔下它会丢失有用的参数或者程序。必须更换时要进行参数的备份工作，以免造成更大的故障。

5. 交叉换位

当发现某电路板可能有故障而又不能确定时，如没有备件，可以将系统中相同或相兼容的两个板互换检查，常见的是用于不同进给轴的控制板。使用这种方法时应特别注意，不仅要硬件接线进行正确交换，还要将一系列相应的参数如丝杠螺距参数进行交换，否则不仅达不到目的，反而会产生新的故障或发生事故。

### 四、数控机床故障诊断过程

1. 数控机床故障诊断与维修人员的基本素质

数控机床是一种典型的复杂的机电一体化设备，它涉及多方面的知识和技能，用好数控机床和维护好数控机床都需要综合的能力和强的责任心，对于数控机床故障维修人员必须具备以下要求：

1）高度的责任心和优良的职业道德。

2）熟练使用常用的维修工具及基本的识图能力（机械装配图、电气接线图）。

3）要具有计算机基本操作能力、常用软硬件知识。

4）包括数字与模拟电路知识在内的电子技术基础理论与技能。

5）常用低压电器知识与技能。

6）自动控制技术、电动机拖动技术、检测技术。

7）机械加工工艺基础知识、机械原理及装配技术。

8）熟悉数控系统的工作原理，掌握驱动及 PLC 的原理，清楚系统模块之间的关系，能进行简单的 CNC 编程和读懂 PLC 的 T 梯形图。

9）具有一定的专业外语水平。

10）经过数控系统生产厂商和机床制造厂家的系统培训。

2. 诊断维修的基本原则

1）先外部后内部。数控机床是机、电、液、气一体化设备，其故障的诊断也要从这些方面入手进行查找，即当数控机床发生故障后，维修人员应采用直观法，由外向内进行检查。如按钮开关、外部行程开关、液压气动元件以及印刷电路板插头座及相互之间的连接部位、电器柜插座或端子排等，因其接触不良造成信号传递失灵，是数控机床产生故障的常见原因。在工业环境中，温度、湿度、油污或粉尘对元件及线路板的污染，机械的振动等，对信号传送通道的接插件产生的严重影响，在故障诊断中也应重视这些因素。首先检查这些部位就可以迅速排除较多的故障，除非万不得已，尽量避免随意地启封、拆卸及不适当的大拆大卸，以防止扩大故障，降低机床的性能。

2）先机械后电气。由于数控机床是一种自动化程度高、技术复杂的先进机械加工设备。一般来讲，机械故障较易觉察，而数控系统故障的诊断则难度要大些。先机械后电气就是在数控机床的故障诊断过程中，首先检查机械部分是否正常、行程开关是否灵活、挡铁是否松动等。从实际经验来看，数控机床的故障中有很大部分是由于机械部分失灵引起的。所以，在故障诊断期间，首先注意排除机械性的故障。

3）先静后动。机床维修人员首先应询问机床操作人员故障发生的过程及状态，经仔细阅读机床使用说明书、图样资料后，方可动手查找和处理故障，从而做到先静后动，不盲目动手。其次，对故障机床也要本着先静后动的原则，即先在机床断电的静止状态，通过观察、测试、分析，确认为非恶性循环故障，或非破坏性故障后，方可给机床通电，然后进行动态的观察、检验和测试，查找故障。如果是破坏性故障，必须先排除危险后，才能通电检测并进行诊断。

4）先公用后专用。如电网或主电源故障是全局性的，因此一般应首先检查电源部分，看熔丝是否正常，直流电压输出是否正常。如机床的几个进给轴都不能移动，这时应先检查和排除各轴公用的 CNC 中主模块、PLC 总状态、电源、使能等公用部分的故障，然后再设法排除具体轴的局部问题。这样，先解决了影响全局的主要问题，局部的问题才有可能进一步得到解决。

5）先简单后复杂。当出现多种故障现象，一时无从下手时，应先解决简单容易的问题，后解决难度较大的问题。经常在解决简单故障的过程中，难度大的问题常变得容易了。或者在排除简易故障的过程中，对复杂故障的认识更为清楚，从而有了解决问题的办法。

6）先一般后特殊。在排除某一故障时，要先考虑最常见的可能原因，然后再分析特殊原因。例如，一台FANUC数控车床$Z$轴回零不准，常常由于降速挡块位置移动所造成。一旦出现这一故障，首先应检查该挡块是否松动，在排除这一常见的可能性故障之后，再检查脉冲编码器、滚珠丝杠螺母副等原因。

3. 诊断过程中的注意事项

1）从整机上取出某块电路板时，应注意记录其相对应的位置，连接的电缆号。对于固定安装的电路板，还应对前后取下相应的压接部件及螺钉作记录。拆卸下的压件及螺钉应放在专门的盒内，以免丢失，造成装配不完整，从而将故障进一步扩大。

2）电烙铁应放在专用的架子上，并远离维修电路板。焊接时注意不能碰伤其他元器件。

3）测量线路间的阻值时，应断开电源。

4）不应随意切断印刷线路。数控设备上的电路板大多是双面金属孔板或多层孔化板，印刷线路细而密，一旦切断不易焊接，且切线时易切断相邻的线。

5）不应随意拆换元器件。如果在没有确定故障元件的情况下只是凭感觉某个元件坏了，就立即拆换，这样误判率较高，拆下的元件人为损坏率也较高。

6）记录线路上的开关，跳线位置，不应随意改变。进行两极以上的对照检查时，或互换元器件时注意标记各板上的元件，以免错乱，致使好板亦不能工作。

7）查清电路板的电源配置及种类，根据检查的需要，可分别供电或全部供电。应注意高压，有的电路板直接接入高压，或板内有高压发生器，需适当绝缘，操作时应特别注意。

## 第二节　数控机床的基本操作

熟悉数控机床的基本操作，一方面可以更好地理解数控机床工作过程；另一方面，也为检查机床故障提供便利，为维修好数控机床提供基本技能。

不管使用什么品牌的数控机床，其操作机床的基本过程都是相似的。它们一般包括开机前的目视检查及开机、机床回参考点（原点）、手动调整机床、零件数控加工程序编辑、工装量夹具的使用与自动加工等。

### 一、开机

数控机床开机前要进行必要的目视检查，内容按操作规程进行，目的是安全使用设备。开机的过程一般是检查急停开关按钮是否按下、动力是否上电、数控系统是否上电等。数控机床的开机过程图如图3-1所示。

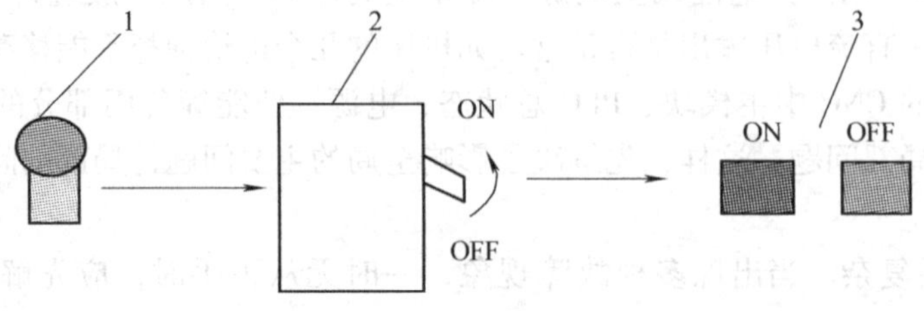


图3-1　开机过程图

1—机床操作面板上的急停按钮　2—空气开关　3—数控系统启停按钮

为安全起见，开机前也可以将机床操作面板上的进给倍率旋纽旋转到“0”位，这样可进一步保证机床不误动作。

如果不能正常开机，说明机床存在故障。合上空气开关后，电器柜的散热风扇工作。若合上空气开关后空气开关自动跳开，说明强电部分有短路故障；若合上空气开关后没有反应，可能是某处熔丝烧断。当按下数控系统启动按钮后，如果数控系统没有能够正常启动，则可能是24V直流电源没有到达或数控系统有故障。

**二、回参考点**

开机后的首要工作是先回机床参考点，其目的是建立机床坐标系。机床回参考点的操作一般步骤是先观察各坐标轴的位置，如果它们未处于导轨的中间位置，则要通过手动工作方式将它们移动到导轨的中间位置，然后选择机床回参考点操作模式，在机床回参考点操作方式下分别按住“+X”按钮、“+Y”按钮、“+Z”按钮，使 *X* 轴、*Y* 轴、*Z* 轴分别回参考点。

数控系统一般被设置成要求先回参考点，否则系统不能自动运行零件加工程序。也就是说，当你准备启动零件加工程序来加工零件时，必须保证系统已回了参考点。当然，如果本次开机你仅做一些程序编辑工作，你也可以不进行回参考点操作。

所有的数控机床，系统大都被设置成正方向回参考点（这是一种习惯），即按某轴的正向进给按钮，而轴的参考点一般又被设置在该轴的正方向的极限位置附近，这样，就要求在系统回参考点之前，必须使该轴的工作台处于参考点的负方向上，否则系统将超越该轴的行程，从而产生硬极限超程报警。图3-2所示为数控机床回参考点操作图。

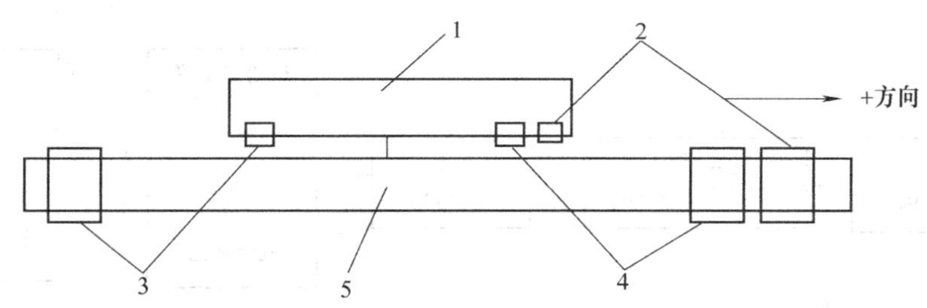


图3-2　数控机床回参考点操作图

1—移动部件（工作台或刀架）　2—正向极限开关　3—负向极限开关　4—参考点开关　5—床身

图3-2中的开关可以用行程开关或接近开关等，如图3-3所示。

不同的系统和不同的设置方式，决定了回参考点的操作方式，对于要进行回参考点的操作，有些机床要求按一下某轴的正向进给按钮即可，机床即自动完成该轴的回参考点工作；有些机床则要求一直按住某轴的正向进给按钮，直到该轴完成回参考点的所有动作（快进、工进找正）为止。

数控机床回参考点包括向参考点快进和压下找正开关后的工进两部分动作。回参考点常见的故障是参考点位置的行程开关失灵，导致系统找不到该信号。

**三、JOG、INC方式**

通过控制面板上的手动操作方式（一般包括JOG和INC两种），可完成数控机床的手动

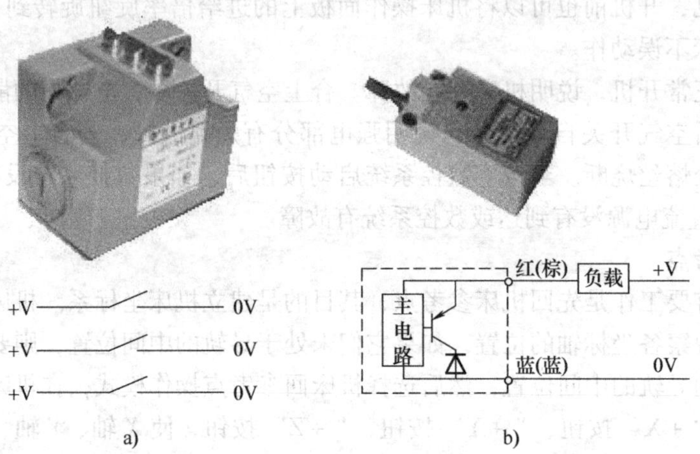


图 3-3　数控机床用开关
a）组合行程开关及原理图　b）接近开关及原理图

进给运动，手动主轴启停、旋转，切削液开关等动作的操作过程。手动操作数控机床常用于装夹工件和对刀等。

手动操作坐标轴可分为连续进给（JOG）和点动进给（INC）。两者的区别是：在“JOG”工作方式下，按下坐标进给按钮，进给部件连续移动，直到松开坐标进给按钮为止；在“INC”状态下，每按一次坐标进给按钮，进给部件只移动一个预先设定的距离（一个增量单位）。手动移动机床的操作过程如图 3-4 所示。

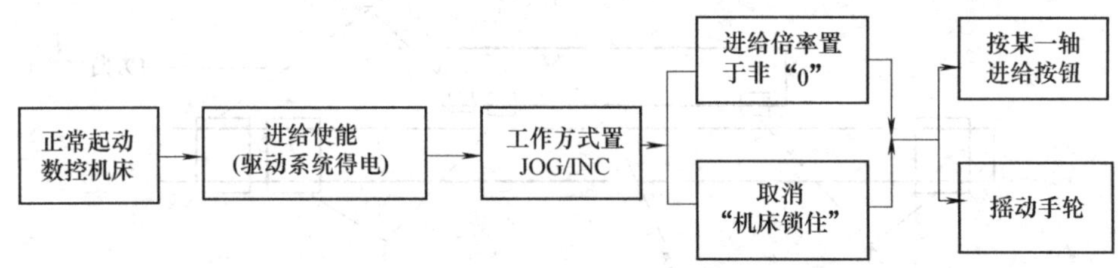


图 3-4　JOG、INC 方式操作过程

试切对刀一般要通过手动操作来完成，其基本的操作过程是这样的：通过面板手动控制，启动主轴正转，手动移动进给轴或刀具，使刀具与工件接触，进行试切对刀。

简单的切削工作也可以通过手动操作来完成。

手动操作数控机床的工作方式是机床操作人员进行机床调整的基本手段，也是数控机床维护维修人员调试机床和查找故障的主要途径。手动操作本身也可能出现故障，如手动操作时机床没有反应，此时可能是操作不熟练所致，如进给倍率被置“0”，或手轮与面板设置开关存在优先问题等；也可能是操作按钮本身损坏或接触不良，或 PLC 输入/输出点接触不良或 PLC 有故障等。

**四、MDI 方式**（手动输入，自动执行）

“MDI”方式下可以编制一个或几个程序段加以执行，其程序的输入一般只能由手动进行，因此也称为手动输入自动运行方式。其操作步骤为：

1）选择“MDI”工作方式（西门子为“MDA”）。

2）通过操作面板输入程序段。

3）按“循环启动”按钮，执行输入的程序段。

“MDI”在机床调试与维修中经常用来检查机床的辅助功能和进行简单的试切削操作。当在“MDI”方式下可以进行简单程序的运行时，如通过该方式运行程序段：

M03　S800

如果主轴不能旋转，则说明与主轴相关的连线或 PLC 等可能有问题；如果主轴不能正转（方向不对），则应该改变电动机接线或调整有关参数；如果主轴转速相差较大，则可能是变频器参数错误或数控系统参数不当等。

再如，若 $X$ 轴切削时偏差太大，则可运行下列程序段：

G91　G01　X100　F200 及 G91　G01　X－100　F200

通过上述程序段的运行，若 $X$ 轴不能够回到起始位置，则说明可能是随机的偏差，很可能需要从机械方面寻找原因；若 $X$ 轴能够回到起始位置，则可通过具体测量 100mm 范围内机床实际移动的距离，通过比较来判断原因，而传动比参数不当的可能性很大。

在 MDI 方式下输入的程序段，和在编辑状态输入的程序自动存盘不同，当 MDI 执行完成或并未完成却按了复位键后，已经输入的程序段将不复存在。

### 五、AUTO 方式

对于调试好的零件加工程序，在装夹和刀具都准备好的情况下，在自动运行方式下，一般按下“循环启动”按钮，数控机床就自动完成加工任务了。

值得注意的是，对于移动进给轴、启停主轴、开停切削液等操作，它们既可以在手动操作的情况下由操作者直接操作，也可以将相关的动作编写在零件加工程序中，通过自动运行的方式来进行。

AUTO 方式是数控机床用于工件加工的主要方式，能够启动 AUTO 方式和在 AUTO 方式下稳定的运行是对数控机床的基本要求。在数控机床 AUTO 方式下运行程序时，操作者一定不能远离机床，以防万一发生故障时能够及时处理。

### 六、关机

完成了本次操作以后，要关闭机床。在关闭机床前要先将机床各部位清理干净，工具等摆放整齐，尤其要注意的是要将工作台移动到机床导轨的中间位置，它一方面可以减少机床的变形，另一方面也为下一次开机提供了便利。关机前也要注意移动部件的润滑保养工作。

关机时要按下急停开关，然后先关弱电——数控系统电源，后关强电——空气开关，不得直接只关总电源。

如果是加工中心，还要将当前主轴上的刀柄放回刀库，以保护主轴。最后将气源等关闭。

## 第三节　数控机床常见故障分类

数控机床是机、电、液、气等相结合的复杂的自动化程度很高的设备，由于它涉及的技术面广，所以定位其故障的原因常非常复杂。由于高的自动化，有时其故障的危害性又非常大，因而对数控机床的故障首先要有一个清晰的认识。分清故障类型、找准故障位置是数控机床故障诊断的前提，然后才可能快捷地使机床恢复到正常工作状态。

## 一、按故障发生位置分类

习惯上将数控机床的组成分为两大部分，即主机和电气，相应的，按照故障发生的位置来分，数控机床故障可分为主机故障和电气故障。

### 1. 主机故障

床身及导轨等构成数控机床主机的主要部分，数控机床的主机还包括其他如润滑、冷却、排屑、液压、气动、防护等部分。

新机床的主机故障一般由安装、调试、操作不当或运输等原因造成，表现形式有机械传动故障及工作不灵敏、不可靠等，结果是工作时机床噪声大，加工精度达不到要求。如某厂新购的一台 CK6150 数控车床，在现场安装调试后进行切削时发现，*Z* 轴工作稳定，车外圆时发现尺寸不稳定，用千分表测量时发现有较明显的反向间隙，检查系统补偿数据没有问题，后上紧了刀架螺母，现象得到了有效的改善，其原因就是由于机床在搬运过程中的震动引起的。

对过了磨合期的机床而言，机床主机的故障除系统原因外，很多是由使用维护保养不到位等原因造成的。如某台 XH714 立式加工中心，所用的系统为西门子 810 系统，在使用该机床进行加工时，*X* 轴移动的速度一快，系统就提示过载报警，按系统说明书的分析步骤，经过检查分析，认为故障不在电气方面的伺服系统，估计是机械负载过重造成的，其可能包括机械丝杠、轴承及调整斜铁等，在拆卸了 *X* 轴电动机后发现，经长时间使用，丝杠防松螺母已经抱死，后经过清洗并加油保养了其他部件，情况得到了明显的改善，故障不再出现。

### 2. 电气故障

数控机床的电气一般包括动力电源、控制电源、数控系统、驱动系统、各种工作电器等。数控系统、伺服系统、PLC 等的工作可靠性一般较高，当该部分系统发生故障时常需要系统厂家提供服务。对于机床而言，接触不良及接触器、继电器、按钮开关、电源变压器、行程开关等电器元件及其所组成的电路所造成的故障，是数控机床最常见的故障。

数控机床电气故障很多也能通过系统的自诊断来进行判断处理。

## 二、按故障性质分类

数控机床是复杂的机、电、液、气综合控制的自动化设备，其故障性质差别很大，简单地说，它们可以这样来划分：

### 1. 系统性故障

数控机床系统性故障是指只要系统处于特定的状态，就必然会发生的故障。系统性故障的特点是可以人为地重复再现故障现象，所以也称为可再现故障。如系统提示硬极限超程报警故障，其原因就是某轴硬极限开关动作的结果，只要有硬极限开关动作，就会有该种故障，也就是说，即使没有超程，如果人为地按下此开关，系统也会提示硬极限超程报警故障；再如加工中心换刀时，如果没有气压或气压达不到要求，系统也会拒绝执行换刀命令。

属于外围元器件等的系统性故障一般很容易处理，而来自数控装置、驱动单元或 PLC 程序等方面的故障则需要非常专业的知识和技能。

### 2. 随机性故障

数控机床随机性故障是指在某种条件下，偶然会出现的故障。随机性故障的特点是故障出现偶然，很难人为再现。随机性故障的原因往往比较难以查找，但其危害却很大，比较难以防范。

随机性故障属于“软故障”，它常与机械结构的局部松动、磨损，电气电路中某些元器件工作特性的漂移、元器件老化及操作不规范有关，它也和工作环境中的温度、光线、空气质量以及维护保养不到位关系密切。如某 CK6136 数控车床，使用的是 FAUNC 0i—TC 系统，在执行换刀命令时偶然会出现刀架不停旋转的现象，检查了电路及 PLC 状态，由于系统常处于正常状态，即此时故障并不存在，所以寻找原因非常困难，后将刀架线路进行了整理，PLC 及输入/输出卡进行了重新连接，该故障没有再现。

**三、按故障产生时有无报警分类**

数控机床故障发生后，很多时候都有报警显示，并要求处理了该报警后才能进一步使用机床，有时故障发生后并没有报警提示，这就要求操作使用人员注意机床的实际工作状态和切削性能的变化等，防止故障的进一步扩大和避免设备、人身事故的发生。

1. 有报警显示故障

数控机床在工作过程中，各种部件、元件按系统要求运行，很多控制单元都有各种各样的状态显示，通过解读这些显示内容，可以方便地判断系统的运行情况。

从数控机床故障诊断的角度来看，从数控机床的开机开始，数控系统就必须经过自己的自检，才有可能安全地使用机床，否则一般都有报警显示，而在系统的启动过程中，无论是步进驱动还是伺服驱动，其驱动器一般也都有相应的状态显示，当它们有故障时，也都设有各种警示灯，根据这些警示灯的位置与组合，结合说明书，可以很快地找到故障部位。

数控机床的显示包括数控系统的用于人机交互的显示器显示、数控系统操作面板上的指示灯、数控系统电路板及其电源部分的指示灯、驱动系统各模块上的指示灯组合与数码管显示、变频器上的指示灯与数码显示、PLC 输入/输出指示等。

西门子 802S 是用于步进驱动的数控系统，其中西门子的步进驱动器上有四个指示灯，在通电过程中，指示灯的不同指示可指示不同的工作状态，其具体含义见表 3-1。

**表 3-1 西门子步进驱动器（STEPDRIVE-C）工作状态含义**

| LED | | | 含　义 | 解决措施 |
|---|---|---|---|---|
| 名称 | 颜色 | 状态 | | |
| RDY | 绿 | 单独亮 | 驱动器处于运行准备 | 如果电动机不转，可能是以下原因：<br>1）系统没有发出脉冲<br>2）脉冲频率太高<br>3）电动机负载太大或堵转 |
| TMP | 红 | 亮 | 步进驱动器温度过高 | |
| FLT | 红 | 亮 | 过压或欠压<br>电动机相线间短路<br>电动机相线对地短路 | 检查电源供给情况<br>检查电动机绕组及连接电缆 |
| DIS | 黄 | 单独亮 | 驱动器处于运行准备，但电动机无电流 | 通过系统启动给出使能信号 |
| 没有灯亮 | | | | 检查电源是否输入 |

如一台配备西门子802S的数控车床，开机后提示“系统没有准备好”，其原因就是急停开关方面的问题，因为系统没有接通，所以提示该报警，而旋起急停开关并按完复位键后，如果系统还有该报警，则可沿急停按钮的相关线路查找问题。

再如一台加工中心，当使用ϕ80mm的铣刀进行切削加工时，刀具一接触工件，机床就报警，并停止运行，后发现是切削扭矩太大而造成的。修改了驱动单元的参数和优化了加工工艺参数后，切削情况良好。

2. 故障无报警显示

数控机床也常发生无报警显示的故障，此时的机床可能不能正常工作，也可能能运行，但运行不稳定或不能生产合格的产品，这种故障查找和排除一般都比较困难，需要反复比较故障前后各相关功能部件的工作情况，并结合以往的维修经验，才可能使问题得到解决。

在数控机床中，出现无报警故障最多的是加工零件的尺寸不准。其原因较多，发生该类故障的表现形式也不尽相同。尺寸向下逐渐增大和尺寸向上逐渐增大的现象都有，在这类故障的原因既可能是电气环节的原因，也可能是机械环节的问题。如有一台数控车床，在使用过程中发现Z轴方向加工的尺寸不准，开始时怀疑是螺纹编码器问题，可使用它来加工螺纹时第一刀也没有问题，后经分析和检查，调整了丝杠与电动机的联轴器，故障消除。

## 四、按故障发生时有无破坏性分类

1. 破坏性故障

此类故障产生，会对机床和操作者造成侵害，导致机床损坏或人身伤害，如飞车、超程运动、部件碰撞等等。

有些破坏性故障是人为造成的，如有一台加工中心，在运行换刀程序时，发生将主轴当前的刀柄放入一已存有刀柄的刀位，结果造成刀具与刀具的碰撞。事故分析的结果是操作人员手动更换过了刀柄。当然，原理上也有可能是PLC程序问题或传感器的故障。据统计，在数控机床使用的前期，有三分之一的故障是操作者失误造成的。

破坏性故障产生之后，维修人员在进行故障诊断时，决不允许重现故障，也就是说决不许再来一次，只能根据现场人员的介绍，经过检查来分析，排除故障。当然，这类故障的排除技术难度较大，且有一定风险，故维修人员必须非常慎重。

2. 非破坏性故障

大多数的故障属于此类故障，这种故障往往通过“复位”即可消除。维修人员可以通过多次试验来重现此类故障，然后对现象进行分析、判断，查找故障原因并进行相应的处理。

有一台数控车床，在自动运行时提示“等待主轴”，此时机床进给停止，后经分析得知，该车床的进给率F被设置成mm/r，当运行G01指令时，以前的程序段中必须有M03 S# # 先指定主轴转速，否则系统不能进给。

## 思 考 题

3-1 数控机床的一般诊断方法有哪些？

3-2 什么叫数控机床的自诊断法？

3-3　数控机床的诊断原则包括哪些内容?

3-4　数控机床的操作包括哪些步骤?手动运行能完成什么功能?MDI 有什么作用?

3-5　可从哪几方面对数控机床进行常见故障分类?

3-6　操作机床是数控机床操作工的事，数控机床的维修人员不必掌握数控机床的操作，你认为对吗?说说你的理由。

# 第四章　数控机床常见机械故障分析

## 第一节　识图基础

### 一、机械装配图内容

表达机器或部件的图样，称为装配图。装配图主要表示部件的工作原理，各组成零件之间的相对位置、装配关系和主要零件的结构形状，是进行装配和检验的技术依据；在使用或维修机械设备时，也需要通过装配图来了解它们的构造和性能。因此，装配图是生产中的重要技术文件。

一个完整的装配图一般有以下几部分组成。

1. 一组视图

一组视图（包括剖视、断面等）用来表示部件的工作原理、零件之间的装配关系和主要零件的结构形状。

2. 必要的尺寸

装配图中应标注部件的规格、性能、装配、安装和总体等有关的尺寸。

3. 技术要求

技术要求是指用文字和规定符号、代号说明在装配、调试检测或使用时应达到的技术要求等。

4. 零件的编号、明细表和标题栏

装配图中应对每一种零件进行编写序号，填写标题栏和明细表。通过零件序号和明细表使装配图与相应零件有机地结合起来，便于查找和管理。

### 二、装配图的一般表达方法

装配图和零件图的表达方法基本相同，都是通过各种视图、剖视和断面等来表示的。但是，装配图的表达要求与零件图是不同的。装配图要表达出部件的工作原理，各组成零件之间的相对位置、装配关系和主要零件的结构形状。因此，除了机械制图课程中介绍的表达方法之外，还有一些特殊的画法和规定。

1. 拆卸或沿零件结合面的剖切画法

在装配图中，为了表示部件内部零件间的装配情况，可假想沿某些零件结合面剖切，或将某些零件拆卸掉并绘出其图形。

2. 假想画法

在装配图中，为了表示与本部件有装配关系，但又不属于本部件的其他相邻时，可用双点画线画出。

对于运动的零件，当需要表明其运动极限位置时，也可用双点画线来表示，如图 4-1 所示。

3. 简化画法

对于装配图中的螺栓、螺钉连接等若干相同的零件组，可仅详细地画出一处或几处，其余只需用单点画线表示其中心位置，如图 4-2 所示。

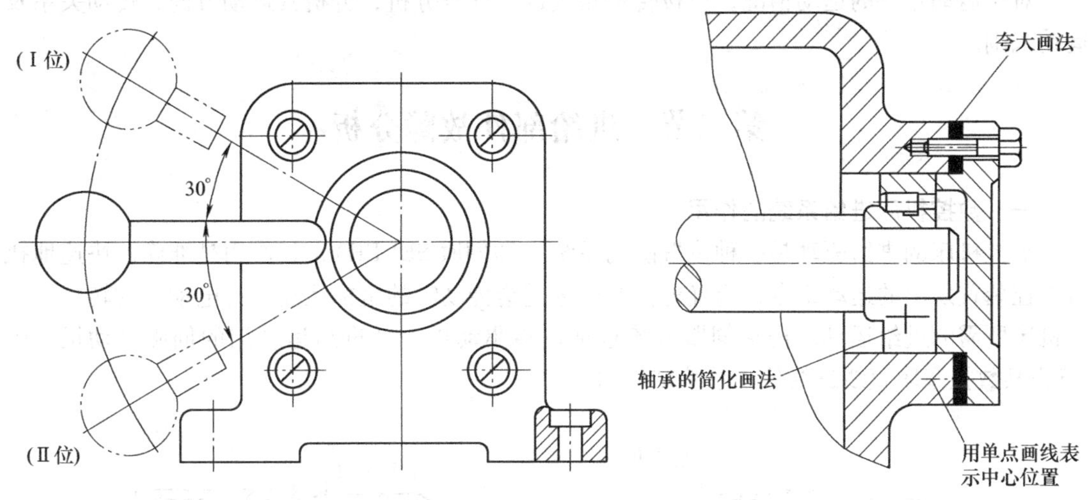


图 4-1　运动零件的极限位置

图 4-2　简化画法

1）装配图中的滚动轴承，可以用图 4-2 的简化画法。

2）在装配图中，零件的工艺结构如圆角、侧角、退刀槽等可省略不画。

3）在装配图中，当剖切平面通过某些标准产品的组合件时，可以只画出其外形图。

4. 夸大画法

在装配图中，对薄垫片、小间隙等，如按实际尺寸画出表示不明显时，可把它们的厚度、间隙适当放大画出，如图 4-2 中的垫片就是采用了夸大画法。

**三、读装配图方法**

在实际工作中，经常要读装配图。例如，在安装机器时，要按照装配图来装配零件和部件；在设计过程中，要按照装配图来设计和绘制零件图；在技术交流时，则要参阅装配图来了解零件和部件的具体结构等；在维修机器时，则要参考装配图，了解各部件的装配情况。

读装配图的要求主要有以下三点：

1）了解部件的名称、用途、性能和工作原理。

2）弄清各零件间的相对位置、装配关系、连接和固定方式，以及拆装顺序。

3）读懂各零件的结构形状。

读装配图的方法和步骤如下：

1）概括了解。

2）分析工作原理。

3）分析零件间的装配及连接关系。

4）装配体的结构组成情况及润滑、密封情况。

5）分析零件的结构形状。

要对照视图，将零件逐一从复杂的装配关系中分离出来，想出其结构形状。分离时，可按零件的序号顺序进行，以免遗漏。标准件、常用件往往一目了然，比较容易看懂。轴套类、轮盘类和其他简单零件一般通过一个或两个视图就能看懂。对于一些比较复杂的零件，应根据零件序号指引线所指部位，分析出该零件在该视图中的范围及外形，然后对照投影关系，找出该零件在其他视图中的位置及外形，并进行综合分析，想象出该零件的结构形状。

对于运动零件的运动情况，可按传动路线逐一进行分析，分析其运动方向、传动关系及运动范围。

## 第二节 进给部件故障分析

### 一、数控机床进给系统的作用

数控机床的进给驱动是一种位置随动系统（即伺服 SEVER），其作用是准确、快速地执行数控装置发出的运动指令，精确地控制机床进给传动链的坐标运动，将电动机的转动转化为机床所需的进给运动。进给伺服系统包括进给驱动单元及进给运动用的伺服电动机。图4-3为某数控车床直线进给传动系统结构图。

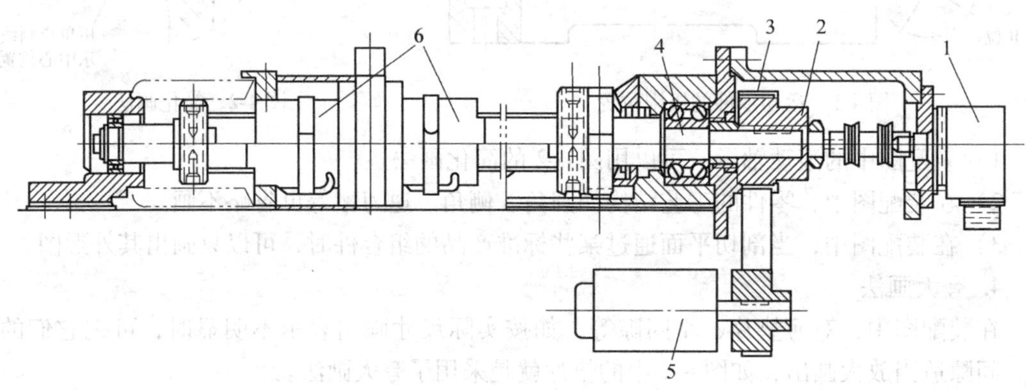


图4-3 同步齿形带进给传动系统

1—脉冲编码器 2—同步齿形带轮 3—同步齿形带 4—滚珠丝杠 5—伺服电动机 6—螺母

### 二、数控机床对进给传动的要求

进给运动的传动设计和传动结构的组成要达到以下要求：

1. 减少运动件的摩擦阻力

为了提高数控机床的进给系统的快速响应性能和运动精度，除了对伺服元件提出要求外，还必须减少运动件的摩擦阻力和动、静摩擦力之差。为了满足上述要求，在数控机床的进给系统中普遍采用滚珠丝杠螺母副、静压丝杠螺母副、滚动导轨、静压导轨和塑料导轨。当然也不能一味的追求减少摩擦阻力，还必须考虑传动部件要有适当的阻尼，以保证系统的稳定性。

2. 提高传动精度和刚性

进给传动系统的传动精度和刚度，从机械结构方面考虑主要取决于传动间隙以及丝杠螺母副、蜗轮蜗杆副及其支架结构的精度和刚度。传动间隙主要来自于齿轮副、蜗杆副、丝杠螺母副及支承部件之间，应施加预紧力或采取消除间隙的措施。缩短传动链或在传动链中设置减速齿轮，也可以提高传动精度。刚度不足的进给系统，将使工作台或滑板产生爬行和振动。对采用液压缸驱动的进给系统，油液的压缩刚度很低，必须限制其最大行程。

采用预紧措施调整间隙后所留下的微小间隙，通常由数控系统发出补偿脉冲指令，用以消除反向运动误差。

3. 减小运动惯量

进给系统中每个元件的惯量对伺服机构的启动和制动都有直接影响。尤其处于高速运转的零件，其惯量更加不容忽视。因此，在满足强度和刚度的前提下，应尽可能减小运动部件的质量，比如减少旋转零件的直径和质量，以减小运动部件的组合惯量，也就等于提高了进给运动的启动、停止性能。

**三、滚珠丝杠螺母副**

滚珠丝杠副是在丝杠和螺母之间以滚珠为滚动体的螺旋传动元件。滚珠丝杠副有多种结构形式。按滚珠循环方式分为外循环和内循环两大类。外循环回珠器用插管式的较多，内循环回珠器用腰形槽嵌块式的较多。按螺纹轨道的截面形状分为单圆弧和双圆弧两种截形。由于双圆弧截形轴向刚度大于单圆弧截形，因此，目前普遍采用双圆弧截形的丝杠。按预加负载形式分，可分为单螺母无预紧、单螺母变位导程预紧、单螺母加大钢球径向预紧、双螺母垫片预紧、双螺母差齿预紧、双螺母螺纹预紧。数控机床上常用双螺母垫片式预紧，其预紧力一般为轴向载荷的1/3。

图4-4所示是外循环滚珠丝杠副的原理。它是由丝杠3、螺母2、滚珠4和反向器（滚珠循环反向装置）1等组成。其工作原理是在丝杠和螺母上加工有弧形的螺旋槽，将它们套装在一起时形成螺旋滚道，并在滚道内装满滚珠。当丝杠相对于螺母旋转时，两者发生轴向位移，而滚珠则沿滚道滚动，并经回珠管作用而复始的循环运动。回珠管两端还起着挡珠的作用，以防止滚珠从滚道中掉出。

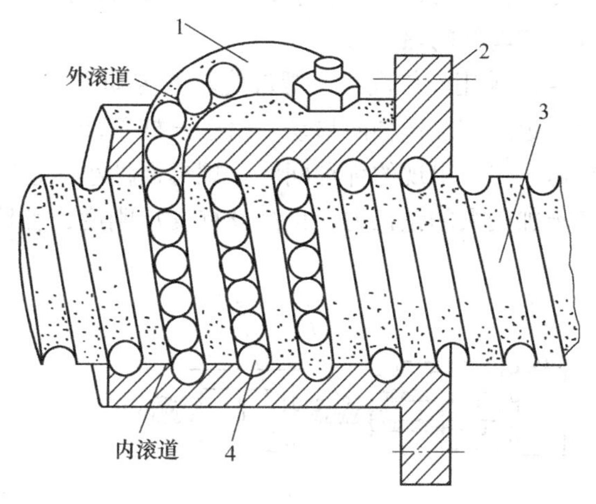


图4-4　滚珠丝杠副原理

1—反向器　2—螺母　3—丝杠　4—滚珠

滚珠丝杠副与滑动丝杠螺母副比较有很多优点：传动效率高，灵敏度高，传动平稳，磨损小，寿命长；可消除轴向间隙，提高轴向刚度等。

滚珠丝杠螺母传动广泛应用于中小型数控机床的进给传动系统。在重型数控机床的短行程（6m以下）进给系统中也常被采用。

1. 滚珠丝杠副的安装

数控机床的进给系统要获得较高的传动刚度，除了加强滚珠丝杠螺母本身的刚度之外，滚珠丝杠正确的安装及其支承的结构刚度也是不可忽视的因素。螺母座及支承座都应具有足够的刚度和精度。通常都适当加大和机床结合部件的接触面积，以提高螺母座的局部刚度和接触强度。新设计的机床在工艺条件允许时常常把螺母座或支承座与机床本体做成整体来增大刚度。

为了提高支承的轴向刚度，选择适当的滚动轴承也是十分重要的。国内目前主要采用两种组合方式。一种是把向心轴承和圆锥滚子轴承组合使用，其结构虽简单，但轴向刚度不足。另一种是把推力轴承或向心推力轴承和向心轴承组合使用，其轴向刚度有了提高，但增大了轴承的摩擦阻力和发热，而且增加了轴承支架的结构尺寸。近年来，国内外的轴承生产厂家已生产出一种滚珠丝杠专用轴承，这是一种能够承受很大轴向力的特殊向心推力球轴承，与一般的向心推力球轴承相比，接触角增大到60°，增加了滚珠的数目并相应减小滚珠的直径。这种新结构的轴承比一般轴承的轴向刚度提高了两倍以上，而且使用极为方便，产品成对出售，而且在出厂时已经选配好内外环的厚度，装配时只要用螺母和端盖将内环和外环压紧，就能获得出厂时已经调整好的预紧力。

滚珠丝杠副安装方式通常有以下几种：

(1) 双推—自由方式　如图4-5a所示，丝杠一端固定，一端自由。固定端轴承同时承受轴向力和径向力。这种支承方式用于行程小的短丝杠。

(2) 双推—支承方式　如图4-5b所示，丝杠一端固定，另一端支承。固定端轴承同时承受轴向力和径向力；支承端轴承只承受径向力，而且能作微量的轴向浮动，可以避免或减少丝杠因自重而出现的弯曲。同时，丝杠热变形可以自由地向一端伸长。

(3) 双推—双推方式　如图4-5c所示，丝杠两端均固定。固定端轴承都可以同时承受轴向力和径向力，这种支承方式，可以对丝杠施加适当的预拉力，提高丝杠支承刚度，可以部分补偿丝杠的热变形。

(4) 采用丝杠固定、螺母旋转的传动方式　如图4-5d所示，此时，螺母一边转动，一边沿固定的丝杠作轴向移动。由于丝杠不动，可避免受临界转速的限制，避免了细长滚珠丝杠高速运转时出现的种种问题。螺母惯性小，运动灵活，可实现的转速高。此种方式可以对丝杠施加较大的预拉力，提高丝杠支承刚度，补偿丝杠的热变形。

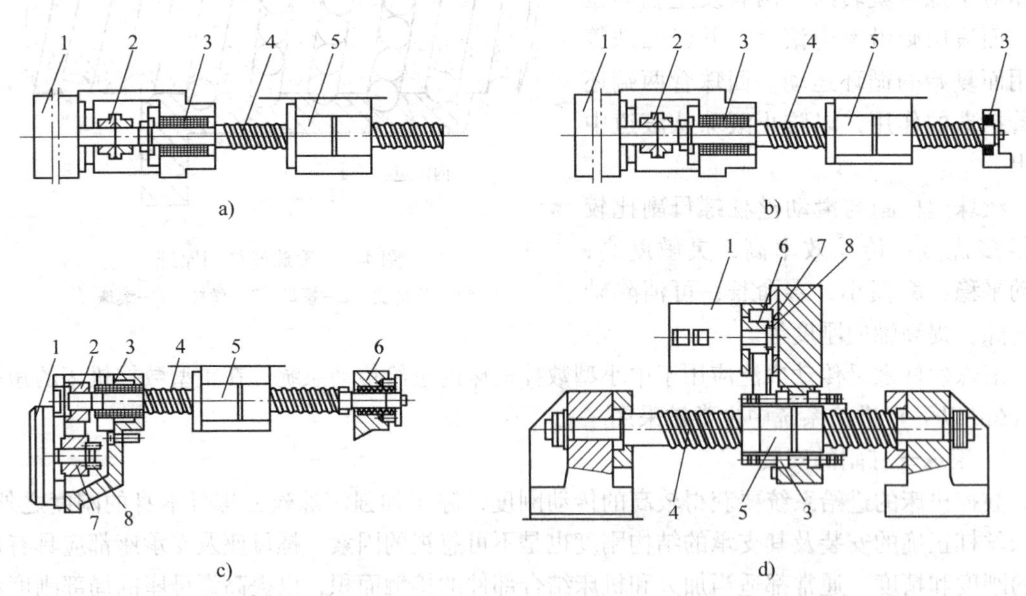


图4-5　滚珠丝杠副的4种安装方式

1—电动机　2—弹性联轴器　3—轴承　4—滚珠丝杠　5—滚珠丝杠螺母
6—同步带轮　7—弹性胀紧套　8—锁紧螺钉

2. 滚珠丝杠副的防护和润滑

（1）滚珠丝杠副的防护　滚珠丝杠副和其他滚动摩擦的传动器件一样，应避免硬质灰尘或切屑污物进入，因此必须装有防护装置。如果滚珠丝杠副在机床上外露，则应采用封闭的防护罩，如采用螺旋弹簧钢带套管、伸缩套管以及折叠式套管等。安装时将防护罩的一端连接在滚珠螺母的侧面，另一端固定在滚珠丝杠的支承座上。如果滚珠丝杠副处于隐蔽的位置，则可采用密封圈防护，密封圈装在螺母的两端。接触式的弹性密封圈采用耐油橡胶或尼龙制成，其内孔做成与丝杠螺纹滚道相配的形状；接触式密封圈的防尘效果好，但由于存在接触压力，使摩擦力矩略有增加。非接触式密封圈又称迷宫式密封圈，它采用硬质塑料制成，其内孔与丝杠螺纹滚道的形状相反，并稍有间隙，这样可避免摩擦力矩，但防尘效果差。工作中应避免碰击防护装置，防护装置一有损坏应及时更换。

（2）滚珠丝杠副的润滑　润滑剂可提高耐磨性及传动效率。润滑剂可分为润滑油和润滑脂两大类。润滑油一般为全损耗系统用油。润滑脂可采用锂基润滑脂。润滑脂一般加在螺纹滚道和安装螺母的壳体空间内，而润滑油则经过壳体上的油孔注入螺母的空间内。每半年对滚珠丝杠上的润滑脂更换一次，清洗丝杠上的旧润滑脂，涂上新的润滑脂。用润滑油润滑的滚珠丝杠副，可在每次机床工作前加油一次。

3. 滚珠丝杠副的常见故障及排除方法（见表4-1）

**表4-1　滚珠丝杠副的常见故障及排除方法**

| 故障现象 | 故障分析及原因 | 排除方法 |
|---|---|---|
| 滚珠丝杠副噪声 | 1）丝杠支承轴承的压盖压合情况不好<br>2）丝杠支承轴承可能破裂<br>3）电动机与丝杠联轴器松动<br>4）丝杠润滑不良<br>5）滚珠丝杠副滚珠有破损 | 1）调整轴承压盖，使其压紧轴承端面<br>2）如轴承破损，更换新轴承<br>3）拧紧联轴器锁紧螺钉<br>4）改善润滑条件，使润滑油量充足<br>5）更换新滚珠 |
| 滚珠丝杠运动不灵活 | 1）轴向预加载荷太大<br>2）丝杠与导轨不平行<br>3）螺母轴线与导轨不平行<br>4）丝杠弯曲变形 | 1）调整轴向间隙和预加载荷<br>2）调整丝杠支座位置，使丝杠与导轨平行<br>3）调整螺母座的位置<br>4）调整丝杠 |
| 滚珠丝杠润滑状况不良 | 检查各丝杠副润滑 | 用润滑脂润滑的丝杠，需移动工作台，取下罩套，涂上润滑脂 |

## 四、运动导轨副

导轨副是数控机床的重要部件之一，它在很大程度上决定数控机床的刚度、精度和精度保持性。数控机床导轨必需具有较高的导向精度、高刚度、高耐磨性，机床在高速进给时不振动、低速进给时不爬行等特性。

目前数控机床使用的导轨主要有3种：塑料滑动导轨、滚动导轨和静压导轨。

1. 塑料滑动导轨

目前，数控机床所使用的滑动导轨材料为铸铁对塑料或镶钢对塑料滑动导轨。导轨塑料常用聚四氟乙烯导轨软带和环氧型耐磨导轨涂层两类。

（1）聚四氟乙烯导轨软带

1）摩擦特性好。金属-聚四氟乙烯导轨软带的动静摩擦因数基本不变。

2）耐磨特性好。聚四氟乙烯导轨软带材料中含有青铜、二硫化铜和石墨，因此，其本身即具有自润滑作用，对润滑油的要求不高。此外，塑料质地较软，即使嵌入金属碎屑、灰尘等，也不致损伤金属导轨面和软带本身，可延长导轨副的使用寿命。

3）减振性好。塑料的阻尼性能好，其减振效果、消声的性能较好，有利于提高运动速度。

4）工艺性好。它可降低对粘贴塑料的金属基体的硬度和表面质量要求，而且塑料易于加工（铣、刨、磨、刮），使导轨副接触面获得优良的表面质量。聚四氟乙烯导轨软带被广泛用于中小型数控机床的运动导轨中。

图4-6为某加工中心工作台的断面图。作为移动部件的工作台导轨面（包括下压板和镶条）都粘贴有聚四氟乙烯导轨软带。

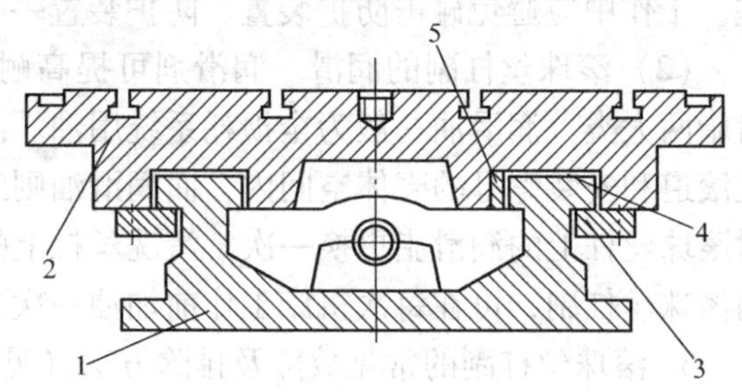

图4-6　工作台断面图

1—床身　2—工作台　3—下压板

4—导轨软带　5—镶条

导轨软带使用工艺简单。首先将导轨粘贴面加工至表面粗糙度值 $R_a$ 为3.2μm左右。用汽油或丙酮清洗粘结面后，用胶粘剂粘合，加压初固化1~2h后合拢到配对的固定导轨或专用夹具上，施加一定的压力，并在室温固化24h后，清除余胶，即可开油槽和精加工。

（2）环氧型耐磨涂层　环氧型耐磨涂层是以环氧树脂和二硫化钼为基体，加入增塑剂，混合成液状或膏状为一组份和固化剂为另一组份的双组份塑料涂层。德国生产的SKC3和我国生产的HNT环氧型耐磨涂层都具有以下特点：

1）良好的加工性：可经车、铣、刨、钻、磨削和刮削。

2）良好的摩擦性。

3）耐磨性好。

4）使用工艺简单。

2. 滚动导轨

滚动导轨是在两个导轨面间设置滚动元件构成滚动摩擦的，统称为滚动导轨。滚动导轨的形式很多，按滚动元件的形状，有球导轨、滚子导轨和滚针导轨；按滚动元件是否循环，有循环式滚动导轨和非循环式滚动导轨。非循环式滚动导轨通常习惯称为滚动导轨，而把循环式滚动导轨称为直线运动滚动导轨副。

（1）直线滚动导轨副的结构和特点　滚动导轨作为滚动摩擦副的一类，具有以下特点：

1）摩擦因数小（0.003~0.005），运动灵活。

2）动、静摩擦因数基本相同，因而起动阻力小，而不易产生爬行。

3）可以预紧，刚度高。

4）寿命长。

5）精度高。

6）润滑方便，可以采用脂润滑，一次填装，长期使用。

7）由专业厂生产，可以外购选用。

因此，滚动导轨副被广泛应用于精密机床、数控机床、测量机和测量仪器上。滚动导轨副的主要缺点是抗冲击载荷的能力较差，且滚动导轨副对灰尘屑末等较敏感，应有良好的防护罩。

滚动导轨有多种形式，目前数控机床常用的滚动导轨为直线滚动导轨，这种导轨的外形和结构如图 4-7 所示。

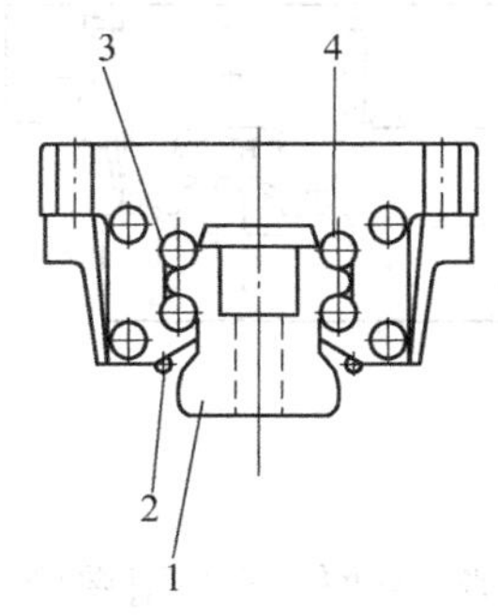


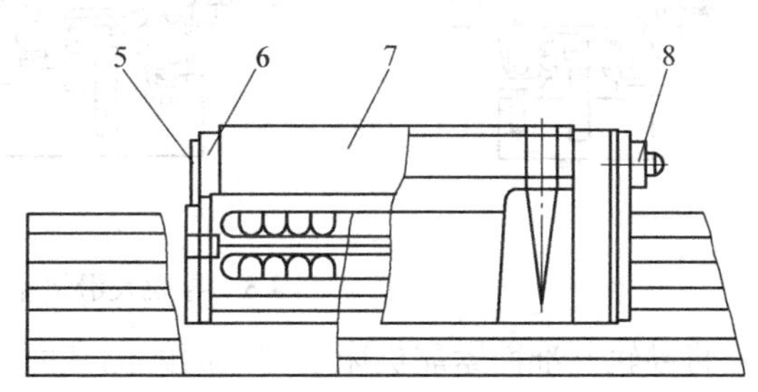


图 4-7　直线滚动导轨副的外形和结构

1—导轨体　2—侧面密封垫　3—保持器　4—承载球列

5—端部密封垫　6—端盖　7—滑块　8—润滑油杯

直线滚动导轨主要由导轨体、滑块、滚柱或滚珠、保持器、端盖等组成。当滑块与导轨体相对移动时，滚动体在导轨体和滑块之间的圆弧直槽内滚动，并通过端盖内的滚道，从工作负荷区到非工作负荷区，然后再滚动回工作负荷区，不断循环，从而把导轨体和滑块之间的移动变成滚动体的滚动。为防止灰尘和脏物进入导轨滚道，滑块两端及下部均装有塑料密封垫，滑块上还有润滑油杯。最近，新出现的一种在滑块两端装有自动润滑的滚动导轨，使用时无须再配润滑装置。

（2）直线滚动导轨的安装　直线滚动导轨的安装形式可以水平、竖直或倾斜，可以两根或多根平行安装，也可以把两根或多根短导轨接长，以适应各种行程和用途的需要。采用直线滚动导轨副，可以简化机床导轨部分的设计、制造和装配工作。滚动导轨副安装基面的精度要求不太高，通常只要精铣或精刨。由于直线滚动导轨对误差有均化作用，安装基面的误差不会完全反映到滑座的运动上来；通常滑座的运动误差约为基面误差的 1/3。

导轨及滑块座的固定通常采用以下几种方法，如图 4-8 所示。

导轨和滑块座与侧基面靠上定位台阶后，应先从另一面顶紧然后再固定。图 4-8a 为用紧定螺钉顶紧，然后再用螺钉固定；图 4-8b 为用楔块顶紧；图 4-8c 为用压板顶紧，也可在压板上再加紧固螺钉；图 4-8d 中导轨的侧基面是装配式，工艺性较好：图 4-8e 为在同一平面内平行安装两副导轨，该方法适用于有冲击和振动，精度要求较高的场合；数控机床滚动导轨的安装，多数采用此办法。

滚动导轨安装前必须检查导轨是否有合格证，是否碰伤或锈蚀，将防锈油清洗干净，清除装配表面的毛刺、撞击突起物及污物等；检查装配联接部位的螺栓孔是否吻合，如果发生错位而强行拧入螺栓，将会降低运行精度。

导轨安装步骤如下：

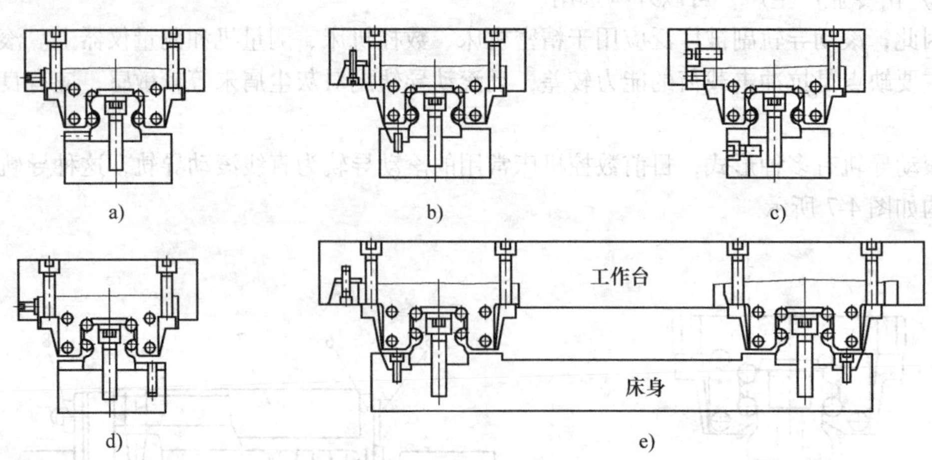


图4-8　导轨及滑块座的固定方法

1）将导轨基准面紧靠机床装配表面的侧基面，对准螺孔，将导轨轻轻地用螺栓予以固定。

2）上紧导轨侧面的顶紧装置，使导轨基准侧面紧紧靠贴床身的侧面。

3）按表4-2的参考值，用力矩扳手拧紧导轨的安装螺钉，从中间开始按交叉顺序向两端拧紧。

**表4-2　推荐的拧紧力矩**

| 螺钉规格 | M3 | M4 | M5 | M6 | M8 | M10 | M12 | M14 |
|---|---|---|---|---|---|---|---|---|
| 拧紧力矩/N·m | 1.6 | 3.8 | 7.8 | 11.7 | 28 | 60 | 100 | 150 |

滑块座安装步骤如下：

1）将工作台置于滑块座的平面上，并对准安装螺钉孔，轻轻地压紧。

2）拧紧基准侧滑块座侧面的压紧装置，使滑块座基准侧面紧紧靠贴工作台的侧基面。

3）按对角线顺序拧紧基准侧和非基准侧滑块座上各个螺钉。

安装完毕后，检查其全行程内运行是否轻便、灵活，有无打顿、阻滞现象；摩擦阻力在全行程内不应有明显的变化。达到上述要求后，检查工作台的运行直线度、平行度是否符合要求。

3. 液体静压导轨

液体静压导轨是将具有一定压力的油液经节流器输送到导轨面的油腔，形成承载油膜，将相互接触的金属表面隔开，实现液体摩擦。这种导轨的摩擦因数小（约0.0005），机械效率高。由于导轨面间有一层油膜，吸振性好；导轨面不相互接触，不会磨损，寿命长，而且在低速下运行也不易产生爬行。但静压导轨结构复杂，制造成本较高。静压导轨按导轨形式可分为开式和闭式两种；按供油方式分为恒压（即定压）供油和恒流（即定量）供油两种。

## 五、导轨副的常见故障及排除方法

影响机床正常运行和加工质量的主要环节是导轨副间隙、滚动导轨副的预紧力、导轨的直线度和平行度以及导轨的润滑、防护装置。导轨副的常见故障及排除方法见表4-3。

表 4-3　导轨副的常见故障及排除方法

| 故障现象 | 故障原因 | 排除方法 |
|---|---|---|
| 导轨研伤 | 1）机床经长时间使用，地基与床身水平度有变化，使导轨局部单位面积负荷过大<br>2）长期加工短工件或承受过分集中的负荷，使导轨局部磨损严重<br>3）导轨润滑不良<br>4）导轨材质不佳<br>5）刮研质量不符合要求<br>6）机床维护不良，导轨里落入脏物 | 1）定期进行床身导轨的水平度调整，或修复导轨精度<br>2）注意合理分布短工件的安装位置，避免负荷过分集中<br>3）调整导轨润滑油量，保证润滑油压力<br>4）采用电镀加热自冷淬火对导轨进行处理，导轨上增加锌铝铜合金板，以改善摩擦情况<br>5）提高刮研修复的质量<br>6）加强机床保养，保护好导轨防护装置 |
| 导轨上移动部件运动不良或不能移动 | 1）导轨面研伤<br>2）导轨压板研伤<br>3）导轨镶条与导轨间隙太小，调得太紧 | 1）用180#砂布修磨机床与导轨面上的研伤<br>2）卸下压板，调整压板与导轨间隙<br>3）松开镶条防松螺钉，调整镶条螺钉，使运动部件运动灵活，保证 0.03mm 的塞尺不得塞入，然后锁紧防松螺钉 |
| 加工面在接刀处不平 | 1）导轨直线度超差<br>2）工作台镶条松动或镶条弯度太大<br>3）机床水平度差，使导轨发生弯曲 | 1）调整或修刮导轨，使直线度小于 0.015/500<br>2）调整镶条间隙，镶条弯度在自然状态下小于 0.05mm/全长<br>3）调整机床安装水平度，保证平行度、垂直度在 0.02/1000 之内 |

## 六、导轨副故障维修实例

1. 行程终端产生明显的机械振动故障维修

故障现象：某加工中心运行时，工作台 *X* 轴方向位移接近行程终端过程中产生明显的机械振动故障，故障发生时系统不报警。

分析及处理过程：因故障发生时系统不报警，但故障明显，故通过交换法检查，确定故障部位应在 *X* 轴伺服电动机与丝杠传动链一侧；为区别电动机故障，可拆卸电动机与滚珠丝杠之间的弹性联轴器，单独通电检查电动机。检查结果表明，电动机运转时无振动现象，显然故障部位在机械传动部分。脱开弹性联轴器，用扳手转动滚珠丝杠进行手感检查；通过手感检查，发现工作台 *X* 轴方向位移接近行程终端时，感觉到阻力明显增加。拆下工作台检查，发现滚珠丝杠与导轨不平行，故而引起机械转动过程中的振动现象。经过认真修理、调整后，重新装好，故障排除。

2. 机床定位精度不合格的故障维修

故障现象：某加工中心运行时，工作台 *Y* 轴方向位移接近行程终端过程中丝杠反向间隙明显增大，机床定位精度不合格。

分析及处理过程：故障部位明显在 *X* 轴伺服电动机与丝杠传动链一侧；拆卸电动机与滚珠丝杠之间的弹性联轴器，用扳手转动滚珠丝杠进行手感检查。通过手感检查，发现工作台 *X* 轴方向位移接近行程终端时，感觉到阻力明显增加。拆下工作台检查，发现 *Y* 轴导轨平行度严重超差，故而引起机械转动过程中阻力明显增加，滚珠丝杠产生弹性变形，反向间隙增大，机床定位精度不合格。经过认真修理、调整后，重新装好，故障排除。

3. 移动过程中产生机械干涉的故障维修

故障现象：某加工中心采用直线滚动导轨，安装后用扳手转动滚珠丝杠进行手感检查，发现工作台 *X* 轴方向移动过程中产生明显的机械干涉故障，运动阻力很大。

分析及处理过程：故障明显在机械结构部分。拆下工作台，首先检查滚珠丝杠与导轨的平行度，检查合格。再检查两条直线导轨的平行度，发现导轨平行度严重超差。拆下两条直线导轨，检查中滑板上直线导轨的安装基面的平行度，检查合格。再检查直线导轨，发现一条直线导轨的安装基面与其滚道的平行度严重超差（0.5mm）。更换合格的直线导轨，重新装好后，故障排除。

## 第三节　主轴部件故障分析

### 一、数控机床主传动作用

数控机床的主传动系统是用来实现机床主运动的，它将主电动机的原动力变成主轴上刀具切削加工的切削力矩和切削速度。数控机床主轴部件是影响机床加工精度的主要部件，它的回转精度影响工件的加工精度，它的功率大小与回转速度影响加工效率，它的自动变速、准停和换刀等影响机床的自动化程度。

### 二、数控机床对主传动的要求

为适应各种不同的加工，数控机床的主传动必须满足以下要求：

1）数控机床为了适应材料切削加工的要求以及不同的加工方法，主轴的传动系统要有较宽的调速范围以及相应的输出力矩，以保证加工时能选用合理的切削用量。

2）由于主轴部件将直接装夹刀具或工件进行切削，因此，主轴对零件的加工质量、表面精度和刀具使用寿命均有很大的影响。要求它能高效地工作，以加工出高精度、表面质量较好的工件。

3）主轴传动系统要求有良好的运动参数及动力学参数才能体现高精度、小振动、小热变形及低噪声，从而获得最佳的生产率、加工精度和表面质量。

此外对于数控加工中心，要求ATC刀具交换机构从主轴取刀、装刀具时可靠地锁紧与松开，同时要求数控机床主轴转角位置准确。

### 三、主轴的组成

数控机床的主轴组件主要有主轴轴承、刀具自动装卸及吹屑装置、主轴准停和主轴的拉刀结构等。

1. 主轴轴承

主轴的结构根据数控机床的规格、精度采用不同的主轴轴承。一般中小规格数控机床的主轴部件多采用成组高精度滚动轴承，重型数控机床则采用液体静压轴承，高速主轴常采用氮化硅材料的陶瓷滚动轴承。选用轴承时主要考虑轴承的极限转速、刚性、阻尼特性和轴承的温升等因素。一般采用2~3个角接触球轴承组合或用角接触球轴承与圆柱滚子轴承组合构成支撑系统，这时轴承经过预紧后，能得到较高的刚度，除非要求有很大的刚性才采用圆柱滚子轴承和双向推力球轴承的组合，但此时主轴的极限转速受到了限制。主轴轴承的典型结构有以下3种。

1）前后支撑用双列圆柱滚子轴承来承受径向负荷，用安装在主轴前端的双向角接触球轴承来承受轴向负荷，如图4-9a所示。这种结构刚性较好，能进行强力切削，适应于中等转速的机床。

2）前后支撑都采用成组角接触球轴承承受轴向和径向负荷。图4-9b所示的这种结构适应高转速、中等切削负荷的数控机床。

3）前支撑用角接触球轴承，背靠背安装，用以承受轴向和径向负荷；后支撑用圆柱滚子轴承，如图4-9c所示。这种结构适应较高转速、较重切削负荷，主轴精度较高，但所承受轴向负荷较前一种结构要小。

目前高速主轴多数采用陶瓷滚动轴承，在脂润滑情况下 $dn$ 值可达 $120\times104$（$d$ 为轴承平均直径，单位为mm，$n$ 为轴承每分钟转数）。

2. 主轴内刀具的自动夹紧和切屑的清除装置

在自动换刀机床的刀具自动夹紧装置中，刀杆常采用7:24的大锥度锥柄，既利于定心，也为松刀带来方便。用碟形弹簧通过拉杆及夹头拉住刀柄的尾部，使刀具锥柄和主轴锥孔紧密配合，夹紧力达10000N以上。图4-10为某机床刀具自动夹紧装置示意图。当换刀时，要

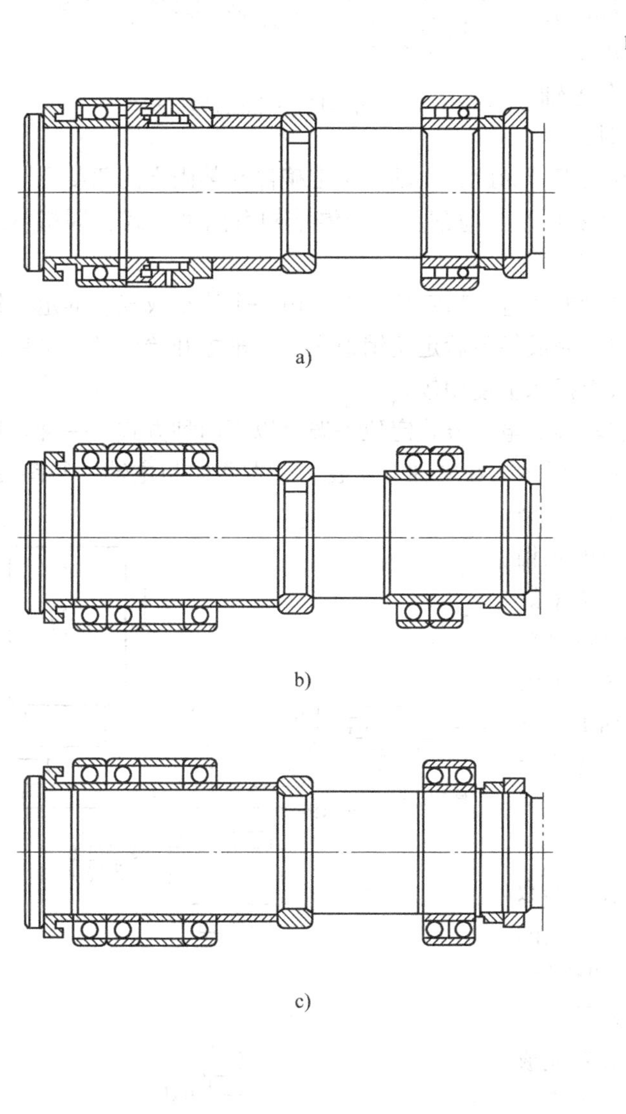


图4-9　主轴支撑方式

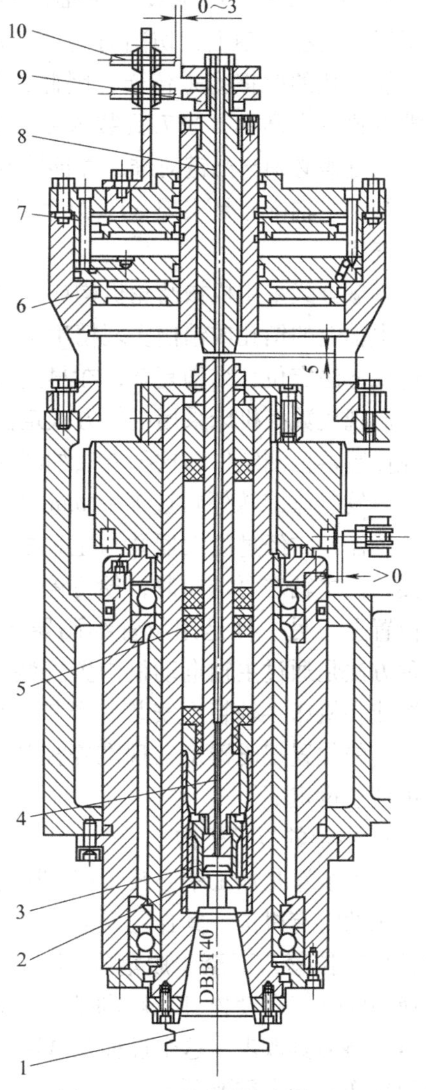


图4-10　刀具自动夹紧装置

1—刀柄　2—刀爪　3—内套　4—拉杆　5—碟形弹簧　6—气缸　7—活塞　8—压杆　9—撞块　10—行程开关

求松开刀柄，此时将主轴上端气缸的上腔通入压缩空气，活塞7带动压杆8及拉杆4向下移动，同时压缩碟形弹簧5，当拉杆4下移到使抓刀爪2的下端移出内套3时，卡爪张开。同时拉杆4将刀柄顶松，刀具即可由机械手从刀库拔出。待新刀装入后，气缸6的下腔通入压缩空气，在碟形弹簧5的作用下，活塞带动抓刀爪上移，抓刀爪拉杆贯新进入内套3，将刀柄拉紧。活塞7移动的两个极限位置分别设有行程开关10，作为刀具夹紧和松开的信号。

刀杆尾部的拉紧机构，除上述的卡爪式外，常见的还有钢球拉紧机构。其内部结构如图4-11所示。

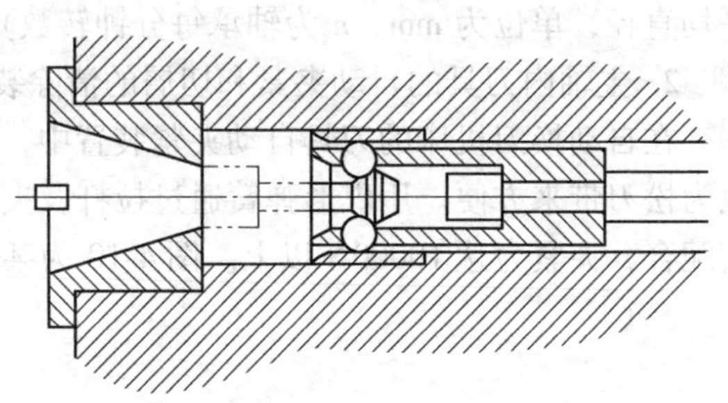

图4-11 钢球拉紧机构

3. 主轴准停装置

数控机床为了完成ATC（刀具自动交换）的动作过程，必须设置主轴准停机构。由于刀具装在主轴上，切削时切削转矩不可能仅靠锥孔的摩擦力来传递，因此，在主轴前端设置一个凸键，当刀具装入主轴时，刀柄上的键槽必须与凸键对准，才能顺利换刀。为此，主轴必须准确停在某固定的角度上。由此可知，主轴准停是实现ATC过程的重要环节。通常主轴准停结构有两种方式，即机械式与电气式。

机械方式采用机械凸轮机构或光电盘方式进行粗定位，然后由一个液动或气动的定位销插入主轴上的销孔或销槽实现精确定位，完成换刀后定位销退出，主轴才开始旋转。采用这种传统方法定位，结构复杂，在早期数控机床上使用较多。

而现代数控机床采用电气方式定位较多。电气方式定位一般有以下两种方式。一种是用磁性传感器检测定位，这种方法如图4-12所示。在主轴上安装一个发磁体与主轴一起旋转，在距离发磁体旋转外轨迹1~2mm处固定一个磁传感器，它经过放大器并与主轴控制单元相连接，当主轴需要定向时，便可停止在调整好的位置上。另一种是用位置编码器检测定位，这种方法是通过主轴电动机内置安装的位置编码器或在机床主轴箱上安装一个与主轴1∶1同步旋转的位置编码器来实现准停控制。准停角度可任意设定。

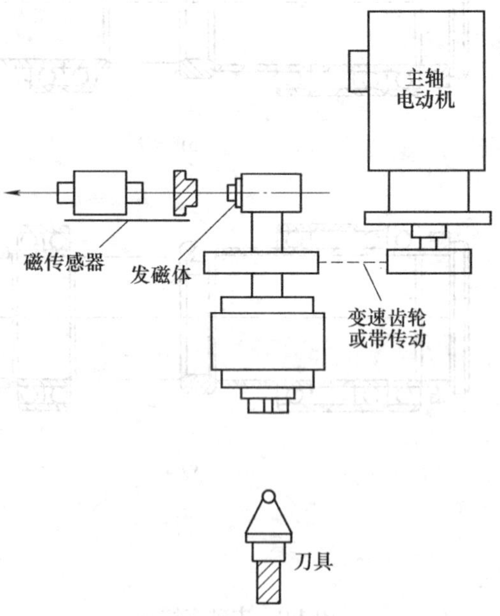


图4-12 磁性传感器主轴准停装置

4. 主轴的拉刀机构

拉刀装置是加工中心及带有ATC装置的数控铣床的特有机构。其作用是安装在主轴上的刀具自动拉紧，不至于脱落损坏工件和机床，在换刀时又能自动松开，顺利地卸下刀具，由机械手将刀具取走。这个过程是ATC装置完成换刀操作的一个重要环节。

一般数控机床使用锥柄刀具，但美国、日本、德国及国际标准（ISO）的刀具尺寸不完全相同。中国有 GB 3837 标准。刀柄的尾部装有专为拉紧刀具使用的拉钉。拉钉的形状各国标准也不完全一致。

一般主轴锥孔正上方的拉杆在碟形弹簧的作用下使主轴轴承承受了一个很大的轴向拉力，为了减轻主轴轴承的载荷，可将拉杆的末端设计成卸荷结构，也就是设计成套筒分离式结构，使拉力作用在套上，而不是作用在主轴轴承的轴向端面上。

**四、主轴润滑与密封**

（1）主轴润滑 为了保证主轴有良好的润滑，减少摩擦发热，同时又能把主轴组件热量带走，通常采用循环式润滑系统。用液压泵供油强力润滑，在油箱中使用油温控制器控制油液温度。近年来，一部分数控机床的主轴轴承采用高级油脂封放式润滑，每加一次油脂可以使用 7 ~ 10 年，简化了结构，降低了成本且维护保养简单，但需防止润滑油和油脂混合，通常采用迷宫式密封方式。为了适应主轴转速向更高速化发展的需要，新的润滑冷却方式相继开发出来。这些新的润滑冷却方式不单要减少轴承温升，还要减少轴承内外圈的温差，以保证主轴的热变形小。

（2）密封 在密封件中，被密封的介质往往是以穿漏、渗透或扩散的形式越界泄漏到密封连接处的另一侧。造成泄漏的基本原因是流体从密封面上的间隙中溢出，或是由于密封部件内外两侧密封介质的压力差或浓度差，致使流体向压力或浓度低的一侧流动。图 4-13 所示为一卧式加工中心主轴前支承的密封结构。

该卧式加工中心主轴前支承处采用的双层小间隙密封装置。主轴前端车出两组锯齿形护油槽，在法兰盘 4 和 5 上开沟槽及泄漏孔，当喷入轴承 2 内的油液流出后被法兰盘 4 内壁挡住，并经其下部的泄油孔 9 和箱体 3 上的回油斜孔 8 流回油箱，少量油液沿主轴 6 流出时，主轴护油槽在离心力的作用下被甩至法兰盘 4 的沟槽内，经回油斜孔 8 流回油箱，达到防止润滑介质泄漏的目的。当外部切削液、切屑及灰尘等沿主轴 6 与法兰盘 5 之间的间隙进入时，经法兰盘 5 的沟槽由泄漏孔 7 排出，达到了主轴端部密封的目的。要使间隙密封结构能在一定的压力和温度范围内具有良好的密封防漏性能，必须保证法兰盘 4 和 5 与主轴及轴承端面的配合间隙。

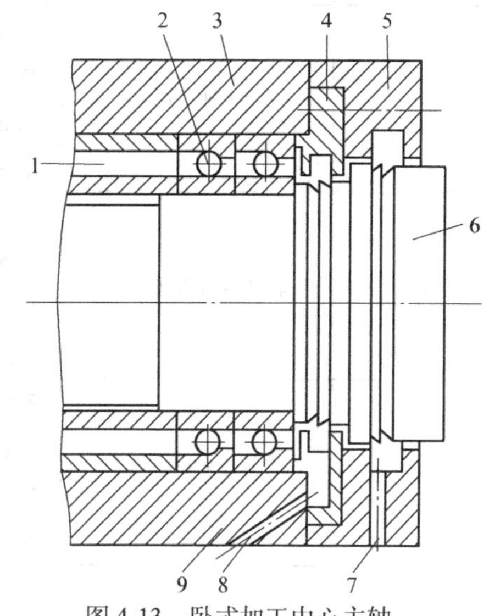


图 4-13 卧式加工中心主轴前支承的密封结构

1—进油口 2—轴承 3—箱体 4、5—法兰盘 6—主轴 7—泄漏孔 8—回油斜孔 9—泄油孔

**五、主轴部件的维护与常见故障分析**

1. 主轴部件的维护

1）熟悉数控机床主传动链的结构、性能参数，严禁超性能使用。

2）主传动链出现不正常现象时，应立即停机排除故障。

3）注意观察主轴箱温度，检查主轴润滑恒温油箱，调节温度范围，使油量充足。

4）使用带传动的主轴系统，需定期观察调整 $Z$ 主轴驱动传动带的松紧程度，防止因传动带打滑造成的丢转现象。

5）由液压系统平衡主轴箱重量的平衡系统，需定期观察液压系统的压力表，低于要求值时，要进行补油。使用液压拨叉变速的主传动系统，必须在主轴停车后变速。

6）使用啮合式电磁离合器变速的主传动系统，必须不低于1~2r/min的转速。

7）每天检查主轴润滑恒温油箱，使其油量充足，工作正常，防止各种杂质进入润滑油箱，保持油液清洁。经常检查轴端及各处密封，防止润滑油液的泄漏。

8）注意保持主轴与刀柄连接部位及刀柄的清洁，防止对主轴的机械碰击。刀具夹紧装置长时间使用后，会使活塞杆和拉杆间的间隙加大，造成拉杆位移量减少，使碟形弹簧张闭伸缩量不够，影响刀具的夹紧，故需及时调整液压缸活塞的位移量。

9）每年对主轴润滑恒温油箱中的润滑油更换一次，并清洗过滤器。每年清理润滑油池底一次，并更换液压泵滤油器。

10）经常检查压缩空气气压，并调整到标准要求值。足够的气压才能使主轴锥孔中的切屑和灰尘清理彻底。

2. 常见故障分析

数控机床主轴常见故障现象及其排除方法见表4-4。

**表4-4　主轴常见故障及其排除方法**

| 序　号 | 故障现象 | 故障原因 | 排除方法 |
|---|---|---|---|
| 1 | 主轴发热 | 主轴预紧力过大 | 调整预紧力 |
| | | 轴承研伤或损坏 | 更换新轴承 |
| | | 润滑油脏或有杂质 | 清洗主轴箱 |
| | | 轴承无润滑油脂 | 涂抹润滑脂 |
| 2 | 主轴在强力切削时停止 | 传动带过松 | 张紧传动带 |
| | | 传动带有油污 | 清洗擦干净 |
| | | 传动带失效 | 更换 |
| | | 摩擦离合器过松 | 调整离合器 |
| 3 | 刀具不能夹紧 | 碟形弹簧位移量小 | 调整行程长度 |
| | | 弹簧夹头损坏 | 更换 |
| | | 碟形弹簧失效 | 更换 |
| | | 拉钉过长 | 更换 |
| 4 | 刀具不能松开 | 压力或行程不够 | 调整压力或行程 |
| | | 碟形弹簧压合过紧 | 调整螺母预紧 |
| 5 | 主轴噪声大 | 部件动平衡不良 | 重新调整动平衡 |
| | | 齿轮磨损 | 更换 |
| | | 轴承损坏 | 更换 |
| | | 传动带磨损或损坏 | 调整或更换 |
| | | 润滑不良 | 调整润滑 |
| | | 加工工件问题 | 更换调整工件 |
| | | 丝杠间隙大 | 消除间隙 |
| | | 切削参数不合理 | 更换切削参数 |

（续）

| 序 号 | 故障现象 | 故障原因 | 排除方法 |
|---|---|---|---|
| 6 | 主轴无变速 | 变速电磁阀失效 | 检修清洗 |
| | | 变速复合开关失灵 | 更换 |
| | | 变速液压缸问题 | 调整或更换 |

3. 主轴典型故障实例

（1）主轴定位不良

故障现象：加工中心主轴定位不良，引发换刀过程发生中断。

分析及处理过程：某加工中心主轴定位不良，引发换刀过程发生中断。开始时，出现的次数不很多，重新开机后又能工作，但故障反复出现。经在故障出现后，对机床进行了仔细观察，才发现故障的真正原因是主轴在定向后发生位置偏移，且主轴在定位后如用手碰一下（与工作中在换刀时当刀具插入主轴时的情况相近），主轴则会产生相反方向的漂移。检查电气单元无任何报警，该机床的定位采用的是编码器，从故障的现象和可能发生的部位来看，电气部分的故障可能性比较小；机械部分又很简单，最主要的是连接，所以决定检查连接部分。在检查到编码器的连接时，发现编码器上连接套的紧定螺钉松动，使连接套后退，造成与主轴的连接部分间隙过大，使旋转不同步。将锁紧螺钉按要求固定好后，故障消除。

注意：发生主轴定位方面的故障时，应根据机床的具体结构进行分析处理，先检查电气部分，如确认正常后再考虑机械部分。

（2）主轴发热，旋转精度下降

故障现象：某立式加工中心镗孔精度下降，圆柱度超差，主轴发热，噪声大，但用手拨动主轴转动阻力较小。

分析及处理过程：主轴部件解体检查，发现故障原因如下：①主轴轴承润滑脂内混有粉尘和水分，这是因为该加工中心用的压缩空气无精滤和干燥装置，故气动吹屑时少量粉尘和水气窜入主轴轴承润滑脂内，造成润滑不良，导致发热且有噪声；主轴内锥孔定位表面有少许碰伤，锥孔与刀柄锥面配合不良，有微量偏心；②前轴承预紧力下降，轴承游隙变大；③主轴自动夹紧机构内部分碟形弹簧疲劳失效，刀具未被完全拉紧，有少许窜动。

更换前轴承及润滑脂，调整轴承游隙，轴向游隙为0.003mm，径向游隙为±0.002mm；自制简易研具，手工研磨主轴内锥孔定位面，用涂色法检查，保证刀柄与主轴定心锥孔的接触面积大于85%；更换碟形弹簧。将修好的主轴装回主轴箱，用千分表检查径向跳动，近端小于0.006mm，远端150mm处小于0.010mm。试加工，主轴温升和噪声正常，加工精度满足加工工艺要求，故障排除。

（3）主轴部件的拉杆钢球损坏

故障现象：某立式加工中心主轴内刀具自动夹紧机构的拉杆钢球和刀柄拉紧螺钉尾部锥面经常损坏。

分析及处理过程：检查发现，主轴松刀动作与机械手拔刀动作不协调。这是因为限位开关挡铁装在气液增压缸的气缸尾部，虽然气缸活塞动作到位，增压缸活塞动作却没有到位，致使机械手在刀柄还没有完全松开的情况下强行拔刀，损坏拉杆钢球及拉紧螺钉。

清洗增压液压缸，更换密封环，给增压液压缸注油，气压调整至0.5~0.8MPa，试用后故障消失。

（4）主轴部件的定位键损坏

故障现象：某立式加工中心换刀时冲击响声大，主轴前端拨动刀柄旋转的定位键局部变形。

分析及处理过程：响声主要出现在机械手插刀阶段，故障初步确定为主轴准停位置误差和换刀参考点漂移。本机床采用霍尔元件检测定向，引起主轴准停位置不准的原因可能是主轴准停装置电气系统参数变化、定位不牢靠或主轴径向跳动超差。首先检查霍尔元件的安装位置，发现固定螺钉松动，机械手插刀时刀柄键槽未对正主轴前端定位键，定位键被撞坏。主轴换刀参考点接近开关的安装位置同样有松动现象，使换刀参考点微量下移，刀柄插入主轴锥孔时，锥面直接撞击主轴定心锥孔，产生异响。

调整霍尔元件的安装位置后拧紧并加防松胶。重新调整主轴换刀参考点接近开关的安装位置，更换主轴前端的定位键，故障消失。

## 第四节　换刀装置故障分析

数控机床中为了提高加工效率和换刀精度，广泛采用自动换刀装置。各类数控机床的自动换刀装置的结构取决于机床的形式、工艺范围以及刀具的种类和数量，自动换刀装置应该满足换刀时间短、刀具重复定位精度高、面积（刀具体积）小以及安装可靠等基本要求。

### 一、数控车床换刀结构与动作过程

数控车床上一般使用的回转刀架是一种最简单的自动换刀装置。根据不同的加工对象，回转刀架可以设计成为四方、六方、八方或十二方等更多的形式。回转刀架上可以安装四把、六把、八把等更多的刀具，并按照数控装置的指令进行换刀。

回转刀架在结构上必须具备良好的强度和刚性，以承受粗加工时的切削抗力。由于车削加工精度在很大程度上取决于刀尖的位置，对于数控车床而言，加工过程中刀尖的位置不进行人为调整，因此更有必要选择可靠的定位方案和合理的定位结构，以保证回转刀架在每次转位后，具有尽可能高的重复定位精度（一般在0.001~0.005mm之间）。图4-14为某电动四方刀架结构图。

就目前常用的数控车床而言，四方回转刀架和六角回转刀架应用较为广泛，六角回转刀架一般适用于盘类零件的加工，而四方回转刀架则适用于轴类零件的加工。由于两者底部的安装尺寸相同，更换刀架十分方便。

图4-15为电动四方刀架刀位图。可以看出有四个位置分别控制 $T_1$、$T_2$、$T_3$ 和 $T_4$ 四个刀位。

回转刀架的全部动作由刀架电动机正反转通过蜗轮蜗杆进行控制，它的动作分为4个主要步骤：

1）刀架抬起。

2）刀架转位。

3）刀架定位。

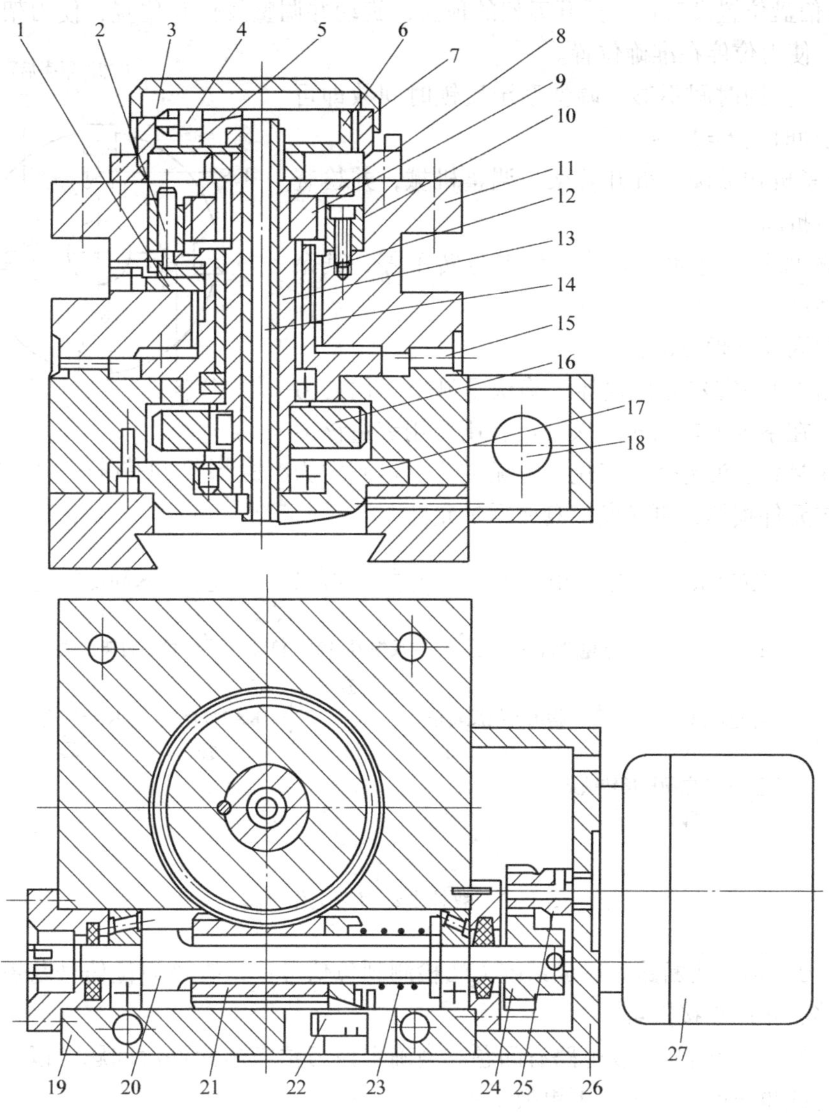


图 4-14 某车床电动四方刀架结构图

1—粗定位销 2—磁销 3—触头 4—粗定位发信开发 5—编码开发 6—开关座内表面 7—凸轮 8—拔块 9—丝杠 10—螺母 11—方刀架 12—粗定位体 13—中轴 14—立杆 15—端面齿轮 16—斜齿轮（代替蜗轮） 17—底盘 18—电线插座（中心装孔） 19—底座 20—蜗杆轴 21—蜗杆 22—压紧发信开关 23—弹簧 24—大齿轮 25—小齿轮 26—电动机架 27—电动机

4）刀架锁紧。

它的动作详细步骤如图 4-16 所示。图中 KA6、KM5、KA7 为控制电动机正反转的继电器与接触器。

## 二、数控车床四方刀架常见故障分析

1. 故障现象：电动刀架锁不紧。

故障原因及处理方法：

1）发信盘位置没对正。拆开刀架的顶盖，旋动并调整发信盘位置，使刀架的霍尔元件对准磁钢，使刀位停在准确位置。

2）系统反锁时间不够。调整系统反锁时间数即可（新刀架反锁时间 $t=1.2s$ 即可）。

3）锁紧机构故障。拆开刀架，调整机械，并检查定位销是否折断。

2. 故障现象：电动刀架某一位刀号转不停，其余刀位可以转动。

故障原因及处理方法：

1）此位刀的霍尔元件损坏。确认是哪个刀位使刀架转不停，在系统上输入转动该刀位，用万用表量该刀位触头对 +24V 触头是否有变化。若无变化，可判定为该位刀霍尔元件损坏，更换发信盘或霍尔元件。

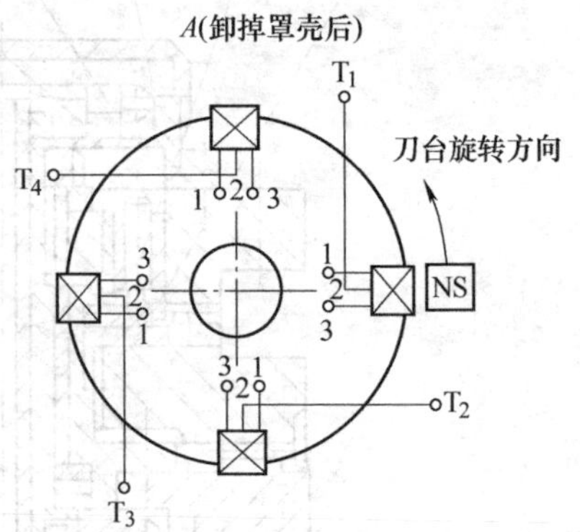


图 4-15　电动四方回转刀架刀位结构

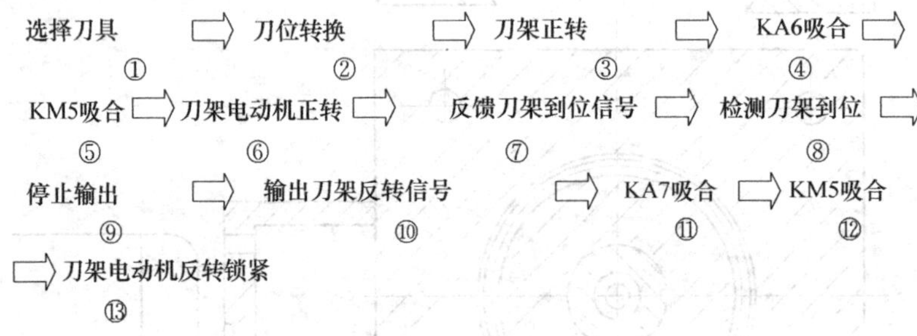


图 4-16　数控电动刀架工作过程

2）此刀位信号线断路。造成系统无法检测到位信号：检查该刀位信号与系统的连线是否存在断路，正确连接即可。

3）系统的刀位信号接收电路有问题。当确定该刀位霍尔元件没问题，以及该刀位信号与系统的连线也没问题的情况下更换主板。

3. 故障现象：选择了目标刀位，电动刀架不转。

故障原因及处理方法：

1）电动机电源缺相或电压过低。

2）接触器主触头被烧坏或接触不良。

3）刀架电动机电源相序错，造成电动机旋转方向发生改变，刀架选刀的过程变成刀架锁紧的过程。

4）电动机被烧坏。

5）刀架锁得太紧或被机械卡死等。

**三、加工中心换刀系统**

加工中心的自动换刀系统一般由刀库和刀具交换装置组成，也是目前数控机床多工序加工应用最广泛的换刀方法，如图 4-17 所示。整个换刀过程较为复杂，首先把加工过程中需要使用的全部刀具分别安装在标准的刀柄上，在机床外进行尺寸预调整之后，按照一定的方式顺序插入刀库，换刀时先在刀库中进行选刀，并由刀具交换装置从刀库和主轴上取出刀具，在进行刀具交换之后，将新刀具插入主轴孔，把旧刀具放回刀库。存放刀具的刀具库具有较大的容量，它既可以安装在主袖箱的侧面或上方，也可以作为单独部件安装在机床外面，并由搬运装置运送刀具。

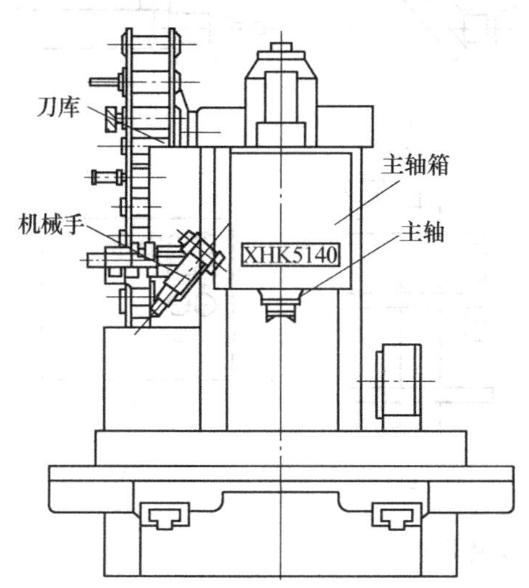


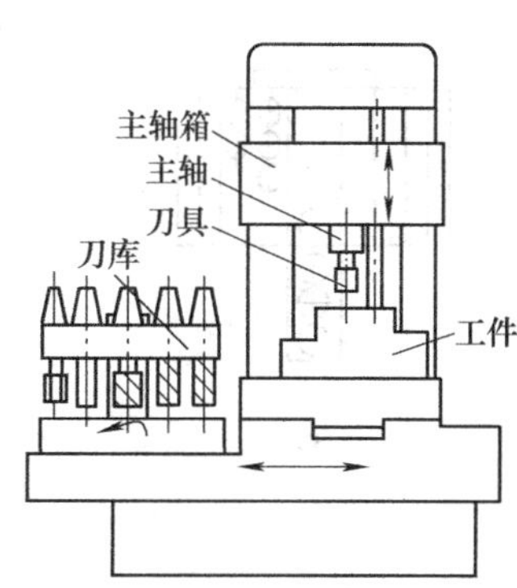


图 4-17 加工中心自动换刀机构

1. 刀库

刀库是自动换刀装置的最主要部件之一，其容量以及具体结构对数控机床的设计有很大影响。根据刀库所需要的容量和取刀方式，可以将刀库设计成多种形式，如图 4-18 所示。

图 4-18a ~ d 是单盘式刀库，为适应机床主轴的布局，刀库的刀具轴线可以按不同的方向配置。图 4-18a ~ d 是刀具可作 90°翻转的圆盘刀库，采用这种结构能够简化取刀动作。单盘式刀库的结构简单，刀库的容量通常为 15 ~ 30 把，取刀比较方便，因此应用最为广泛。图 4-18e 是鼓轮弹仓式（又称刺猬式）刀库，其结构十分紧凑，在相同的空间内，它的刀库容量较大，但选刀和取刀的动作较复杂。图 4-18f 是链式刀库，其结构有较大的灵活性，存放刀具的数量也较多，选刀和取刀动作十分简单。当链条较长时，可以增加支承链轮的数目，使链条折叠回绕，提高了空间的利用率。图 4-18g 和 4-18h 分别为多盘式和格子式刀库，它们虽然也具有结构紧凑的特点，但选刀和取刀动作复杂，应用较少。刀库的容量一般为 10 ~ 60 把，但随着加工工艺的发展，目前刀库的容量似乎有进一步增大的趋势。

2. 刀具交换装置

在数控机床的自动换刀装置中，实现刀库与机床主轴之间传递和装卸刀具的装置称为刀具交换装置。刀具的具体结构及其交换方式对机床的生产率和工作可靠性有直接影响。

数控机床的刀具交换方式通常分为由刀库与机床主轴的相对运动实现刀具交换和采用机械手交换刀具两类。

1）由刀库与机床主轴的相对运动实现刀具交换的装置，在换刀时必须先将用过的刀具送回刀库，然后再从刀库中取出新刀具，这两个动作不可能同时进行，因此换刀时间长。图 4-19 所示就是采用这类刀具交换方式。它的选刀运动由伺服电动机驱动链式刀库旋转来完成，换刀运动由主轴箱沿 $Y$ 和 $Z$ 轴运动来完成。

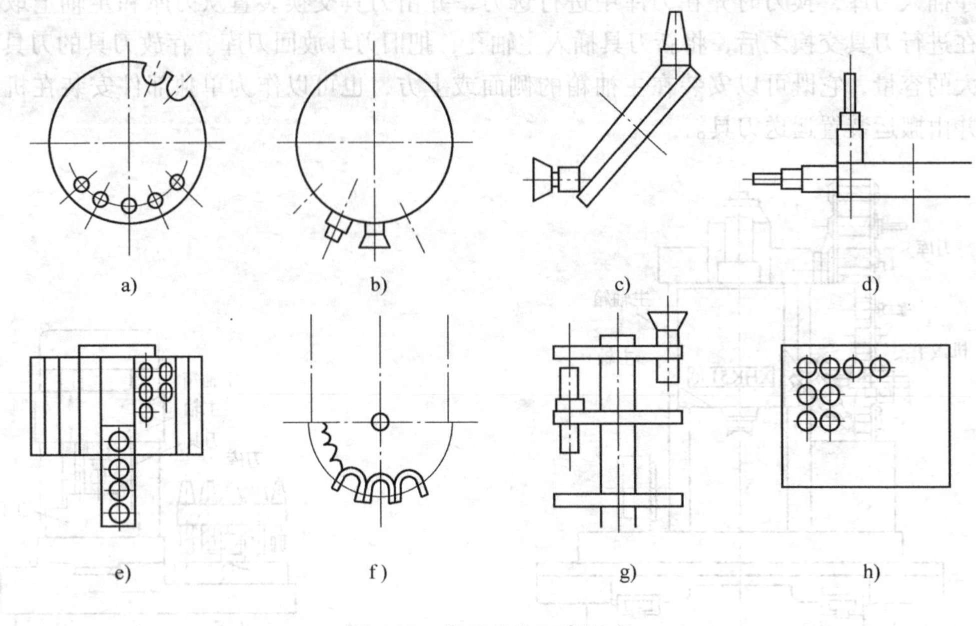


图 4-18　常见几种刀库形式

图 4-19a 表示上工步结束后，主抽准停定位，主轴箱上升。图 4-19b 表示主轴箱上升到换刀位置，刀具进入刀库的交换位置空位。刀具被刀库上的夹爪固定，主轴上的刀具自动夹紧装置松开。图 4-19c 表示刀库前移，从主轴孔中把要更换的刀具拔出。图 4-19d 表示刀库位根据程序把下一工序要用的刀具转到换刀位置，同时主轴清洁装置清洁主轴上的刀具孔。

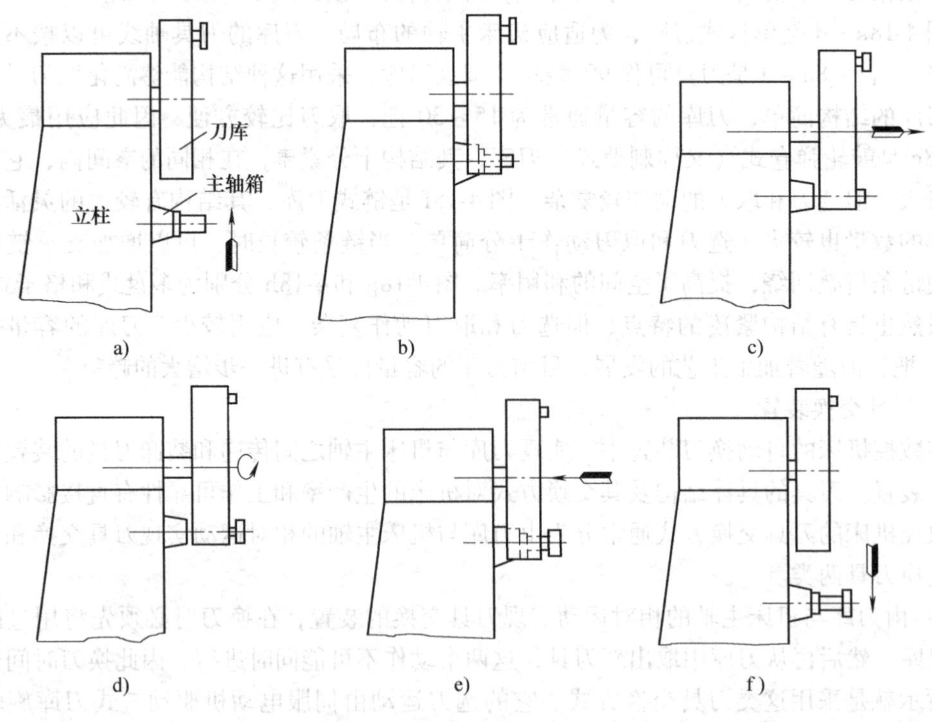


图 4-19　刀库与主轴直接换刀

图 4-19e 表示刀库后退，把需要的刀具插入主轴孔，主轴上的刀具夹紧装置把刀具夹紧。图 4-19f 表示主轴箱下降到工作位置，开始进行下一步工作。

无机械手换刀装置的优点是结构简单，成本低，换刀的可靠性也较高。其缺点是由于结构所限刀库的容量不大，且换刀时间较长（一般需要 10～20s）。因此，多为中、小型加工中心采用。

2）采用机械手进行刀具交换的方式应用最为广泛，这是因为机械手换刀有很大的灵活性，而且可以减少换刀时间。目前，在加工中心上绝大多数都使用记忆式的任选换刀方式。这种方式能将刀具号和刀库中的刀套位置（地址）对应地记忆在数控系统的 PC 中，不论刀具放在哪个刀套内都始终记忆着它的位置。刀库上装有位置检测装置（一般与电动机装在一起），可以检测出每个刀套的位置，这样刀具就可以任意取出并送回。刀库上还设有机械原点，使每次选刀时，就近选取，如对于盘式刀库来说，每次选刀运动或正转或反转不会超过 180°。图 4-20 所示为一机械手换刀结构图。

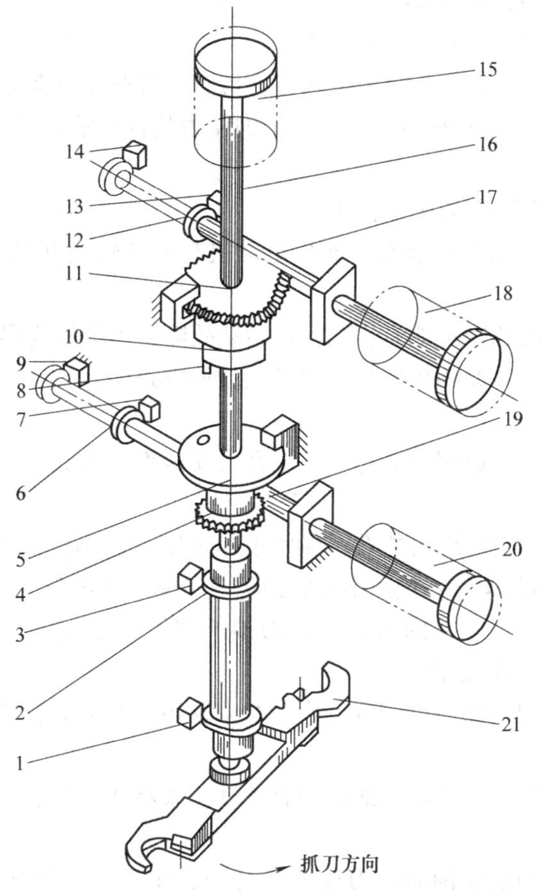


图 4-20　机械手换刀结构

1、3、7、9、13、14—行程开关　2、6、12—挡环　4、11—齿轮　5—连接盘
8—销子　10—传动盘　15—升降液压缸　16—机械手臂轴
17、19—齿条　18、20—转位液压缸　21—机械手

## 四、自动换刀装置维护及故障分析

1. 自动换刀装置维护

刀库及换刀机械手机构较复杂，且在工作中又频繁运动，所以故障率较高。目前，机床上有50%以上的故障都与之有关。如刀库运动故障，定位误差过大，机械手夹持刀柄不稳定，机械手动作误差过大等。这些故障最后都造成换刀动作卡位，整机停止工作。因此，刀库及换刀机械手的维护十分重要。

1）严禁把超重、超长的刀具装入刀库，否则容易发生碰撞。

2）顺序选刀方式必须注意刀具放置在刀库中的顺序要正确，其他选刀方式也要注意所换刀具是否与所需刀具一致，防止换错刀具导致事故发生。

3）用手动方式往刀库上装刀时，要确保装到位，装牢靠，并检查刀座上的锁紧装置是否可靠。

4）经常检查刀库回零位置是否正确，检查机床主轴回换刀点位置是否到位，发现问题要及时调整，否则不能完成换刀动作。

5）要注意保持刀具刀柄和刀套的清洁。

6）开机时，应先使刀库和机械手空运行，检查各部分工作是否正常，特别是行程开关和电磁阀能否正常动作。检查机械手短压系统的压力是否正常，刀具在机械手上锁紧是否可发现不正常时及时处理。

2. 自动换刀装置的常见故障及原因

1）刀库不能转动的原因可能有：连接电动机与蜗杆轴的联轴器松动；机械连接过紧；刀库预紧力过大。

2）刀库转不到位的原因可能有：电动机转动故障；传动机构误差。

3）刀套不能央紧刀具原因可能是：刀套上的调整螺钉松动；弹簧太松，造成卡紧力不足；刀具超重。

4）刀套上下不到位的原因可能有：限位开关安装不正确或调整不当而造成反馈信号错误。

5）刀具夹不紧掉刀的原因可能有：卡紧爪弹簧压力过小；弹簧后面的螺母松动；刀具超重；机械手卡紧锁不起作用；气压不足，或刀具卡紧气压漏气。

6）刀具夹紧后松不开的原因可能有：松锁的弹簧压合过紧，卡爪缩不回；应调松螺母，使最大载荷不超过额定数值。

7）刀具交换时掉刀的原因可能有：换刀时主轴箱没有回到换刀点；换刀点漂移；机械手抓刀时没有到位。

8）机械手换刀速度过快或过慢的原因有：气压太高或太低；换刀气阀节流开口太大或太小。

9）换刀时不能拔刀的原因有：刀库不能伸出；主铀松刀液压缸未动作；松刀机构卡死。

3. 故障实例

（1）刀库不停转

故障现象：一台配套FANUC 0MC系统数控加工中心，刀库在换刀过程中不停转动。

分析及处理过程：拿螺钉旋具将刀库伸缩电磁阀手动钮拧到刀库伸出位置，保证刀库一直处于伸出状态，复位，手动将刀库当前刀取下，停机断电，用扳手拧刀库齿轮箱方头轴，让空刀爪转到主轴位置，对正后再用螺钉旋具将电磁阀手动钮关掉，让刀库回位。再查刀库回零开关和刀库电动机电缆正常，重新开机回零正常，MDI 方式下换刀正常。怀疑系干扰所致，将接地线处理后，故障再未出现过。

（2）换刀不能拔刀

故障现象：一台配套 FANUC 0MC 系统的数控加工中心，换刀时，手爪未将主轴中刀具拔出，报警。

分析及处理过程：手爪不能将主轴中刀具拔出的可能原因有：刀库不能伸出；主轴松刀液压缸未动作；松刀机构卡死。复位，消除报警，如不能消除，则停电，再送电开机。用手摇脉冲发生器将主轴摇下，用手动换刀换主轴刀具，不能拔刀，故怀疑松刀液压缸有问题。在主轴后部观察，发现松刀时，松刀缸未动作，而气液转换缸油位指示无油，检查发现其供油管脱落，重新安装好供油管，加油后，打开液压缸放气塞放气两次，松刀恢复正常。

（3）刀库位置偏移

故障现象：一台配套 FANUC 0MC 系统的数控加工中心，在换刀过程中，主轴上移至刀爪时，刀库刀爪有错动，拔插刀时，有明显声响，似乎卡滞。

分析及处理过程：主轴上移至刀爪时，刀库刀爪有错动，说明刀库零点可能偏移，或是由于刀库传动存在间隙，或者刀库上刀具重量不平衡而偏向一边。因为插拔刀别劲，估计是刀库零点偏移；将刀库刀具全部卸下将主轴手摇至 $Y$ 轴第二参考点附近，用塞尺测刀库刀爪与主轴传动键之间间隙，证实偏移；用手推拉刀库，也不能利用间隙使其回正；调整参数 7508 直至刀库刀爪与主轴传动键之间间隙基本相等。开机后执行换刀正常。

（4）换刀卡住

故障现象：一台配套 FANUC 0MC 系统的数控加工中心，换刀过程快结束，主轴换刀后从换刀位置下移时，机床显示 1001 “spindle alarm 408 servo alarm（serialer）”报警。

分析及处理过程：现场观察，主轴处于非定向状态，可以断定换刀过程中，定向偏移，卡住；而根据报警号分析，说明主轴试图恢复到定向位置，但因卡住而报警关机。手动操作电磁阀分别将主轴刀具松开，刀库伸出，手工将刀爪上的刀卸下，再手动将主轴夹紧，刀库退回；开机，报警消除。为查找原因，检查刀库刀爪与主轴相对位置，发现刀库刀爪偏左，主轴换刀后下移时刀爪右指刮擦刀柄，造成主轴顺时针转动偏离定向，而主轴默认定向为 M19，恢复定向旋转方向与偏离方向一致，更加大了这一偏离，因而偏离很多造成卡死；而主轴上移时，刀爪右指刮擦使刀柄逆转，而 M19 定向为正转正好将其消除，不存在这一问题。调整刀库回零位置参数 7508，使刀爪与主轴对齐后，故障消除。

## 第五节　润滑系统故障分析

### 一、润滑系统的分布

机床润滑系统，在机床整机中占有十分重要的位置，其设计、调试和维修保养，对于提高机床加工精度、延长机床使用寿命等方面都有着十分重要的作用。

数控机床上润滑方式有油脂润滑和油液润滑两种形式。油液润滑形式又可分为油液循环润滑、定时定量润滑、油脂润滑和油气润滑方式。在一台数控机床上，有时只有一种润滑方式，有时是多种润滑方式同时存在。例如，在某一数控车床上，主轴轴承、滚珠丝杠螺母副以及滚珠丝杠支承轴承等采用油脂润滑，机床导轨等移动部件采用定时定量润滑，而主轴箱内的变速齿轮则采用油液循环润滑。下面简单介绍定时定量润滑方式。

定时定量润滑无论润滑点位置高还是低，离液压泵远还是近，各点的供油量都是稳定的。由于润滑周期的长短及供油量可调整，减少了润滑油的消耗，易于自动报警，润滑可靠性高。定时定量润滑系统一般有两种结构：一种是采用定量阀给油系统，另一种是采用电动间隙泵给油系统。

图 4-21 所示为定量阀定时定量润滑系统的工作原理。泵启动后，将高压润滑油送到各定量阀，定量阀即将定量油液经支路油管送至各润滑点。当油路中压力达到某一值时，说明定量阀中油液已完全输出，由压力继电器监测控制，使液压泵停止工作。这时定量阀在弹簧作用下储好定量油液，为下一次送油做好准备，每次润滑间隙时间由电气控制系统自动控制。

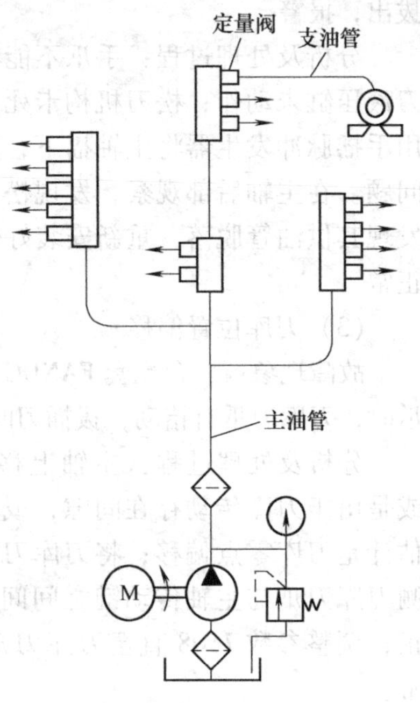


图 4-21　定量阀定时定量润滑系统

## 二、润滑系统的维护与故障分析

### 1. 润滑系统的维护

每日保养事项：

1）清除各部油垢及废屑。

2）检查润滑是否足够及检视各机构部位是否有螺钉松动或脱落现象。

3）检查各运动部分之滑动面是否平滑或仍保持有适当之间隙。

4）检查润滑系统是否正常。

半年保养事项：

1）更换润滑油系统及添加轴承部分用润滑油脂。

2）检查各移动部件的磨损情况。如磨损大，须调整其间隙。

每年保养事项：

每年须按照机床整体保养计划，以保持机床正常操作，降低不当的损坏。保养重于修复。

### 2. 常见故障分析

（1）润滑油损耗大

故障现象：某立式加工中心，集中润滑站的润滑油损耗大，隔 1 天就要向润滑站加油，切削液中明显混入大量润滑油。

分析及处理过程：该立式加工中心采用容积式润滑系统。这一故障产生以后，开始认为是润滑时间间隔太短，润滑电动机起动频繁，润滑过多，导致集中润滑站的润滑油损耗大。将润滑电动机起动时间间隔由 12min 改为 30min 后，集中润滑站的润滑油损耗有所改善但是油损耗仍很大。故又集中注意力查找润滑管路问题，润滑管路完好并无漏油，但发现 $Y$ 轴丝杠螺母润滑油特别多，拧下 Y 轴丝杠螺母润滑计量件，检查发现计量件中的 Y 形密封圈破损。换上新的润滑计量件后，故障排除。

（2）润滑系统压力不能建立

故障现象：某卧式加工中心，润滑系统压力不能建立。

分析及处理过程：该卧式加工中心组装后，进行润滑试验。该卧式加工中心采用容积式润滑系统。通电后润滑电动机旋转，但是润滑系统压力始终上不去。检查润滑泵工作正常，润滑站出油口有压力油，检查润滑管路完好；检查 *X* 轴滚珠丝杠轴承润滑，发现大量润滑油从轴承里面漏出；检查该计量件，型号为 ASA-5Y，查计量件生产公司润滑手册，发现 ASA-5Y 为单线阻尼式润滑系统的计量件，而该机床采用的是容积式润滑系统，两种润滑系统的计量件不能混装。更换为容积式润滑系统计量件 ZSAM-20T 后，故障排除。

（3）导轨润滑不足

故障现象：某卧式加工中心，*Y* 轴导轨润滑不足。

分析及处理过程：该卧式加工中心采用单线阻尼式润滑系统。故障产生以后，开始认为是润滑时间间隔太长，导致 *Y* 轴润滑不足。将润滑电动机起动时间间隔由 15min 改为 10min，*Y* 轴导轨润滑有所改善，但是油量仍不理想。故又集中注意力查找润滑管路问题，润滑管路完好。拧下 *Y* 轴导轨润滑计量件，检查发现计量件中的小孔堵塞。清洗后，故障排除。

（4）加工表面粗糙度不理想

故障现象：某数控龙门铣床，用右面垂直刀架铣产品机架平面时，发现工件表面粗糙度达不到预定的精度要求。

分析及处理过程：这一故障产生以后，把查找故障的注意力集中在检查右垂直刀架主轴箱内的各部滚动轴承（尤其是主轴的前后轴承）的精度上，但出乎意料的是各部滚动轴承均正常；后来经过研究分析及细致的检查发现：工作台蜗杆及固定在工作台下部的螺母条这一传动副提供润滑油的四根管基本上都不供油。经调节布置在床身上的控制这四根油管出油量的四个针形节流阀，使润滑油管流量正常后，故障消失。

## 第六节　液压与气压系统故障分析

### 一、液压与气压系统的组成与作用

现代数控机床在实现整机的全自动化控制中，除数控系统外，还需要配备液压装置和气动装置来辅助实现整机的自动运行功能。

液压传动装置由于使用工作压力高的油性介质，因此机构出力大，机械结构紧凑，动作平稳可靠，易于调节和噪声较小，但需要配置液压泵和油箱。完整的液压系统由能源部分、执行部分、控制部分、辅助部分等组成，如图 4-22a 所示。

气压系统工作原理与液压系统工作原理类似。气动装置的气源容易获得，机床可以不必再单独配置动力源，装置结构简单，工作介质不会污染环境，工作速度快和动作频率高，适合于完成频繁起动的辅助工作。过载时比较安全，不易发生过载而损坏机件等事故。在现代机床上已经得到广泛应用。气压系统主要用于刀具或工件的夹紧、安全防护开关以及机床主轴锥孔的吹屑等。但其系统中的分水滤水器应定期放水，油雾器应定期清洗，如图 4-22b 所示。

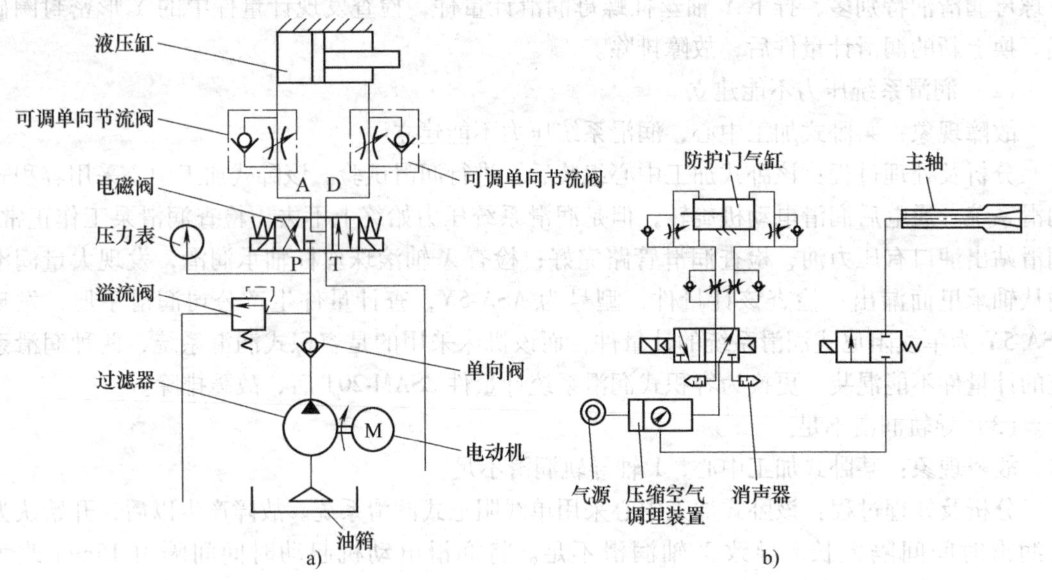


图4-22 机床液压与气压系统示意图

## 二、液压与气压系统维护

1. 液压系统的维护

液压系统维护项目主要如下：

1）控制油液污染，保持油液清洁。

2）控制液压系统中油液的温升。

3）控制液压系统泄漏。

4）防止液压系统振动与噪声。

5）严格执行日常点检制度。

6）严格执行定期紧固、清洗、过滤和更换制度。

2. 气动系统维护与检查

（1）气压系统维护

1）保证供给洁净的压缩空气。

2）保证空气中含有适量的润滑油。

3）保持气动系统的密封性。

4）保证气动元件中运动零件的灵敏性。

5）保证气动装置具有合适的工作压力和运动速度。

（2）气动系统的点检与定检

1）管路系统点检。主要内容是对冷凝水和润滑油的管理。冷凝水的排放，一般应当在气动装置运行之前进行。但是当夜间温度低于0℃时，为防止冷凝水冻结，气动装置运行结束后，应开启放水阀门排放冷凝水。补充润滑油时，要检查油雾器中油的质量和滴油量是否符合要求。此外，点检还应包括检查供气压力是否正常、有无漏气现象等。

2）气动元件的定检。主要内容是彻底处理系统的漏气现象。例如，更换密封元件，处理管接头或联接螺钉的松动等，定期检验测量仪表、安全阀和压力继电器等。具体可参见表4-5。

表 4-5 气动元件的定检

| 元件名称 | 定检内容 |
|---|---|
| 气缸 | 1）活塞杆与端面之间是否漏气<br>2）活塞杆是否划伤、变形<br>3）管接头、配管是否划伤、损坏<br>4）气缸动作时有无异常声音<br>5）缓冲效果是否合乎要求 |
| 电磁阀 | 1）电磁阀外壳温度是否过高<br>2）电磁阀动作时，工作是否正常<br>3）气缸行程到末端时，通过检查阀的排气口是否有漏气来确诊电磁阀是否漏气<br>4）紧固螺栓及管接头是否松动<br>5）电压是否正常，电线有无损伤<br>6）通过检查排气口是否被油润湿，可通过排气时是否会在纸上留下油雾斑点来判断<br>7）润滑是否正常 |
| 油雾器 | 1）油杯内油量是否足够，润滑油是否变色、混浊，油杯底部是否沉积有灰尘和水<br>2）滴油量是否合适 |
| 调压阀 | 1）压力表读数是否在规定范围内<br>2）调压阀盖或锁紧螺母是否锁紧<br>3）有无漏气 |
| 过滤器 | 1）储水杯中是否积存冷凝水<br>2）滤芯是否应该清洗或更换<br>3）冷凝水排放阀动作是否可靠 |
| 安全阀及压力继电器 | 1）在调定压力下动作是否可靠<br>2）校验合格后，是否有铅封或锁紧<br>3）电线是否损伤，绝缘是否可靠 |

## 三、液压与气压系统常见故障分析

### 1. 方向控制回路的故障维修

故障现象：方向控制回路中滑阀没有完全回位。

分析及处理过程：在方向控制回路中，换向阀的滑阀因回位阻力增大而没有完全回位是最常见的故障，将造成液压缸回程速度变慢。排除故障首先应更换合格的弹簧；如果是由于滑阀精度差，而使径向卡紧，应对滑阀进行修磨或重新配制。一般阀心的圆度和锥度公差为0.003～0.005mm，最好使阀心有微量的锥度，并使它的大端在低压腔一边，这样可以自动减小偏心量，从而减小摩擦力，减小或避免径向卡紧力。引起卡紧的原因还可能有：脏物进入滑阀缝隙中而使阀心移动困难；间隙配合过小，以致当油温升高时阀心膨胀而卡死；电磁铁推杆的密封圈处阻力过大，以及安装紧固电动阀时使阀孔变形等。找到卡紧的原因，就好排除故障了。

### 2. 刀柄和主轴的故障维修

故障现象：TH5840 立式加工中心换刀时，主轴锥孔吹气，把含有铁锈的水分子吹出，并附着在主轴锥孔和刀柄上。刀柄和主轴接触不良。

分析及处理过程：分析 TH5840 立式加工中心气动控制原理图。故障产生的原因是压缩空气中含有水分。如采用空气干燥机，使用干燥后的压缩空气问题即可解决。

3. 松刀动作缓慢的故障维修

故障现象：TH5840 立式加工中心换刀时，主轴松刀动作缓慢。

分析及处理过程：根据气动控制原理图进行分析，主轴松刀动作缓慢的原因有：气动系统压力太低或流量不足；机床主轴拉刀系统有故障，如碟型弹簧破损等；主轴松刀气缸有故障。根据分析，首先检查气动系统的压力，压力表显示气压为 0.6MPa，压力正常；将机床操作转为手动，手动控制主轴松刀，发现系统压力下降明显，气缸的活塞杆缓慢伸出，故判定气缸内部漏气。拆下气缸，打开端盖，压出活塞和活塞环，发现密封环破损，气缸内壁拉毛。更换新的气缸后，故障排除。

## 思　考　题

4-1　读装配图的方法主要有哪些？

4-2　数控机床对进给传动的要求有哪些？

4-3　滚珠丝杠螺母副的安装方式通常有几种？

4-4　塑料导轨、滚动导轨、静压导轨各有何特点？

4-5　数控机床对主传动的有哪些要求？

4-6　加工中心刀库的常见形式有哪些？

4-7　简述数控加工中心自动换刀的两种形式。

4-8　简述数控机床润滑常见方式。

# 第五章　数控机床常见电气故障分析

## 第一节　电气控制基础

### 一、电气控制原理

自动控制是指在没有人力直接参与或仅有少量人力参与的情况下，利用自动控制系统，使被控对象或生产过程自动地按预定的规律去进行工作。如机床按规定的程序自动地启动和停车；机床按照可编程控制器中预先编制的程序，实现各种自动加工循环；数控机床按照计算机发出的程序指令，自动按预定的轨迹加工等。实现自动控制的手段是多种多样的，可以用电气的方法实现，也可以用机械、液压、气动等方法实现。由于现代化的金属切削机床均采用交流或直流电动机作为原动机，因而电气自动控制是现代机床的主要控制手段。即使采用其他控制方法，也离不开电气自动控制的配合。而且电气自动控制化程度越高，机床的加工性能、质量、效率就越高。

电气自动控制对于现代机床、其他机器设备及生产过程，有着极其重要的作用。机床的控制任务是实现对主轴的转速和进给量的控制，有时还要完成各种保护、冷却、照明等系统的控制。机床的电气自动控制系统就是用电气手段为机床提供动力，并实现上述控制任务的系统。

电气控制系统是由许多电气元件和电气设备按照一定的控制要求连接而成。为了说明生产机械电气控制系统的组成、结构、工作原理，方便电气控制设备安装、调试、维修、维护等技术要求，需采用电气图表示出来。电气图有三种：电路图、电气接线图和电器位置图。电气图应根据国家电气制图标准，用规定的图形和文字符号及规定的画法绘制。图 5-1 和图 5-2 为某机床电气控制原理图。

识图步骤如下：

（1）准备　了解生产过程和工艺对电路提出的要求；了解各种用电设备和控制电器的位置及用途；了解图中的图形符号及文字符号的意义。

（2）主电路　首先要仔细看一遍电气图，弄清电路的性质，是交流电路还是直流电路。然后从主电路入手，根据各元器件的组合判断电动机的工作状态，如电动机的起停、正反转等。

（3）控制电路　分析完主电路后，再分析控制电路，要按动作顺序对每条小回路逐一分析研究，然后再全面分析各条回路间的联系和制约关系，要特别注意与机械、液压部件的动作关系。

（4）最后阅读保护、照明、信号指示、检测等部分。

在我国工业用电部门中，大多采用低压供电。为了安全、可靠地使用电能，电路中就必须装有各种起调节、分配、控制和保护作用的接触器、继电器等低压电器，即无论是低压供电系统还是控制生产过程的电气控制系统，均是由用途不同的各类低压电器组成。低压电器

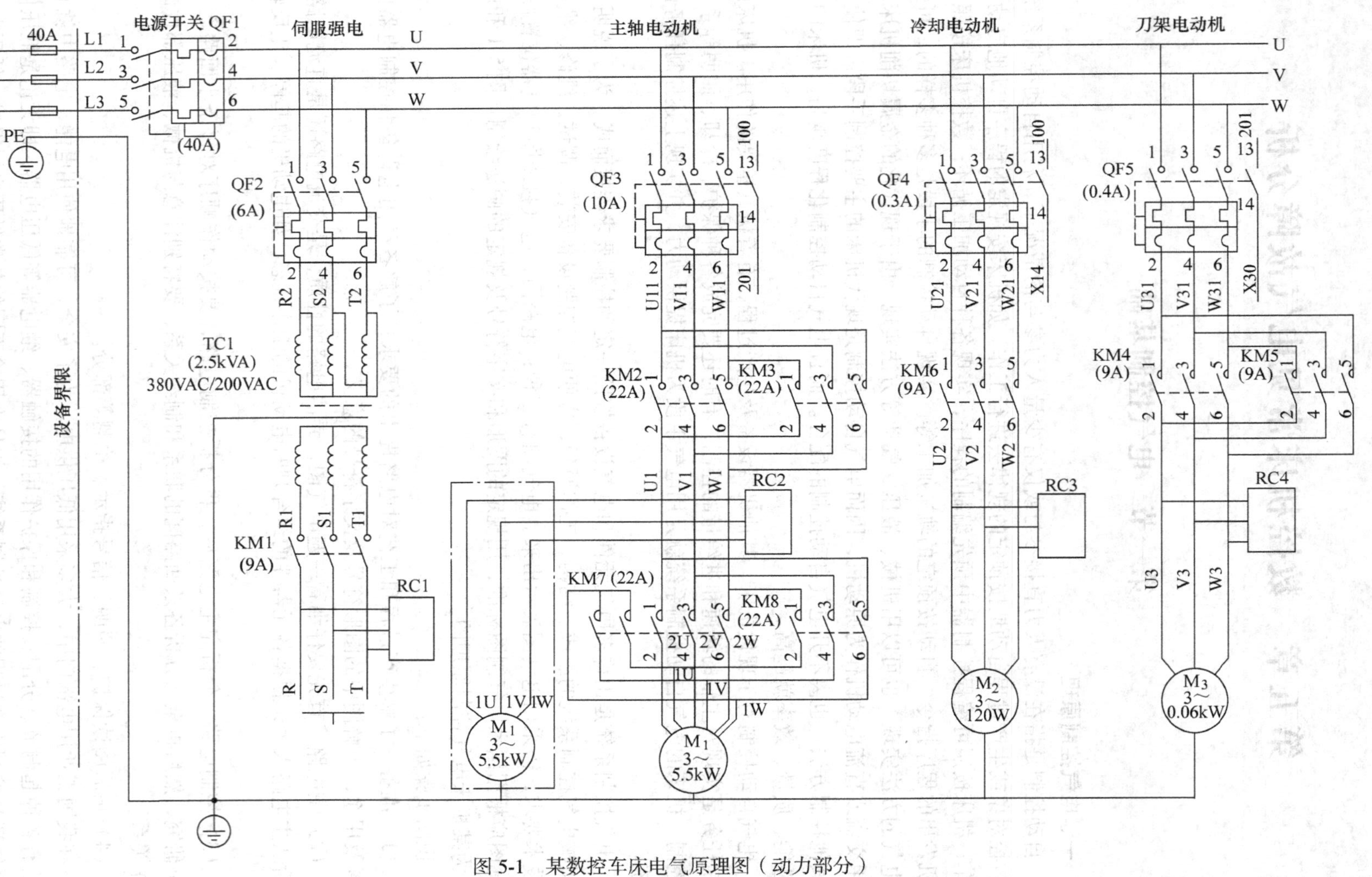


图 5-1 某数控车床电气原理图（动力部分）

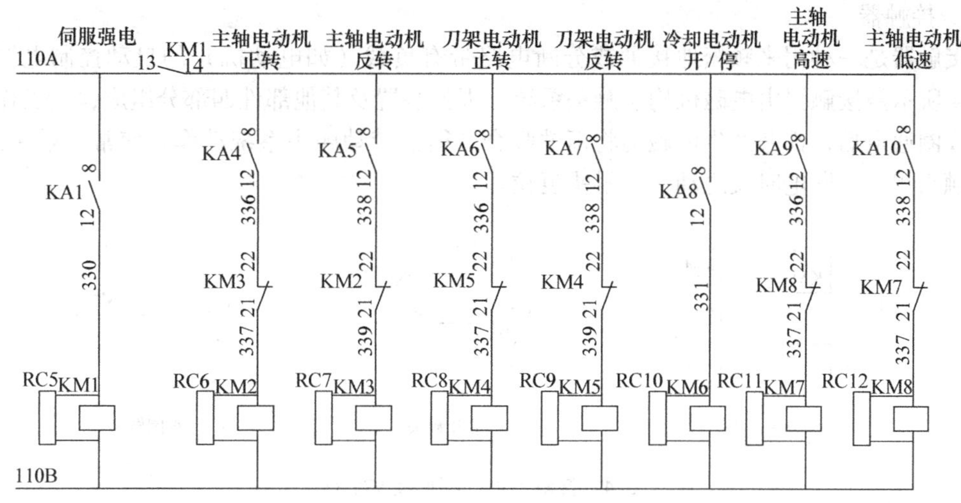


图 5-2 某数控车床电气原理图（控制部分）

也是机床电气控制系统的基本组成元件。控制系统的优劣与所用低压电器直接相关。尽管随着电子技术、自控技术和计算机技术的迅猛发展，一些电器元件可能被电子线路所取代，但由于电器元件本身也朝着新的领域扩展（表现在提高元件的性能，生产新型的元件，实现机、电、仪一体化，扩展元件的应用范围等），且有些电器元件有其特殊性，故不可能被完全取代。随着科学技术和生产的发展，低压电器的种类不断增多、用量也不断增大、用途更为广泛。

## 二、常用低压电器

### 1. 低压断路器

低压断路器又称为自动空气开关，是将控制和保护的功能合为一体的电器，如图 5-3 所示。它常作为不频繁接通和断开的电路的总电源开关或部分电路的电源开关。当发生过载、短路或欠压等故障时能自动切断电路，有效地保护串接在它后面的电器设备，并且在分断故障电流后一般不需要更换零部件。因此，低压断路器在数控机床上使用越来越广泛。

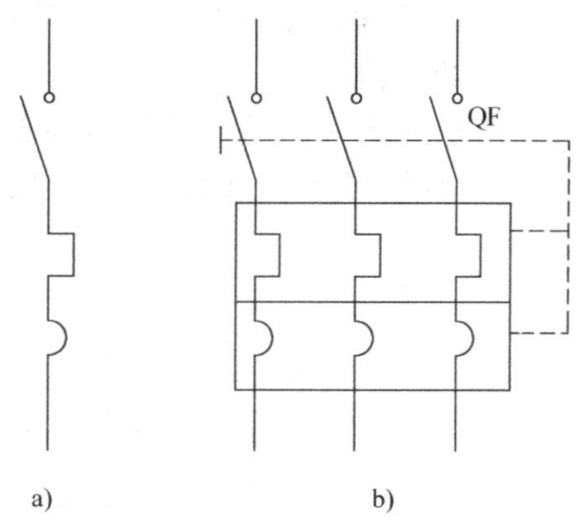


图 5-3 小型低压断路器图形及文字符号
a）单极断路器 b）三极断路器

低压断路器的主要参数有：额定电压、额定电流、极数、脱扣器类型及其额定电流整定范围、电磁脱扣器整定范围、主触头的分断能力等。

低压断路器的选择：

1）低压断路器的额定电流和额定电压应大于或等于线路、设备的正常工作电压和工作电流。

2）低压断路器的极限通断能力应大于或等于电路的最大短路电流。

3）欠电压脱扣器的额定电压等于线路的额定电压。

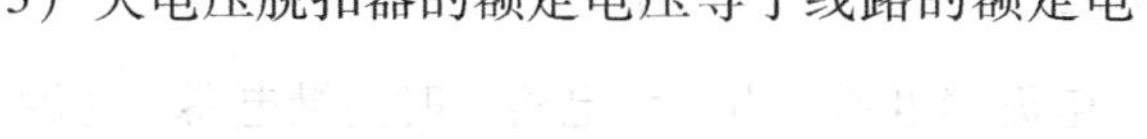

4）过电流脱扣器的额定电流应大于或等于线路的最大负载电流。

2. 接触器

接触器是一种用来频繁地接通或分断电路带有负载（如电动机）的自动控制电器，如图 5-4 所示。接触器由电磁机构、触头系统、灭弧装置及其他部件四部分组成，其工作原理是当线圈通电后，铁芯产生电磁力将衔铁吸合。衔铁带动触头系统动作，使常闭触头断开，常开触头闭合。断电时反之动作，触头复位。

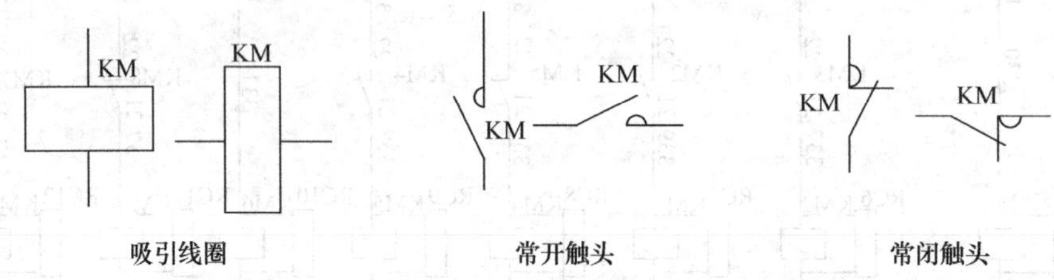


图 5-4　接触器电气图形及文字符号

接触器的主要技术指标有额定电压、额定电流、线圈的额定电压、接通、分断能分和额定操作频率。

接触器的选择：

接触器使用广泛，为了使其在不同的使用条件下正常工作，必须根据下列原则正确选用接触器，使其技术指标满足被控电路的要求。

1）选择接触器的类型。控制交流负载应选用交流接触器，控制直流负载则选用直流接触器。

2）接触器的使用类别应与负载性质相一致。

3）主触头的额定电压应大于或等于负载回路的额定电压。

4）主触头的额定电流应大于或等于负载的额定电流。

5）吸引线圈的电流种类和额定电压应与控制回路电压相一致，接触器在线圈额定电压 85% 及以上时应能可靠吸合。

6）接触器的主触头和辅助触头的数量应满足控制系统的要求。

3. 继电器

继电器是一种根据输入信号的变化接通或断开控制电路的自动电器，如图 5-5 所示。输入信号可以是电流、电压等电量，也可以是温度、速度、压力等非电量，输出为相应的触头动作。

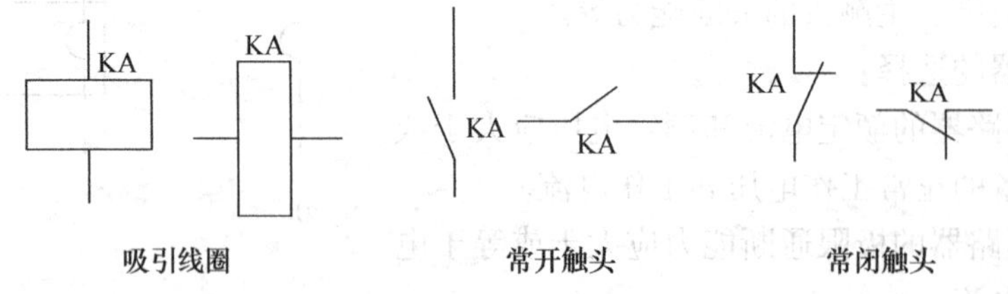


图 5-5　电磁继电器电气图形及文字符号

继电器的种类很多，按输入信号分为电流继电器、电压继电器、时间继电器、速度继电器等；按线圈电流种类分为交流继电器、直流继电器；按工作原理分为电磁式继电器、感应式继电器、热继电器、电子继电器等。

继电器的选择：

1）根据实际要求确定继电器的结构类型。

2）根据原动机的额定电流来确定热继电器的型号、热元件的电流等级和整定电流。

3）线圈的电压和电流。

4）触头的数量和容量是否满足电路的要求。

5）电源是交流还是直流等问题。

4. 熔断器

熔断器在低压线路和机床电器控制系统中，是最简单、最常用的短路保护电器。由熔断管和熔体及导电部件等部分组成。熔体是熔断断器的主要部分，它既是感测元件又是执行元件。它使用不同金属材料（如铅锡合金、银、铜）制成的丝状、片状、笼状或带状器件。熔断管是由瓷质绝缘材料或硬质纤维制成的半封闭式管状外壳，熔体装在熔断管中，在熔体熔断时起灭弧作用。图 5-6 是螺旋式熔断器的电气符号。

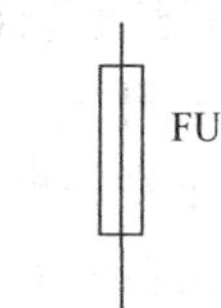

图 5-6　熔断器电气图形及文字符号

当电路发生过载或短路故障时，通过熔体的电流大于额定电流，由于熔体发热的温度高于熔体的熔点，熔体自行熔断，从而分断故障电路。

熔断器的选择：

1）根据线路的要求、使用场合和安装条件选择熔断器类型。

2）熔断器额定电压应大于或等于线路的工作电压。

3）熔断器额定电流应大于或等于所装熔体的额定电流。

4）熔体额定电流的合理选择。

5. 变压器

变压器作用是将某一数值的交流电压变换成频率相同但数值不同的交流电压，如图 5-7 所示。机床控制变压器适用于 50～60Hz、输入电压不超过交流 600V 的电路，常作为各类机床、机械设备中一般电器的控制电源和步进电动机驱动器，局部照明及指示灯的电源。机床常用控制变压器型号有 JBK 系列、BK 系列等。变压器主要参数有初级电压、次级电压。

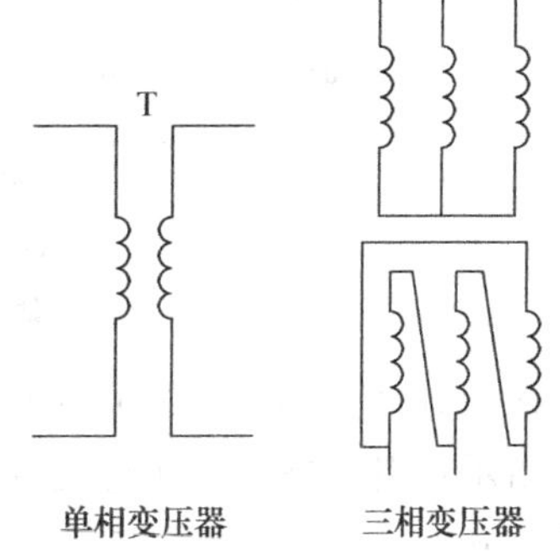

图 5-7　变压器电气图形及文字符号

变压器的选择：

1）根据实际负载情况选择初级额定电压 $U_1$，再选择次级额定电压 $U_2$、$U_3$……。

2）根据实际负载情况，确定各次级绕组额定电流 $I_1$、$I_2$……，一般绕组的额定输出电流应大于或等于额定负载电流。

3）次级额定容量由总容量确定。总容量算法：$P_2 = U_2I_2 + U_3I_3 + U_4I_4 + \cdots\cdots$。

6. 直流稳压电源

数控机床中主要使用开关电源或一体化电源。

直流稳压电源是将非稳定交流电源变成稳定直流电源。

在数控机床电气控制系统中，为驱动器控制单元，直流继电器，信号指示灯等提供直流电源。

图形符号及文字符号如图 5-8 所示。

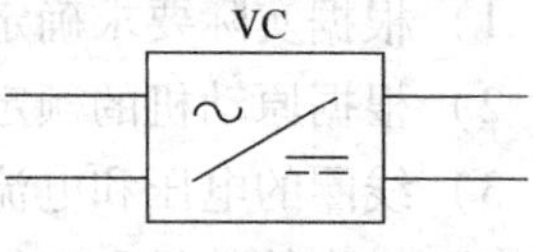

图 5-8　直流稳压电源电气图形及文字符号

直流稳压电源的选择：

1）电源的输出功率，输出路数。

2）电源的尺寸。

3）电源的安装方式和安装孔位。

4）电源的冷却方式。

5）电源在系统中的位置及走线。

6）环境条件。

7）绝缘强度。

8）电磁兼容性。

7. 行程开关

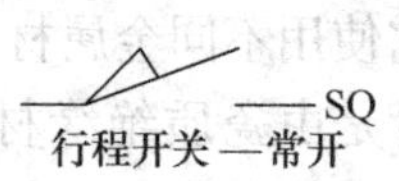


图 5-9　行程开关电气图形及文字符号

行程开关是根据运动部件位置而切换电路的自动控制电器，用来控制运动部件的运动方向、行程大小或位置保护，如图 5-9 所示。它被广泛的用于各类机床，以控制这些机械的行程，将机械信号转换为电信号。

8. 按钮、指示灯

按钮通常用来接通或断开控制电路（小电流），从而控制电气设备的运行，如图 5-10 所示。它分为常开触头和常闭触头。

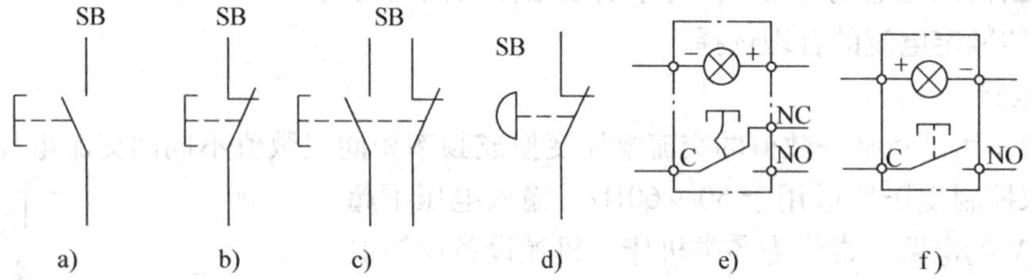


图 5-10　按钮电气图形及文字符号

a）常开触头　b）常闭触头　c）复式触头

d）紧急停止　e）按钮带锁、带灯　f）按钮带灯

指示灯（见图 5-11）用来发出下列形式的信息。

指示：引起操作者注意或者指示操作者应该完成某种任务。红、黄、蓝和绿色通常用于这种方式。

确认：用于确认一种指令、一种状态或情况，或者用于确认一种变化或转换阶段的结束。蓝色和白色通常用于这种方式，某种情况下也用绿色。

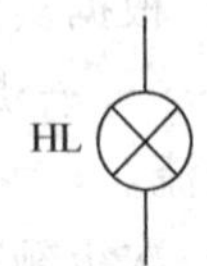


图 5-11　指示灯电气图形及文字符号

9. 导线和电缆

数控机床上主要使用 3 种类型的导线：动力线、控制线、信号线，也相应的有 3 种类型的电缆。导线和电缆的选择应适用于工作条件（电压、电流、电击

的防护、电缆的分组等）和考虑可能存在的外界影响，因而导线的横截面积、材质、绝缘材料都是设计和选用时需要考虑的，也可以参照相关的技术手册。

一般导线应按照技术文件的要求在每个端部做出标记。比如用颜色做标记时可采用下列颜色：黑、红、橙、黄、绿、蓝、棕、灰、白、紫、粉红、青绿。

保护导线依靠形状、位置、标记、颜色容易识别，如采用颜色标记时常采用黄/绿色双色全线标记。

中线的标记一般用浅蓝色。

### 三、电器的文字符号和图形符号

1. 电器的文字符号

电器的文字符号目前执行国家标准 GB/T5094—1985《电气技术中的项目代号》和 GB/T7159—1987《电气技术中的文字符号制定通则》。这两个标准都是根据 IEC 国际标准而制定的。在 GB/T7159—1987《电气技术中的文字符号制定通则》中将所有的电气设备、装置和元件分成 23 个大类，每个大类用一个大写字母表示。文字符号分为基本文字符号和辅助文字符号。

基本文字符号分为单字母符号和双字母符号两种。单字母符号应优先采用，每个单字母符号表示一个电器大类，见表 5-1。如 C 表示电容器类，R 表示电阻器类等。

**表 5-1 常用电器分类及图形符号、文字符号举例**

| 分类 | 名称 | 图形符号<br>文字符号 | 分类 | 名称 | 图形符号<br>文字符号 |
|---|---|---|---|---|---|
| A<br>组件部件 | 起动装置 | A<br>SB1 SB2 KM KM HL | D<br>二进制元件 | 与门 | D<br>& |
| B<br>将电量变换成非电量，将非电量变换成电量 | 扬声器 | B<br>(将电量变换成非电量) | | 或门 | D<br>≥1 |
| | 传声器 | B<br>(将非电量变换成电量) | | 非门 | D |
| C<br>电容器 | 一般电容器 | C | E<br>其他 | 照明灯 | EL |
| | 极性电容器 | + C | F<br>保护器件 | 欠电流继电器 | I< FA |
| | 可变电容器 | C | | 过电流继电器 | I> FA |

（续）

| 分　类 | 名　称 | 图形符号<br>文字符号 |
|---|---|---|
| F<br>保护器件 | 欠电压继电器 | 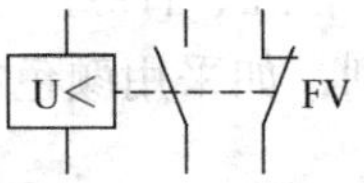U< FV |
| | 过电压继电器 | 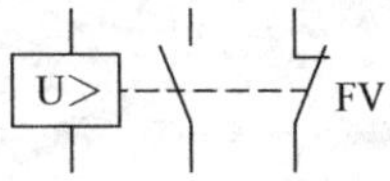U> FV |
| | 热继电器 | 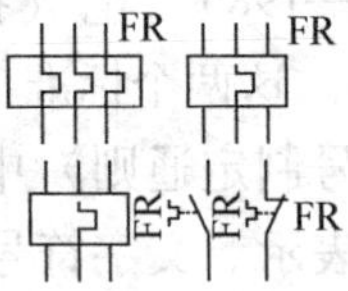FR FR FR FR FR FR |
| | 熔断器 | 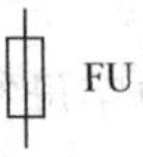FU |
| G<br>发生器，<br>发电机，<br>电池 | 交流发电机 | 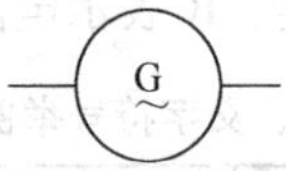G ~ |
| | 直流发电机 | 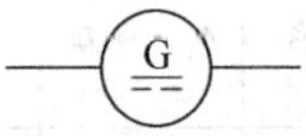G |
| | 电池 | 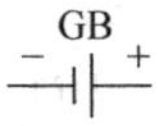GB − + |
| H<br>信号器件 | 电喇叭 | 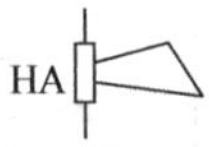HA |
| | 蜂鸣器 | 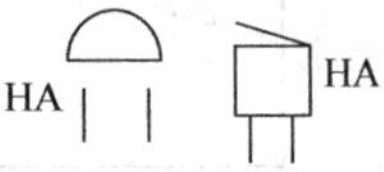HA HA<br>优选形　一般形 |
| | 信号灯 | 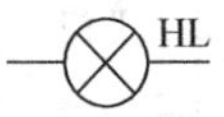HL |
| I | | 不使用 |
| J | | 不使用 |
| K<br>继电器，<br>接触器 | 中间继电器 | 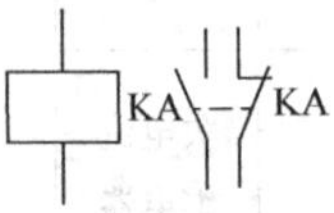KA KA |
| | 通用继电器 | 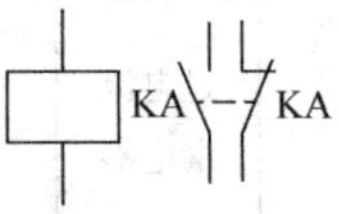KA KA |
| K<br>继电器，<br>接触器 | 接触器 | 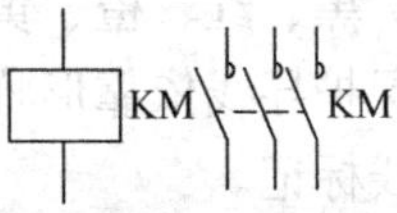KM KM |
| | 通电延时型时间继电器 | 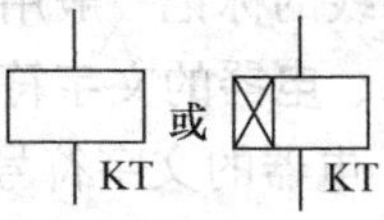或<br>KT KT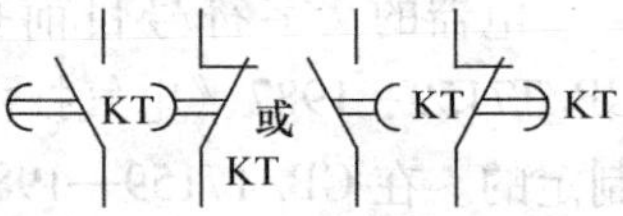KT KT 或 KT KT |
| | 断电延时型时间继电器 | 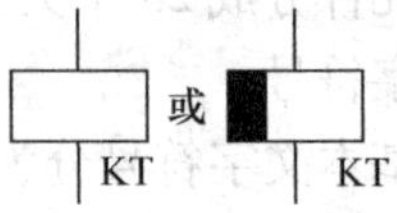或<br>KT KT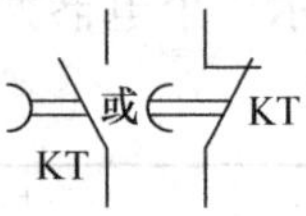或 KT<br>KT |
| L<br>电感器，<br>电抗器 | 电感器 | 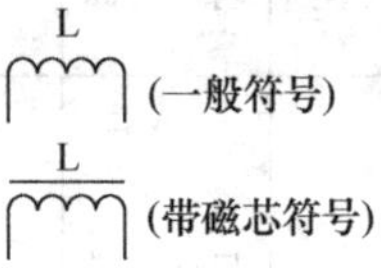L<br>(一般符号)<br>L<br>(带磁芯符号) |
| | 可变电感器 | 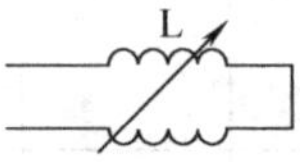L |
| | 电抗器 | 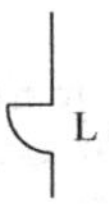L |
| M<br>电动机 | 笼型电动机 | 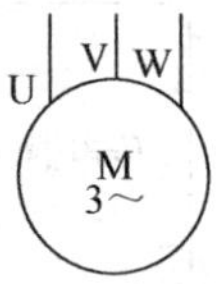U V W<br>M<br>3~ |
| | 绕线型电动机 | 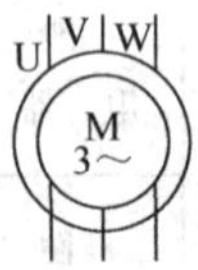U V W<br>M<br>3~ |
| | 他励直流电动机 | 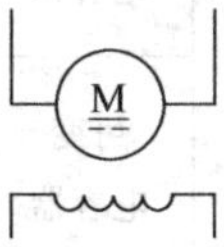M |

（续）

| 分　类 | 名　称 | 图形符号<br>文字符号 | 分　类 | 名　称 | 图形符号<br>文字符号 |
|---|---|---|---|---|---|
| M<br>电动机 | 并励直流电动机 | M | Q<br>电力电路的开关器件 | 断路器 | QF |
| | 串励直流电动机 | M | | 隔离开关 | QS |
| | 三相步进电动机 | M | | 刀熔开关 | QS |
| | 永磁直流电动机 | M | | 手动开关 | QS　QS |
| N<br>模拟元件 | 运算放大器 | ▷∞ N | | 双投刀开关 | QS |
| | 反相放大器 | N ▷1 | | 组合开关旋转开关 | QS |
| | 数-模转换器 | #/U N | | 负荷开关 | QL |
| | 模-数转换器 | U/# N | R<br>电阻器 | 电阻 | R |
| O | | （不使用） | | 固定抽头电阻 | R |
| P<br>测量设备，试验设备 | 电流表 | PA | | 可变电阻 | R |
| | 电压表 | PV | | 电位器 | RP |
| | 有功功率表 | KW PW | | 频敏变阻器 | RF |
| | 有功电度表 | kWh PJ | S<br>控制、记忆、信号电路开关器件选择器 | 按钮 | SB |
| | | | | 急停按钮 | SB |
| | | | | 行程开关 | SQ |
| | | | | 压力继电器 | P SP P |

（续）

| 分　类 | 名　称 | 图形符号<br>文字符号 |
|---|---|---|
| S<br>控制、记忆、信号电路开关器件选择器 | 液位继电器 | SL　SL　SL　SL |
| | 速度继电器 | SV　SV　SV |
| | 选择开关 | SA |
| | 接近开关 | SQ |
| | 万能转换开关，凸轮控制器 | SA<br>2 1 0 1 2<br>1 2 3 4 |
| T<br>变压器互感器 | 单相变压器 | T |
| | 自耦变压器 | T<br>形式1　形式2 |
| | 三相变压器（星形/三角形接线） | T<br>形式1　形式2 |
| | 电压互感器 | 电压互感器与变压器图形符号相同，文字符号为TV |
| | 电流互感器 | TA<br>形式1　形式2 |
| U<br>调制器变换器 | 整流器 | U |
| | 桥式全波整流器 | U |
| | 逆变器 | U |
| | 变频器 | f1 f2　U |

| 分　类 | 名　称 | 图形符号<br>文字符号 |
|---|---|---|
| V<br>电子管晶体管 | 二极管 | V |
| | 三极管 | V　V<br>PNP型　NPN型 |
| | 晶闸管 | V　V<br>阳极侧受控　阴极侧受控 |
| W<br>传输通道，波导，天线 | 导线，电缆，母线 | W |
| | 天线 | W |
| X<br>端子插头 | 插头 | XP<br>优选型 |
| | 插座 | 优选型 |
| | 插头插座 | X<br>优选型　其他型 |
| | 连接片 | XB<br>接通时　断开时 |
| Y<br>电器操作的机械器件 | 电磁铁 | 或　YA |
| | 电磁吸盘 | 或　YH |
| | 电磁制动器 | M　YB |
| | 电磁阀 | 或　或　YV |
| Z<br>滤波器、限幅器、均衡器、终端设备 | 滤波器 | Z |
| | 限幅器 | Z |
| | 均衡器 | Z |

双字母符号由一个表示种类的单字母符号和另一个字母组成，第一个字母表示电器的大类，第二个字母表示对某电器大类的进一步划分。例如，G 表示电源大类，GB 表示蓄电池，S 表示控制电路开关，SB 表示按钮，SP 表示压力传感器（继电器）。

文字符号用于标明电器的名称、功能、状态和特征。同一电器如果功能不同，其文字符号也不同，例如，照明灯的文字符号为 EL，信号灯的文字符号为 HL。

辅助文字符号表示电气设备、装置和元件的功能、状态和特征，由 1～3 位英文名称缩写的大写字母表示，例如，辅助文字符号 BW（Backward 的缩写）表示向后，P（Pressure 的缩写）表示压力。辅助文字符号可以和单字母符号组合成双字母符号，例如，单字母符号 K（表示继电器接触器大类）和辅助文字符号 AC（交流）组合成双字母符号 KA，表示交流继电器；单字母符号 M（表示电动机大类）和辅助文字符号 SYN（同步）组合成双字母符号 MS，表示同步电动机。辅助文字符号可以单独使用。

2. 电器的图形符号

电器的图形符号目前执行国家标准 GB/T4728—1996～2000《电气图用图形符号》，也是根据 IEC 国际标准制定的。该标准给出了大量的常用电器图形符号，表示产品特征。通常用比较简单的电器作为一般符号。对于一些组合电器，不必考虑其内部细节时可用方框符号表示，如表 5-1 中的整流器、逆变器、滤波器等。

国家标准 GB/T4728—1996～2000 的一个显著特点就是图形符号可以根据需要进行组合，在该标准中除了提供了大量的一般符号之外，还提供了大量的限定符号和符号要素，限定符号和符号要素不能单独使用，它相当于一般符号的配件。将某些限定符号或符号要素与一般符号进行组合就可组成各种电气图形符号。

## 第二节　电源电路故障分析

### 一、电源电路的作用

数控机床的控制电源是数控系统硬件的重要组成部分，为系统正常工作提供能源。数控机床从供电线路上取得电源后，在电器控制柜中进行分配，根据不同的负载性质和要求，提供不同容量的交、直流电压。数控机床的电源系统主要有交流与直流两个部分。

1. 交流电源

交流电源是控制系统提供能源的器件，也是给伺服驱动提供能源的器件。交流电源上也有各种保护及切换装置；有短路、隔离及失压保护。这个交流电源向伺服系统供电时，一定要注意有晶闸管器件装置的供电相序，一旦程序接错，有晶闸管器件就失去了同步的关系，造成故障。

2. 直流电源

直流电源作为控制用多为开关稳压电源，有 +5V、+24V、±15V 等电压，各设备的电压情况不尽相同，例如，CRT 上供电电压有的是 24V，有的是交流 110V 或 220V。所以，尽可能地看好各端子供电电压的要求。电源非常重要，一旦出错会造成不可弥补的损失。还有是对伺服供电的直流电压，它大多数是经伺服变压器及整流装置所获得的。

3. 电池电源

由于数控装置中有些信息要在机床断电情况下进行保持，因此有一部分 RAM 区用电池来进行数据保持，这些电池多数是锂电池，寿命长，但电量小。这部分电池也可用普通电池经二极管降压达到所需电压值来代替，但一定要注意寿命。电池必须在通电情况下进行更换，否则数据就会丢失，这一点与常规习惯不同，更换时要注意不产生短路现象。

在电源系统中，还有一些其他关键的装置，比如控制电压的稳压设备、变压器、熔断器、断路器、开关电源等，也时常出现修复问题。

图 5-12 为某数控铣床电源电路，图中 TC2 为控制变压器，初级为 AC380V，次级为 AC110V、AC220V、AC24V，其中 AC110V 提供给交流控制回路、电柜热交换器电源；AC24V 给工作灯提供电源；AC220V 给主轴风扇电动机、润滑电动机和 24V 电源供电，并通过低通滤波器滤波给伺服模块、电源模块、24V 电源提供电源控制；VC1、VC2 为 24V 电源，将 AC220V 转换为 DC24V，其中 VC1 给数控装置、PLC 输入/输出、24V 继电器线圈、伺服模块、电源模块、吊挂风扇提供电源，VC2 给 $Z$ 轴电动机提供直流 24V，用于 $Z$ 轴抱闸；QF7、QF10、QF11 空气开关为电路的短路提供保护。

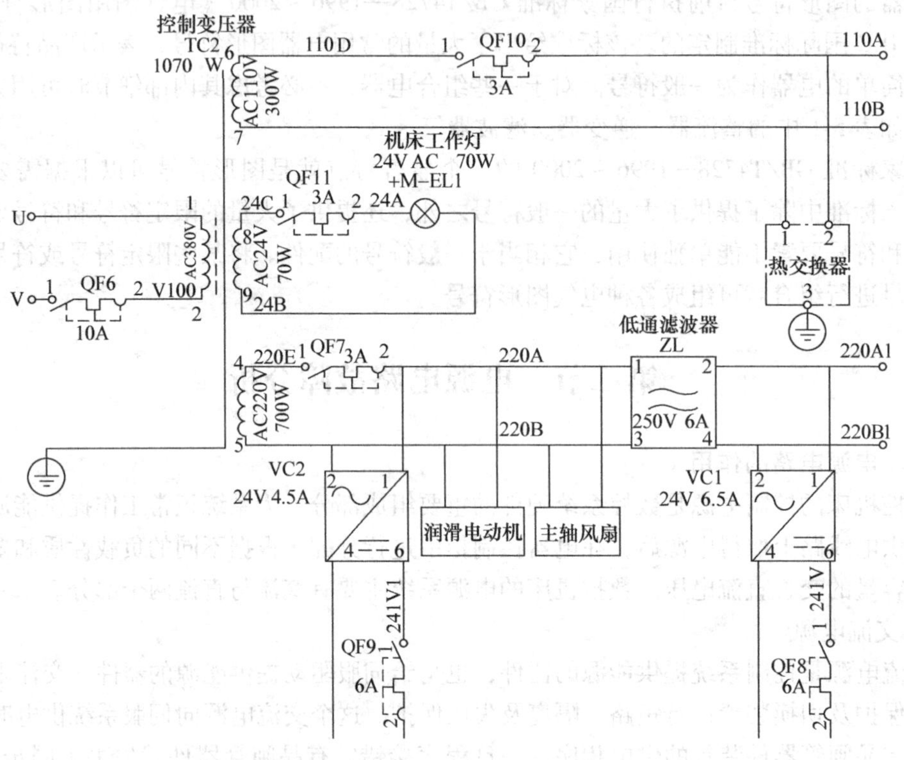


图 5-12　某数控铣床电源电路

为了避免电源波动幅度大（大于 ±10%）和可能的瞬间干扰信号等影响，数控设备一般采用专线供电（如从低压配电室分一路单独供数控机床使用）或增设稳压装置等，都可减少供电质量的影响和电气干扰。

## 二、电源电路故障分析

电源是维修系统乃至整个机床正常工作的能量来源，它的失效或者故障都会造成数据丢失、停机。重者会毁坏系统局部甚至全部。西方国家由于电力充足，电网质量高，因此其电气系统的电源设计考虑较少，这对于我国有较大波动和高次谐波的电力供电网来说就略显不足，再加上某些人为的因素，难免出现由电源而引起的故障。我们在设计数控机床的供电系统时应尽量做到：

1）提供独立的配电箱而不与其他设备串用。

2）电网供电质量较差的地区应配备三相交流稳压装置。

3）电源始端有良好的接地。

4）进入数控机床的三相电源应采用三相五线制，中线（N）与接地（PE）严格分开。

5）电柜内电器件的布局和交、直流电线的铺设要相互隔离。

电源故障是数控机床维修过程中经常遇到的故障之一，有些系统电源控制线路比直接电源加入型系统要复杂。对照原理图进行维修是最有效、最可靠的方法。在某些机床上，由于机床互锁的需要，使用了外部电源切断信号，这时应根据机床电气原理图，综合分析故障原因，排除外部电源切断的因素，才能起动。

下面将结合几个具体实例来说明电源电路故障的分析过程：

**例 1**　开关短路引起的故障。

故障现象：某配套 FANUC 0TE 的数控车床，在工件装卸过程中，机床突然断电，再次开机，无法重新起动机床。

分析及处理过程：经检查，该机床配套的电源单元为 FANUC AI，检查电源输入单元的电源指示（PIL）与报警（ALM）灯同时亮，表明电源单元存在故障，检查系统电源单元的熔断器 F14 已经熔断。

对照 AI 电源单元原理图检查，发现系统提供给外部的 +24E 与地之间存在短路。由于 +24E 是系统提供给 PMC 外部输入/输出信号的 24V 电源，可以初步判定故障在机床侧。

通过对其输入信号进行逐一测量，最后找到短路原因是由于车床脚踏开关对地短路引起的，重新连接后，机床恢复正常。

**例 2**　过电流检测电阻不良引起的故障维修。

故障现象：某配套 FANUC 6M 的立式加工中心，在加工过程中，机床突然断电，再次开机，无法重新起动机床。

分析及处理过程：经检查，该机床电源输入单元的电源指示（PIL）与报警（ALM）灯同时亮，表明电源模块存在故障。检查电源模块输入熔断器 F11、F12 正常。对照原理图检查各元器件，发现 VS11、NF11、DS11、Q14、Q15、D24、D25 均正常，电源模块一次侧无短路，判定故障发生在开关电源的二次侧。为了迅速判断故障部位，维修时依次取下短接设定端 S1、S2、S4、S5，当取下 S5 后，故障消失，由此判定故障发生在 DC24V 电源回路。

进一步检查发现，线路中的 DC24V 电流检测电阻 R26 不良，引起了 24V 过电流保护回路动作。更换 R26 后，机床恢复正常。

**例 3**　整流桥不良引起的故障维修。

故障现象：某配套 FANUC 6M 的立式加工中心，由工厂自发电供电，工件加工过程中，系统突然断电，显示消失，机床停机后无法重新起动机床。

分析及处理过程：经检查，该机床电源输入单元的电源指示（PIL）与报警（ALM）灯同时亮，表明电源模块存在故障。检查输入熔断器 F11 熔断，换上熔断器后测量，发现电源输入存在短路现象。

故障分析过程同上例，对照原理图检查发现 VS11 短路，DS11 整流桥损坏，更换后机床恢复正常。

**例 4** 外部 24V 短路的故障维修。

故障现象：某配套 FANUC 0TD 的数控车床，开机时系统出现报警 ALM950：FUSE-BREAK（+24E，F14）。

分析及处理过程：该机床配套的电源单元是 FANUC AI 型电源单元，报警提示非常明确，指示了机床故障的原因是由于系统电源单元的熔断器 F14 熔断。

根据系统提示，直接检查 F14，确认已熔断。进一步检查，确认系统 24E 与 0V 以及地之间未发现短路，直接更换 F14（5A）后，机床恢复正常。

**例 5** 操作面板不良引起的故障维修。

故障现象：某配套 FANUC 0TD 的数控车床，在机床操作过程中，机床突然断电，再次开机，系统显示报警 ALM950。

分析及处理过程：经过彻底检查，确认系统的全部输入、输出无短路，换上 FU14 后，机床恢复正常；但几天后，故障又重复出现。

现场检查，仍然未发现故障部位。但由于故障重复出现，经询问操作人员，了解到故障都是在程序试运行，并在改变进给倍率时出现，因此初步确定故障与倍率开关有关。

检查发现该机床配套的操作面板为机床生产厂家自制，在用力转动时，面板上的波段开关存在松动，且连接线存在对地短路的可能性。对波段开关进行重新连接，并加绝缘处理后，故障不再发生。

**例 6** 810M 集成稳压电路不良引起的故障维修。

故障现象：某配套 SIEMENS 810M 的立式加工中心，开机系统无显示，机床无法重新起动。

分析及处理过程：故障检查情况同前例，经检查，系统的电源输入 DC24V 正常，通过短接 NC-ON 触头，系统仍然无法正常工作。测量系统的 +5V 电源，发现无电压输出，但系统的风机正常转动。

根据原理图，逐一检查电源模块各部分的控制线路，经检查发现，系统中的 F1 熔断，测量发现 UE 与 0V 间存在短路。

进一步检查发现，集成稳压器 N3（LM340）损坏，更换后系统恢复正常。

**例 7** 810M 内部 5V 过载引起的故障维修。

故障现象：某配套 SIEMENS 810M 的立式加工中心，开机调试时，发现系统电源无法正常接通。

分析与处理过程：经检查发现该机床 DC24V 输入正常，通过短接 NC-ON 触头，系统仍然无法正常起动，测量系统 +5V 电源，发现本例中此电压在开机的短时间内有输出，但几秒钟后，+5V 电压即断开。

根据 810M 电压的特点，可以初步确认，故障是由于 +5V 电源过载引起的，为了确认故障部位，维修时逐一取下系统各组成模块，并对系统进行接通试验。经试验发现当取下了系统位置控制板后，CNC 即能正常起动，由此确认故障是由于位置控制板 5V 存在过载引起的。

为了进一步确认故障是由位置控制板本身或外部连接引起的，维修时再通过逐一取下位置控制板上的各插头进行试验，最终发现当 $X$ 轴编码器反馈插头插上后，CNC 即发生故障，从而确认了故障是由于 $X$ 轴位置反馈系统引起的，检查 $X$ 轴测量反馈线的连接，发现编码器的 +5V 连接错误，重新连接后，系统可以正常起动。

**例 8**　PLASMA 系统电源故障引起机床失控的故障维修。

故障现象：某配套 PLASMA 系统的 5 轴加工中心，在加工过程中，机床突然出现 $X$、$Y$、$Z$ 轴同时快速运动，导致机床碰撞，引起刀具与工件的损坏。

分析及处理过程：机床在加工过程中突然失控，坐标轴快速运动，此类故障通常破坏性较大，属于严重故障，维修时应特别注意，对于半闭环系统应立即脱开伺服电动机与编码器的连接，防止机床再次失控，才能进行进一步的诊断。

仔细分析故障可能的原因，坐标轴突然失控的原因通常是由于位置环开环引起的，当某一轴出现以上问题时，故障一般是由于该轴伺服系统的位置测量系统故障引起的。但在本机床上，由于机床的所有轴同时出现以上问题，因此故障原因应与系统公共部分有关。考虑到机床的全部位置编码器供电均由统一的电源模块进行，如果电源模块的 +5V 不良，将导致系统的三轴位置环的同时故障。

仔细测量机床的电源模块并与同类机床比较，该机床的 +5V 电源在空载时，电压正常，但连接负载后测量发现，该电源模块在输出电流为 4A 时，输出电压降到 4.25V；输出电流为 10A（额定输出）时，输出电压降到 2V。但在正常的机床上，在输出电流为 10A（额定输出）时，输出电压仍然保持 5V。由此确认本故障与电源模块有关。直接更换电源模块后，机床恢复正常。

通过以上故障实例分析可以看出，电源故障主要有以下几种特点：

1）电源单元故障的原因多发生在电网供电不良的地区。由于加工过程中的外部突然断电或在工厂自发电供电的情况下工作，是引起电源单元故障的主要原因。

2）在电网电压波动太大（特别是自发电的场合），偶然也有整流桥、开关管、续流管损坏的情况。对于以上器件，在无备件时，一般可以直接利用其他同规格的整流桥、开关管、续流管进行替代。在安装尺寸不同时，有时也可以将整流桥安装到电源单元的外部。

3）电源单元的 +24E 熔断器熔断，是数控机床维修过程中经常遇到的问题之一，这一故障引起的原因一般与系统本身无关，属于系统外部故障。

4）为了确定短路的大致范围，维修时可以通过逐一取下系统 I/O 信号连接插头进行检查，以缩小故障范围。

5）一般来说，机床侧的可动部位的接线（如车床的脚踏开关、操作面板上的波段开关），液压、冷却系统的输入、输出信号是容易引起短路的场合，维修时可进行重点检查。

## 第三节　继电器接触器故障分析

### 一、继电器接触器工作过程

20 世纪 20、30 年代出现了继电器接触器控制，采用继电器、接触器、位置开关、保护元件，实现对控制对象的启动、停车、调速、制动、自动循环以及保护等控制。由于控制器件结构简单、价廉，控制方式简单、直接，工作可靠，易维护，因此在机床控制上得到长期、广泛的应用。其缺点：一是接线固定，一台控制装置只能针对某一种固定程序的设备，一旦工艺程序有所变动，改变控制程序困难，就得重新配线，满足不了对程序经常改变、控制要求比较复杂的系统的需求；二是控制装置体积大，功耗大，控制速度慢；另外，它是有触头控制，在控制复杂时可靠性降低。随着现代控制技术的发展，PLC 技术已经成熟应用在自动电气控制中以取代继电器接触器。但在一些机床外围电路中，继电器接触器还继续被广泛采用。

继电接触器控制线路有一个共同的特点，是通过触头的“通”和“断”控制电动机或其他电气设备来完成运动机构的动作的。即使是复杂的控制系统，很大一部分也是动合和动断触头组合而成的。其各自的触头动作过程在第一节中已经详细讲解，在这里不再赘述。

下面结合某数控铣床控制回路讲解继电器接触器控制过程。

1. 主轴电动机的继电器接触器控制

图 5-13、图 5-14 分别为交流控制回路图和直流控制回路图。先将空气开关合上，在图 5-14 中可以看到，当机床未压限位开关、伺服未报警、急停按钮未压下、主轴未报警时，外部运行允许，KA2 伺服准备好，KA3 的直流 24V 继电器线圈通电，继电器触头吸合，当 PLC 输出 Y00 发出伺服允许信号时，伺服强电允许 KA1 的 24V 继电器线圈通电，继电器触头吸合。在图 5-13 中，KM1、KM2 交流接触器线圈通电，KM1、KM2 交流接触器触头吸合。在图 5-14 中，主轴变频器加上 AC380V 电压。若有主轴正转或主轴反转及主轴转速指令时（手动或自动），在图 5-14 中 PLC 输出主轴正转 Y10 或主轴反转 Y11 有效，主轴转速指令输出对应于主轴转速值，主轴按指令值的转速正转或反转。当主轴速度到达指令值时，主轴变频器输出主轴速度到达信号给 PLC，主轴正转或反转指令完成。

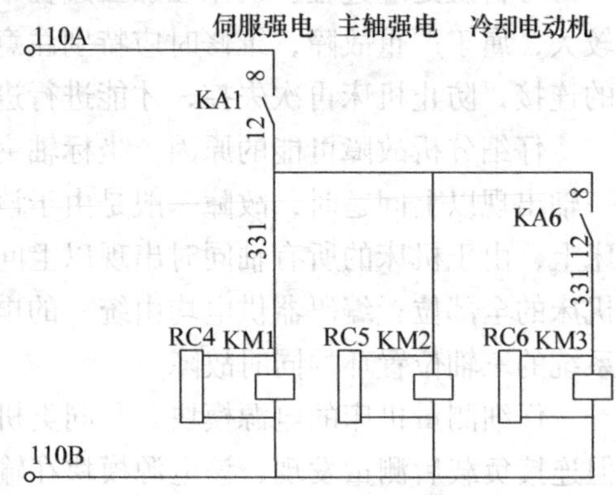


图 5-13　某数控铣床交流控制回路

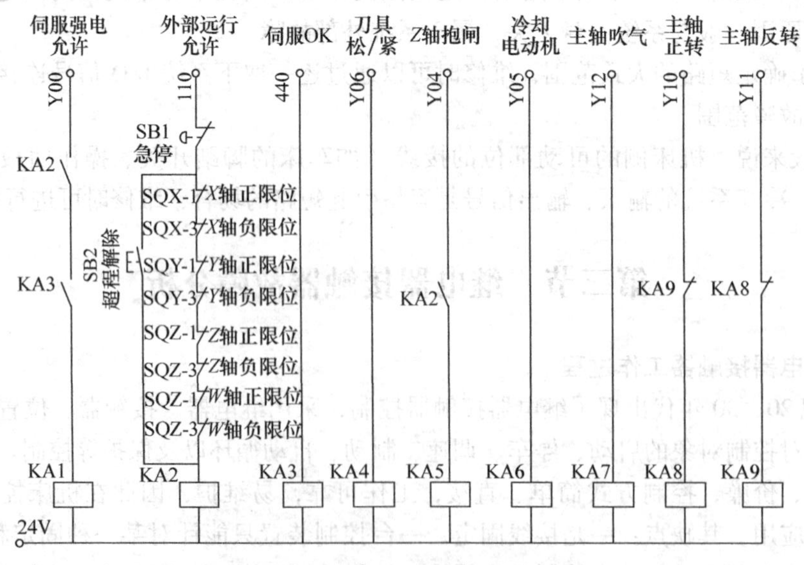


图 5-14　某数控铣床直流控制回路

主轴的启动时间、制动时间由主轴变频器内部参数设定。

2. 冷却电动机继电器接触器控制。

当有手动或自动冷却指令时，图 5-14 中 PLC 输出 Y05 有效，KA6 继电器线圈通电，继电器触头闭合，在图 5-13 中 KM3 交流接触器线圈通电，在动力部分图中交流接触器主触头吸合，冷却电动机旋转，带动冷却泵工作。

3. 换刀动作继电器接触器控制。

当有手动或自动刀具松开指令时，机床 CNC 装置控制 PLC 输出 Y06 有效（见图 5-14），KA4 继电器线圈通电，继电器触头闭合，刀具松/紧电磁阀通电，刀具松开，手动将刀具拔下，延时一定时间后，PLC 输出 Y12 有效，KA7 继电器线圈通电，继电器触头闭合，主轴吹气电磁阀通电，清除主轴锥孔内灰尘，延时一定时间后，PLC 输出 Y12 撤销，主轴吹气电磁阀断电。将加工所需刀具放入主轴锥孔后，机床 CNC 装置控制 PLC 输出 Y06 撤销，刀具松/紧电磁阀断电，刀具夹紧，换刀结束。

### 二、继电器接触器故障分析

**例 1**　故障现象：线圈通电后，接触器不动作或动作不正常。

原因分析及处理方法：

1）线圈控制线路断路。看接线端子有没有断线或松脱现象，如有断线更换相应导线。如有松脱紧固相应接线端子。

2）线圈损坏。用万用表测线圈的电阻，如电阻为 $+\infty$，则更换线圈。

3）线圈额定电压比线路电压高。换上适应控制线路电压的线圈。

4）触头弹簧压力或释放弹簧压力过大。调整弹簧压力或更换弹簧。

5）按钮触头或辅助触头接触不良。按钮清理触头或更换相应。

6）触头超行程过大。调整触头超程。

**例 2**　故障现象：线圈断电后，接触器不释放或延时释放。

原因分析及处理方法：

1）磁系统中柱无气隙，剩磁过大。将剩磁间隙处的极面锉去一部分，使间隙为 0.1～0.3mm，或在线圈二端并联一只 0.1μF 电容。

2）启用的接触器铁芯表面有油或使用一段时间后有油腻。将铁芯表面防锈油脂擦干净，铁芯表面要求平整，但不宜过光，否则易于造成延时释放。

3）触头抗熔焊性能差，在启动电动机或线路短路时，大电流使触头焊牢而不能释放，其中以纯银触头较易熔焊。交流接触器的主触头应选用抗熔焊能力强的银基合金，如银铁、银镍等。

4）控制线路接错。按控制线路图更正接错部位。

**例 3**　故障现象：线圈过热烧损或损坏。

原因分析及处理方法：

1）线圈的动作频率和通电持续率超过产品技术要求。更换为相应动作频率和通电持续率的线圈。

2）铁芯极面不平或中柱气隙过大。清理极面或调铁芯，更换线圈。

3）机械损伤，运动部分被卡住。修复机械部分，更换线圈。

4）环境温度过高，或空气潮湿或含有腐蚀性气体使线圈绝缘损坏，更换安装位置，更换线圈。

**例 4** 故障现象：继电器的触头过热、磨损、熔焊。

原因分析及处理方法：

1）打开外盖，检查触头表面情况。

2）如果触头表面氧化，对银触头可不作修理，对铜触头可用油光锉锉平或用小刀轻轻刮去其表面的氧化层。

3）如果触头表面不清洁，可用汽油或四氯化碳清洗。

4）如果触头表面有灼伤烧毛痕迹，对银触头可不必整修，对铜触头可用油光锉或小刀整修。不允许用砂布或砂纸来整修，以免残留砂粒，造成接触不良。

5）触头如果熔焊，应更换触头。如果是因触头容量太小造成的，则应更换容量大一级的继电器。

6）如果触头压力不够，应调整弹簧或更换弹簧来增大压力。若压力仍不够，则应更换触头。

**三、继电器接触器典型故障实例**

**例 1** 故障现象：一台数控机床，一次出现故障，负载门关不上，自动加工不能进行，而且无故障显示。

分析及处理过程：这个负载门是由气缸来完成开关的，关闭负载门是由 PLC 输出 Q2.0 指令，控制电磁阀 Y2.0 来实现的。用 NC 系统的 PLC 功能检查 Q2.0 的状态，其状态为 1，但电磁阀却没有得电。检查发现 PLC 输出 Q2.0 指令通过中间继电器控制电磁阀 Y2.0，中间继电器损坏引起这个故障。更换新的继电器后，故障被排除。继电器接触器如图 5-15 所示。

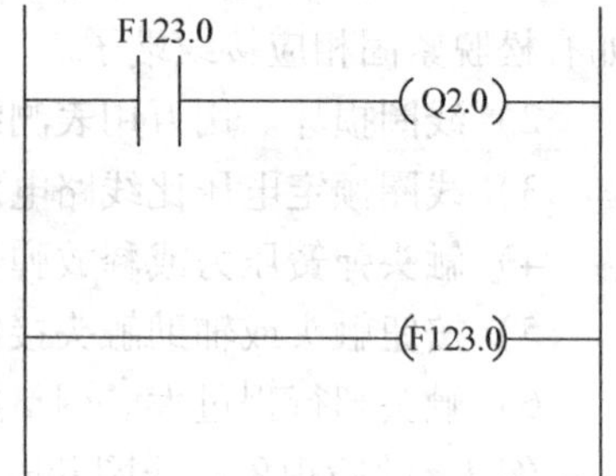


图 5-15 继电器接触器

**例 2** 故障现象：某数控滑台下行进给压下终点行程开关 SQ3.1 后不停止，时间不定，时有时无，偶而正常几次，没有规律可循。

分析及处理过程：重点检测该机床电气，查阅机床电路图，按照顺序控制逻辑关系，先检查行程开关 SQ3.1，确认良好，KA5、KA6 在动态加工时，该两个中间继电器吸合、释放动作正常准确，触头良好。

根据故障现象持点，超程尺寸较小，故障再现时间很短，很难发出故障的准确位置，在机床加工滑台下行时，进行长时间动态测量监测，用两块万用表，同时监测 KA3 线圈和下行 YA2 电磁阀两端电压（将两块万用表放在一起，便于观察确诊）实测结果，滑台下行不超程，正常时两块表的显示电压表指针同时动作摆动。当超程故障再现的瞬间时，监测发现 KA3 线圈的电压表针回摆，所示 KA3 已掉电，但监测 YA2 电磁线圈的电压表针在回摆显示掉电时稍有滞后，（大约在 3 ~7s 之间）反复观测几次，大体相同出入不大，只是 KA3 掉电后 YA2 延时掉电时间长短不同而已。

此时故障点 KA3 有问题已显现无疑，拆下 KA3 中间继电器，对该 ZJ7 型继电器进行彻底检查，经仔细验看复位弹簧等部件无问题，但壳体内部潮湿有油雾，衔铁的三个截面上有少量油泥污垢。分析该软故障是 KA3 斜铁上油污所至，因动衔铁被电磁力吸后，由于速度快，把衔铁截面上油污打成真空，使继电器衔铁粘在一起，继电器线圈掉电后，触头不能即时释放复位，导至 YA2 电磁阀在 KA3 线圈掉电后仍带电，使滑台下行加工超程。经擦洗继电器后，上机试车正常，故障彻底排除。

## 第四节　其他电器故障分析

在数控机床低压电器中，按钮和开关也是常发生故障的部位。故障与维修过程见表 5-2 和表 5-3。

**表 5-2　按钮的常见故障与维修**

| 故 障 现 象 | 故 障 原 因 | 解 决 方 法 |
| --- | --- | --- |
| 按钮按压时有触电感觉 | 1）按钮或连线与防护金属外壳接触<br>2）按钮帽缝隙间充满切屑，造成短路 | 1）检查按钮连线是否脱落<br>2）清扫切屑 |
| 停止按钮失灵 | 1）接线错误<br>2）线头松动或搭接到一起<br>3）切屑造成两触头短路<br>4）胶木烧焦短路 | 1）检查接线<br>2）整理接线<br>3）清扫按钮<br>4）更换按钮 |
| 按压停止按钮，再按启动按钮，受控电器不动作 | 1）受控电器失灵<br>2）停止钮复位弹簧失效<br>3）按钮帽卡住或触头接触不良 | 1）检查电路或电器<br>2）更换复位弹簧<br>3）清扫按钮 |
| 启动按钮失灵 | 1）触头变形<br>2）按钮帽卡住<br>3）接线脱落 | 1）修理触头<br>2）清扫按钮<br>3）清理接线 |

**表 5-3　位置开关的常见故障与维修**

| 故 障 现 象 | 故 障 原 因 | 解 决 方 法 |
| --- | --- | --- |
| 碰压开关常开触头不通 | 1）触杆行程不足<br>2）行程开关安装位置不对<br>3）触头太脏氧化<br>4）连接线松动 | 1）调整触杆<br>2）调整行程开关位置<br>3）清洁触头<br>4）紧固连线 |
| 复位后常闭触头不闭合 | 1）触杆被卡住<br>2）动触头脱落<br>3）弹簧失效<br>4）触头偏移 | 1）清扫开关<br>2）重新装配触头<br>3）更换弹簧<br>4）调整触头 |
| 滚轮杠杆已偏转，但触头不动作 | 1）开关位置下降，挡铁过后恢复原位<br>2）压钢球的弹簧被卡住<br>3）滚轮杠杆紧固螺钉松动 | 1）向上调整开关<br>2）清扫开关<br>3）紧固螺钉 |
| 行程开关失灵 | 1）常闭或常开触头短路<br>2）绝缘击穿<br>3）线头脱落 | 1）清洁开关<br>2）检修或更换开关<br>3）紧固接线 |

## 思 考 题

5-1　电气图的识图包括哪些步骤?

5-2　简述常用低压电器的种类。

5-3　数控机床电源系统主要有哪几部分组成?

5-4　简述继电器-接触器控制原理。

# 第六章　数控装置的故障分析

数控系统是由输入/输出接口、计算机数控装置（CNC 装置）、可编程序控制器（PLC）、进给驱动装置和主轴驱动装置等部分组成，简称为 CNC 系统，如图 6-1 所示。

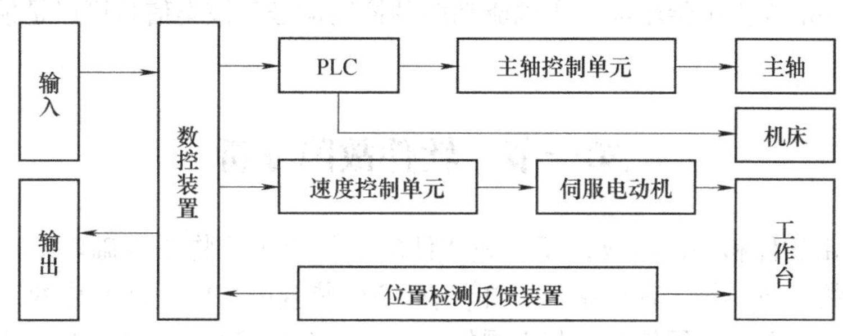


图 6-1　数控系统的组成

1. 数控机床的输入/输出接口

数控机床输入/输出接口主要用来接收机床操作面板上的开关、按钮信号以及机床床身上的各种限位开关信号，数控机床各种工作状态输出到机床操作面板上，把控制数控机床动作的信号送到强电柜，并通过指示灯信号在操作面板上进行显示。数控机床的输入/输出接口是 CNC 装置与数控机床及操作面板之间进行信号传递的重要环节。

常用的数控机床的输入设备有用于输入程序与数据的键盘和用于输入操作命令的控制面板。

常用的数控机床的输出设备有用于显示各种信息的 CRT 或 LCD 显示器、指示灯等。

现代数控机床一般都能和计算机进行直接通信，所以计算机的各种存储器既可以用于数控机床数据和程序的存储设备（输出），也可以用于数控机床的输入设备（相关数据和程序由计算机输入到数控系统）。

2. 计算机数控装置（CNC 装置）

数控系统的核心是计算机数字控制装置。随着各种技术的发展，使得 CNC 数控装置的性能和可靠性不断提高，成本不断下降，其优越的性能价格比，推动了计算机数控系统的发展。

CNC 装置由硬件和软件组成，软件在硬件的支持下运行。现代的 CNC 装置都采用计算机控制，由软件来实现部分或全部数控功能，具有良好的“柔性”，通过改变软件来更改或扩展其功能非常容易。

CNC 装置作为一个独立的实时控制单元用于自动加工中，其系统软件必须完成管理和控制两部分工作。CNC 软件的结构取决于 CNC 装置中软件和硬件的分工，也取决于软件本身所应完成管理和控制的工作内容。

3. 可编程序控制器（PLC）

在现代数控系统中，可编程序控制器（PLC）接受数控装置（CNC）发出的各种辅助功能（输入/输出）控制的指令，进行机床操作面板及各种机床机电控制与监测机构的逻辑处理和监控，并为数控系统提供机床状态和有关应答信号。一般 PLC 有内装式和外置式两种类型。

4. 驱动控制装置

驱动控制装置用以控制各个轴的运动，其中进给轴的位置控制部分常在数控装置中以硬件位置控制模块或软件位置调节器实现，即数控装置接受实际位置反馈信号，将其与插补计算出的命令位置相比较，通过位置调节器作为轴位置控制给定量，再输出给伺服驱动系统。

数控系统一般提供进给驱动和主轴驱动两种控制信号，该类信号可以是模拟信号，也可以是数字信号。

## 第一节　软件故障分析

CNC 装置由软件和硬件组成，硬件为软件的运行提供了物质基础。由于软件和硬件在逻辑上是等价的，与一般计算机系统一样，在 CNC 装置中，由硬件完成的工作原则上也可以由软件来完成，但软、硬件各有其不同的特点。硬件处理速度较快，但固定价格较贵；软件设计灵活，适应性强，但处理速度相对较慢。因此，在 CNC 系统中，软、硬件的分配比例通常由其性能价格比决定。CNC 装置的软、硬件任务的分配界面随微电子技术和计算机技术的发展而不断变化。随着计算机技术的发展，硬件价格的持续下降，计算机参与了数控系统的工作，构成了计算机数控系统。

### 一、数控装置软件类型

从软件的功能及其产生过程来看，数控装置的软件一般包括三部分，即系统制造商研制的系统软件、机床制造厂编制的软件和用户程序。

1. 系统制造商研制的系统软件

系统制造商研制的系统软件是数控系统能够工作的基础。该系统软件是系统制造商针对某种类型机床（车、铣、磨、钻等）而专门研制的基于特定硬件的数据块和程序。对于具体的系统制造商而言，按照市场需求和自身的技术水平，开发有不同档次的数控系统。

现阶段国内主要的数控系统制造商有：国产的高档数控系统 CME988（中华Ⅰ型）系列的珠峰数控公司，生产 CASNUC911MC（航天Ⅰ型）的北京航天数控集团，生产世纪星的武汉华中数控股份有限公司和生产 LT8520/30（蓝天Ⅰ型）的中科院沈阳计算所等；普及型的数控系统生产常商有生产 1060 型 CNC 系统的北京机床研究所，生产 KND—500 系列的北京凯恩帝数控公司，生产 CASNUC—901、902 系列的北京航天数控集团等等。

国外的知名数控系统制造厂商有德国的西门子和日本的法拉科等。德国西门子公司的 SINUMERIK 有早期的 5、7、8、3 等系统，有中档的 810、820 系列系统，有 850、880、840 等高档数控系统，西门子公司还有主要针对中国市场的 802（802S、802C、802D）系列数控系统。

日本的法拉科（FANUC）拥有低中高等不同档次的数控系统，如 6、0、11、12、15、16、18、21、32 等系列。FANUC 是市场占有率很高的数控系统。

由数控系统的生产厂家研制的软件包括启动芯片、基本系统程序、加工循环、测量循环等内容。出于安全和保密的需要，这些程序出厂前被预先写入到 EPROM 中，构成了封闭的系统。这部分软件对于机床生产厂和机床用户来说，读出、复制和恢复都很难。如果因为意外破坏了该部分软件，应注意所使用的机床型号和所使用的软件版本号，及时与数控系统的生产厂家取得联系，要求更换或复制软件。

2. 机床制造厂编制的软件

由机床制造厂编制的软件是指针对具体机床所用的 NC 机床数据、PLC 机床数据、PLC 报警文本、PLC 用户程序等内容。NC 机床数据是指针对某一型号和规格的具体机床而需要设定的数据，如某一车床的 $Z$ 轴丝杠螺距为 6mm，则对应的传动链数据都要按此数据进行定义和设置，而数控系统厂商仅给出一个标准值。数控系统一般也提供一标准的 PLC 程序，实际生产中机床制造厂常根据自己单位的机床结构与功能要求，设计自己的电气原理图与接线图，然后按电气图进行 PLC 用户程序设计，在调试中可以随时根据具体的使用要求和具体机床的性能对它进行修改。这部分软件是由机床生产厂在出厂前分别写入到 RAM 和 EPROM 中，并且提供技术资料加以说明。由于存储于 RAM 中的数据容易丢失，所以机床用户可以对这部分软件数据进行改写、清除，并进行必要的数据备份。

特别需要强调的是有关丝杠螺距误差补偿、反向间隙补偿、加工中心换刀位置等参数，一定要先做好备份工作，否则一旦造成数据丢失，将造成不可估量的损失，因为该类参数是机床制造厂在机床制造过程中通过精密测量而得到的数据，每一台机床的数据都不尽相同，该类数据直接影响机床的加工精度。

3. 用户程序

数控机床是自动化程度非常高的机床，在使用机床进行加工前要进行必要的调整和设置，这就涉及零点偏置参数、R 参数、刀具补偿参数等内容，在数控机床的自动加工过程中，数控机床要按照零件加工程序指定的轨迹和工艺要求进行运动，这部分内容必须由机床用户根据要求和自己的经验编写合适的加工主程序、子程序。

这部分软件或参数被存储于 RAM 中，是与具体的加工密切相关的。因此，对它们的设置、更改和备份是机床正确完成加工任务所必备的数据。

当出现软件故障需要进行核查或恢复时，不同的软件需要不同的人员来进行操作，数控系统软件要系统制造厂商的技术人员来恢复，机床生产厂家的软件与数据要由机床生产厂家的技术人员来恢复。恢复好的机床要按规范的流程进行调试，只有调试完好并能够稳定运行的机床，才能交给操作者使用。

## 二、系统软件故障分析

1. 数控系统软件工作方式

CNC 装置是一个专用的实时多任务计算机系统，在它的控制软件中，融汇了当今计算机软件技术中的许多先进技术，其中以多任务并行处理、前后台型软件结构和中断型软件结构为三个主要特点。

（1）数控装置的多任务并行处理　CNC 装置的软件一般包括控制软件和管理软件两大部分。系统控制软件要求在指定的时间段（毫秒级）内完成特定的处理任务，并且下一时间段再进行新的处理任务，即所谓实时控制。实时控制的任务包括：将数控零件加工程序翻译成数控系统能够识别的数据代码（称为译码过程）、将刀具参数按照要求进行补偿的运算、对进给速度和主轴速度及其相互关系进行处理、按指定轨迹进行公差与误差范围内的实际刀尖轨迹的计算（插补运算）等。管理软件包括输入/输出信号的处理、不同零件程序的管理（编辑、保存、删除等等）、各种工作状态的显示、系统运行过程的自诊断等。

在许多情况下CNC装置的控制和管理工作必须同时进行，即所谓的并行处理。

（2）前后台型软件结构　CNC装置的软件可以设计成不同的结构形式，不同的软件结构对各任务的安排方式、管理方式也不同。常见的CNC软件结构形式有前后台型软件结构和中断型软件结构。前后台型软件结构适合于采用集中控制的单微处理器CNC装置。在这种软件结构中，前台程序为实时中断程序，承担了几乎全部实时功能，这些功能都与机床动作直接相关，如位置控制、插补、辅助功能处理、面板扫描及输出等。后台程序主要用来完成准备工作和管理工作，包括输入、译码、插补准备及管理等。后台程序是一个循环运行程序，在其运行过程中实时中断程序不断插入，前后台程序相互配合完成加工任务。程序启动后，运行完初始化程序即进入后台程序循环，同时开放定时中断，每隔一固定时间间隔发生一次定时中断，执行一次中断服务程序。就这样，中断程序和后台程序按要求协同工作。

（3）中断型软件结构　中断型软件结构没有前后台之分，除了初始化程序外，根据各控制模块实时的要求不同，把控制程序安排成不同级别的中断服务程序，整个软件是一个大的多重中断系统，系统的管理功能主要通过各级中断服务程序之间的通信来实现。

注：所谓中断，是指计算机程序执行的一种方法，即有一主程序一直在运行。如果当某条件满足时，程序就转到某处去完成特定的任务，当该任务完成后，程序又返回到主程序中继续自己的工作，按照中断请求的来源分，有来自硬件（如专用的中断控制器芯片信号、通过PLC的开关信号等）的中断和软件（编程时设置的条件）中断。

2. 数控系统软件工作过程

下面以中断型软件结构为例来说明数控系统软件的工作过程。

（1）0级中断　0级中断即初始化程序的主要作用是为整个系统的正常工作做准备。系统开机后首先进入0级中断程序运行，并进行自诊断工作。0级中断的初始化程序是不允许其他各级中断来中断的。初始化程序主要完成如下任务：对RAM工作区进行初始化操作；对一般的存储单元进行清零；对一些特殊的单元置入初始值（如将其他级中断的保护区的返回地址单元，置入对应中断服务程序的入口地址等）、对ROM进行奇偶校验，如果发现有错误，就终止正常运行，而转入ROM出错处理；保证数控系统能正常工作需设置一些所需的初始参数；初始化相关的电路芯片。

0级中断初始化程序执行完成后，系统开中断，允许打开系统内其他中断源的中断请求，然后执行1级中断服务程序，将控制权移交给CRT显示。

（2）1级中断　1级中断服务程序的主要作用是完成CRT的显示控制及进行ROM校验。1级中断服务程序是控制软件的主控模块，当没有其他中断源中断的情况下，始终循环执行该主控模块。

（3）2级中断　2级中断服务程序的主要作用是实现控制系统各种工作方式的处理。这些工作方式包括：

1）系统可以连续控制刀具进行零件轮廓控制加工的自动工作方式（AUTO）。

2）MDI方式。在这种工作方式下，系统既可以手动输入各种参数和偏移量，还可以手动输入一个程序段的零件程序并执行，而不必涉及主程序和子程序。

3）点动方式（INC）。在点动操作方式下可调整机床，通过点动操作的方向键或通过手轮移动各个轴。

4）手动连续进给方式（JOG）。

5）编辑方式（EDIT）。在这种方式下，用户可以对存储器中的零件加工程序进行插入、修改和删除等操作，或通过RS232或存储卡输入/输出程序。

（4）3级中断 3级中断的中断服务程序的主要作用是：

在CNC装置的RAM中开辟了一些单元作为输入/输出映像区。这个映像区的每一个单元都与CNC装置的输入输出口有一一对应的关系。输入/输出处理程序把映像区的输出单元数据送到输出口的地址中去，并把输入口地址中的数据送到映像区中的输入单元中。这样处理的好处是各个中断服务程序只需要与数据输入/输出映像区打交道，无需直接访问输入/输出（I/O）口。

3级中断还完成键盘扫描和处理、将辅助功能的代码和控制信号输出，以控制机床有关动作的M/S/T（如主轴正M03、反转M04，冷却液的开关M07与M09，主轴转速S，换刀T等）机能处理及输出主轴模拟电压信号。

（5）5级中断 5级中断服务程序每隔8ms执行一次插补运算，计算出每8ms的进给量。一次插补处理主要完成插补运算，坐标位置修正，间隙补偿和加减速控制。

插补运算包括直线（G01）和圆弧（G02/G03）插补，手动定位插补（包括点动，手动连续进给），自动定位（包括快速定位，返回基准点定位）和暂停插补。坐标位置修正包括机床坐标位置修正，绝对坐标修正和增量坐标修正。

（6）6级中断 6级中断服务程序的主要作用是为2级中断和3级中断的16ms定时，并使其间隔8ms。当2级中断和3级中断还没有结束时，不再产生中断请求信号。

（7）7级中断 7级中断服务程序的主要作用是对外部输入数据进行处理。

4级中断为硬件中断。

3. 系统软件故障分析

系统软件包括固化在ROM中的程序和存储在RAM中的程序和数据，除非是硬件故障，否则ROM中的程序一般不会出故障（程序本身有问题除外），存储在RAM中软件故障一般由软件中文件的变化或丢失而造成。其可能形成的原因如下：

（1）误操作 在调试用户程序或者修改参数时，操作者删除或更改了软件内容，从而造成了软件故障。

（2）供电电池电压不足 为RAM供电的电池或电池电路短路或断路、接触不良等都会造成RAM得不到维持电压，从而使系统丢失软件及参数。这里需要注意的是：更换RAM的电池时，必须在数控装置上电的状态下进行。

（3）干扰信号 有时电源的波动或干扰脉冲会串入数控系统总线，引起时序错误或使数控装置停止运行，因此，数控装置应与高频信号、大的干扰源保持较大的距离。

（4）软件死循环 运行比较复杂程序或进行大量计算时，有时会造成系统死循环，引起系统中断，造成软件故障。

（5）系统内存不足 在系统进行大量计算时，或者是误操作，引起系统的内存不足，从而引起系统的死机。

（6）软件的溢出 调试程序时，调试者修改参数不合理，或进行了大量错误的操作，引起了软件的溢出。

数控系统软件故障及排除见表6-1。

表 6-1 数控系统软件故障及排除

| 故障现象 | 故障原因 | 排除方法 |
|---|---|---|
| 系统界面无显示 | 可能是系统软件中有文件损坏或丢失 | 检查电源，无故障则可能要重新安装数控系统 |
| | 电子盘或硬盘物理损坏 | 电子盘或硬盘有可能损坏，修复或更换电子盘或硬盘 |
| 运行或操作中出现死机 | 参数设置不当 | 正确设置系统参数，重新开机 |
| 操作键盘不能输入或部分不能输入 | 控制键盘的芯片出现问题 | 更换控制芯片 |
| | 系统文件被破坏 | 重新安装数控系统 |
| | 主板电路或连接电缆出现问题 | 修复或更换 |
| I/O 单元出现故障，输入输出开关盘工作不正常 | I/O 控制板电源没有接通或电压不稳 | 检查线路，改善电源 |
| | 电流电磁阀、抱闸连接续流二极管损坏 | 更换续流二极管 |
| 数据输入/输出接口不能够正常工作 | 系统的外部输入/输出设备的设定错误或硬件出现了故障 | 对设备重新设定，更换损坏的硬件 |
| | 参数设置的错误 | 按系统要求正确地设置参数 |
| | 通信电缆出现问题 | 对通信电缆进行重新焊接或更换 |

数控系统是专用计算机控制系统，开关系统电源是清除软件故障的常用方法，有的系统有专门的调试键用于程序重新启动，如西门子 802S，在调试时就可以选择正常启动、按存储值启动和按缺省值启动等不同的手段用于调试程序。

## 三、零件程序故障分析

零件加工程序属于用户级的数控软件，针对不同的零件，进行不同的工艺准备和编写不同的零件加工程序，是使用数控机床的前提。频繁地运行各种零件加工程序既是使用数控机床的基本目的，也是对数控装置各系统软件的综合考验。

需要加工的零件千差万别，相应的零件加工程序也各有特点，数控编程包括手工编程和自动编程，其中手工编程是基础，数控机床一般也只识别相应的标准的所谓 G 代码程序，因而熟练掌握 G 代码程序格式及不同指令的用法，是使用好数控机床的基本要求。在数控加工的手工编程过程中，出现这样那样的错误是在所难免的，下面就数控手工编程的常见错误进行简略的分类。

1. 输入类错误

在数控程序的输入过程中，由于输入错误的地址字符是最常见的错误。在这一类错误中，对于现代开放式数控系统尤其容易发生。由于输入的一般是文本编辑的环境，将字母“O”错当成数字“0”或者相反。当将这些地址输入给系统时，系统有的会提示，有的则不提示，这类错误有时不太容易被发现。

在程序的编辑修改过程中，由于忘了删除原地址符，在单个程序段中有时会同时输入同轴地址符两次或两次以上。或者由于输入时疏忽，也会输入一些不存在的地址符，如刀具补偿，其相关的刀具补偿号并不存在。

一般情况下，认真仔细的工作态度可减少此类错误的发生，而此类错误即使发生了，借助系统的自检功能，也比较容易解决。在数控机床的使用过程中，认真仔细的工作态度始终是必须的。

2. 程序结构性错误

对初学者而言，要明确数控程序的执行过程，以单个程序段而言，G01　X20　Z－20和程序段G01　X20；G01　Z－20是完全不同的概念。

数控程序相对计算机语言类程序来说，其程序的书写从形式上看要简单得多，自由得多，有很多指令地址符，既可以放在一个程序段中，也可分成若干个程序段，如：

G95　G90　G41　G01　X10　Z10　D01　F0.1　M03　S500　M07就可以分为：

G95

G90

F0.1

M03　S500

M07

G41　G01　X10　Z10　D01

这里要注意的是：简洁的程序段书写习惯是减少编程错误的基础。

对于子程序的调用及嵌套，尤其要注意调用和返回之间刀具的走刀轨迹，特别是G90与G91的使用，在子程序中常用G91来调整每次进退刀的偏移量和方向，而在主程序中又常用G90绝对坐标的方式来控制刀具的位置，在这种情况下，最好能在子程序的结束处加上G90指令，以使编程的坐标系结构明确。当然在主程序中多次书写G90也可以。

从编程的要求和习惯而言，使用刀具补偿指令时，G41/G42与G40要求成对出现，从走刀轨迹来看，使用刀补时若每一次刀补轨迹是在一个封闭的投影平面上，则刀补的出错可能性也要小得多。

对于数控车床，一般通过G95设定F值，如果在含有G01的程序段前无M03指令，那么当程序执行到G01时，不同的系统，也会出现不同的情况，有的系统会以G00速度进给，而有的系统则无法向下执行程序。

再如程序结尾丢掉了M02或M30指令，子程序丢掉返回指令的，也属于结构性错误。

3. 计算错误

在数控手工编程过程中，节点计算是一个重要的环节，节点的计算错误导致编程错误是数控编程最容易犯的错误之一。

对于具有蓝图编程功能的数控机床，当输入的数据错误时，常会导致线与线不能相交或相切。对于圆弧指令，半径值过小更是非常常见的错误，如程序G91　G02　X－20　Z－10　R4，显然，从上一点到增量（－10，－10）点，半径4是不可能构成一个圆弧的。相反，编程中也有因半径值大而产生错误的，如图6-2所示。如果要使刀具按圆弧 $a$ 移动，则程序段G91　G02　X10　Y10　R20就错了，该程序段移动的轨迹是 $b$，轨迹 $a$ 的程序段应该为：G91　G02　X10　Y10　R－20。避免该错

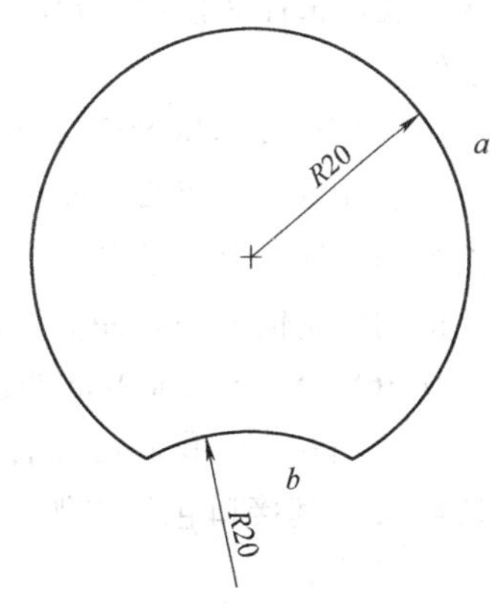

图6-2　圆弧编程分析

误的根本方法是使用I、J、K编程。

4. 工艺参数错误

缺乏机械加工工艺常识和对所使用的数控机床的了解甚少，常会发生一些工艺性错误，如所编写的程序中主轴转速S值过高，进给速度F值过大，螺纹导程过大等。以S值为例，过高的转速或者出现超速报警，会导致加工质量得不到保证。特别要强调的是S值也不能过小（一般不小于20），过小的S值会使主轴系统受到损害。

对有软极限设置的系统，编程时要注意各坐标轴的行程范围，特别是当用G50或G92设定坐标原点编程时，由于所设定的原点与参考点（一般在机床的极限附近）无关，如果编程坐标值较大，此时虽然编程的行程没有超出硬件极限的位置，却有可能超出了软极限的位置。

5. 干涉

在数控机床手工编程中，要避免干涉错误的发生。这类错误首先要求进刀时要平稳，换刀时刀架一定要离开工件足够的距离，要考虑到刀架在回转时不要碰撞到工件、机床和防护罩等。

防止干涉的发生，还要求注意在编写加工凹凸圆弧程序时刀具的副切削刃不要与工件发生干涉，加工螺纹时要选择合适的退刀槽。

## 第二节 硬件故障分析

### 一、数控装置的硬件结构

数控装置是数控系统的核心，CNC系统由硬件和软件共同完成控制任务，它与数控系统的其他部分通过接口相连。数控系统硬件结构类型的分类方式很多，按CNC装置中各印刷电路板的插接方式可分为大板式结构和功能模块化结构，大板式结构的主电路做在一块板上，功能模块化结构的各模块主要按功能划分，每个模块制成尺寸相同的印刷版，各板插到带有插槽的母板中；按CNC装置中微处理器的个数可以分为单处理器和多处理器结构等；数控系统还可分为传统的专用型数控系统和基于PC（个人计算机）的开放式数控系统。

无论是哪种形式的CNC装置，其本质都是基于计算机的面向机床加工工艺要求的控制系统，它都包括电源模块、处理器（CPU）模块、存储器（ROM、RAM）模块、数据输入/输出及逻辑控制模块（PLC）、显示模块、位置控制模块、管理模块等。每个模块之间协调工作。

1. SINUMERIK 802S的组成

SINUMERIK 802S base line是在SINUMERIK 802S基础上开发的经济型数控系统。它可以控制2到3个步进电动机轴和一个伺服主轴或变频器。连接步进驱动STEPDRIVE步进电动机的控制信号为脉冲信号、方向信号和使能信号，电动机每转给出1000个脉冲。步距角为0.36°。802S base line的连接如图6-3所示。

从图6-3中我们可以看出，802S base line主要由集成式、紧凑型CNC控制器和其接口组成，其接口包括电源、RS232通信接口、进给驱动和主轴驱动接口、输入/输出开关量接口等。

802S base line的接口布置如图6-4所示。

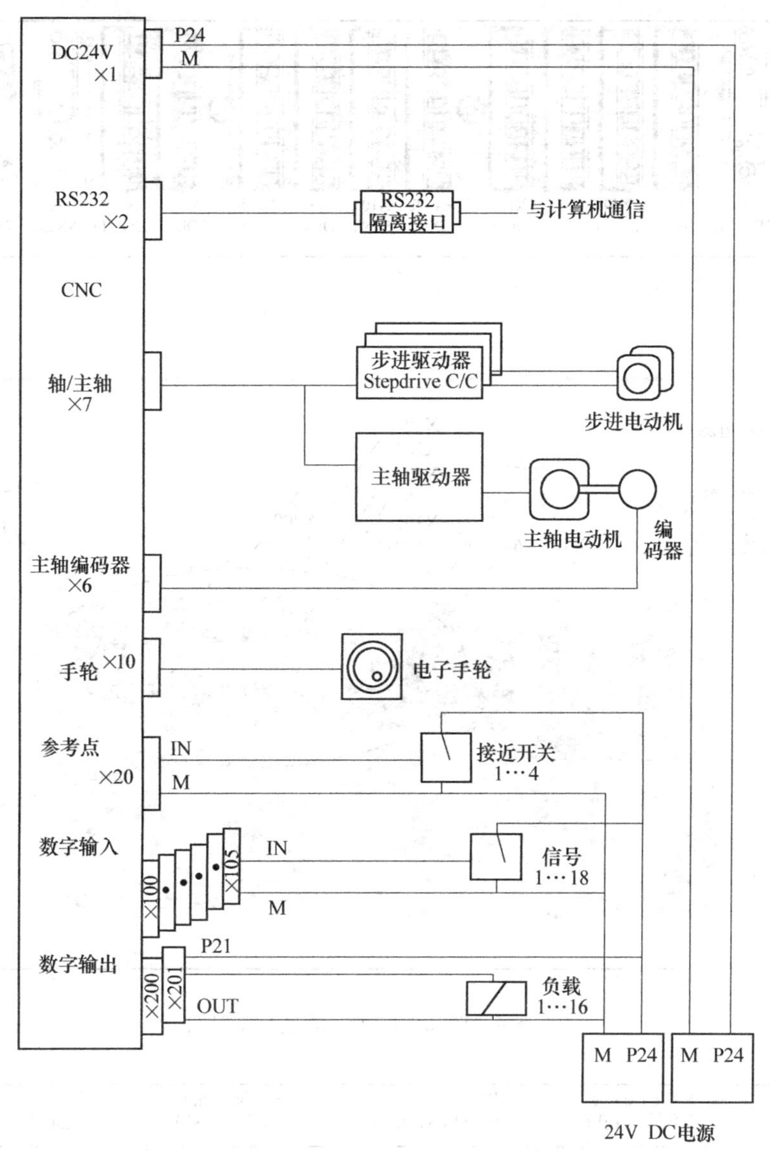


图 6-3　802S base line 连接图

（1）X1 电源接口　系统工作电源为直流 24V，由 3 芯螺钉端子块组成，即保护地、电源负和电源正级三根线。

（2）X2 RS232 接口（V24）　用于 CNC 和计算机通信的 RS232 接口由 9 芯 D 型插座构成。其连接电缆接线如图 6-5 所示。

（3）X7 驱动接口（AXIS）　50 芯 D 型插座用于连接具有包括主轴在内最多 4 个模拟驱动的功率模块。802S 的每一进给轴的信号包括正负脉冲（PULS、PULS_ N）、正负使能（ENABLE、ENABLE_ N）和正负方向（DIR、DIR_ N）6 根线。

（4）X10 手轮接口（MPG）　X10 手轮接口为 10 芯插头，可连接两个手轮，它包括 2 根电源线，每轴由 AB 两相组成。

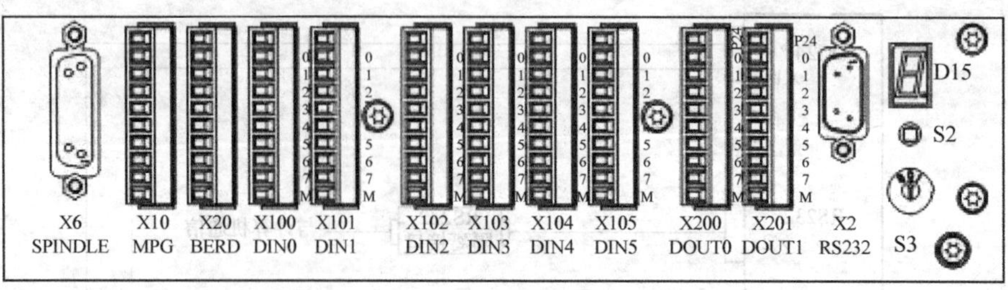


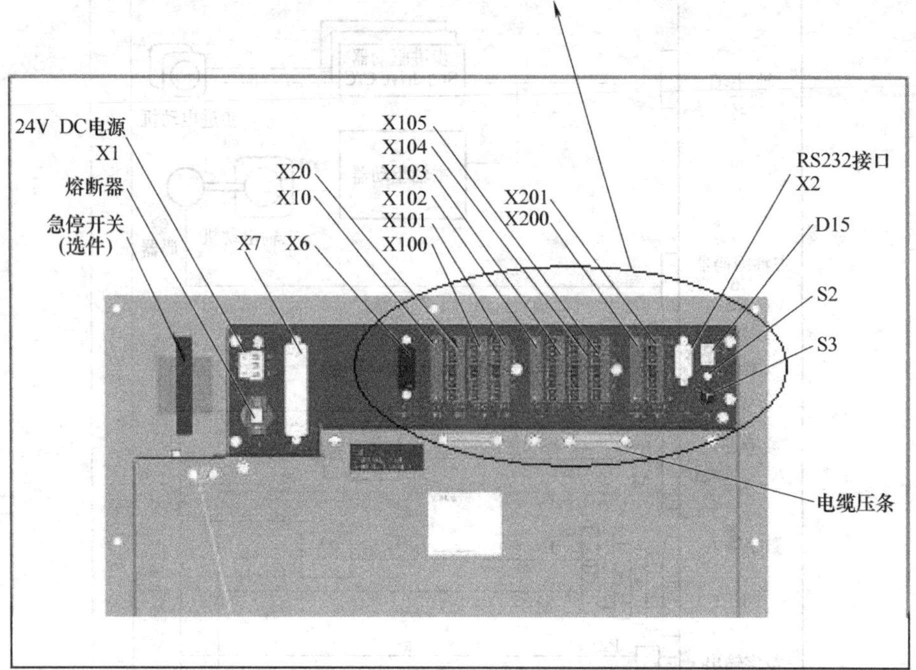


图 6-4　802S base line 的接口布置图



图 6-5　RS232 电缆接线图

（5）X20 数字输入（DI）　X20 称为高速输入接口，它用于连接各轴回参考电的接近开关，10 芯插头中包括两个使能、3 个参考点输入和电源，其他线保留。

（6）X100 到 X105，X200、X201　X100 到 X105 为 48 点用于连接数字输入的端子，每组引脚 2 到 9 共 8 点。X200 和 X201 为 16 点用于连接数字输出的端子。

2. FANUC 0i 的组成

FANUC 0i 系列数控系统是目前应用最广泛的数控系统之一，这里我们以 FANUC 0i-MA 系列为例来学习其各个接口的定义与连接对象。

FANUC 0i 控制单元由两大部分组成，即主板和 I/O 板。FANUC 0i 的主板连接包括控制单元主板与 I/O LINK 设备的连接（见图 6-6）、与串行主轴及伺服轴的连接（见图 6-7）；I/O 板的连接包括控制单元 I/O 板与显示单元的连接、与内装 I/O 的连接、与 MDI 键盘的连接、与手摇脉冲发生器及 RS232 串行接口的连接等。

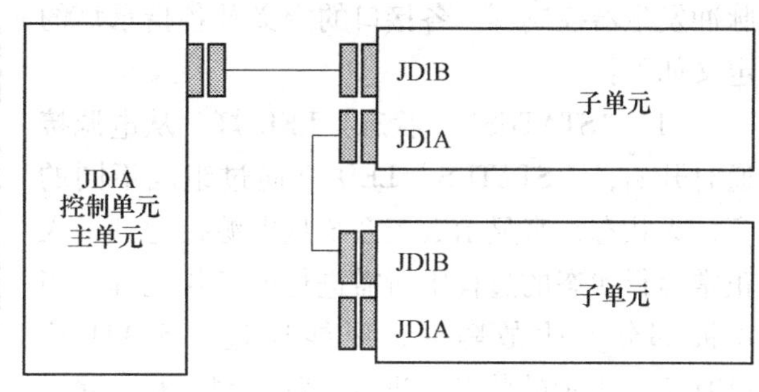


图 6-6　FANUC 0i I/O LINK 的连接

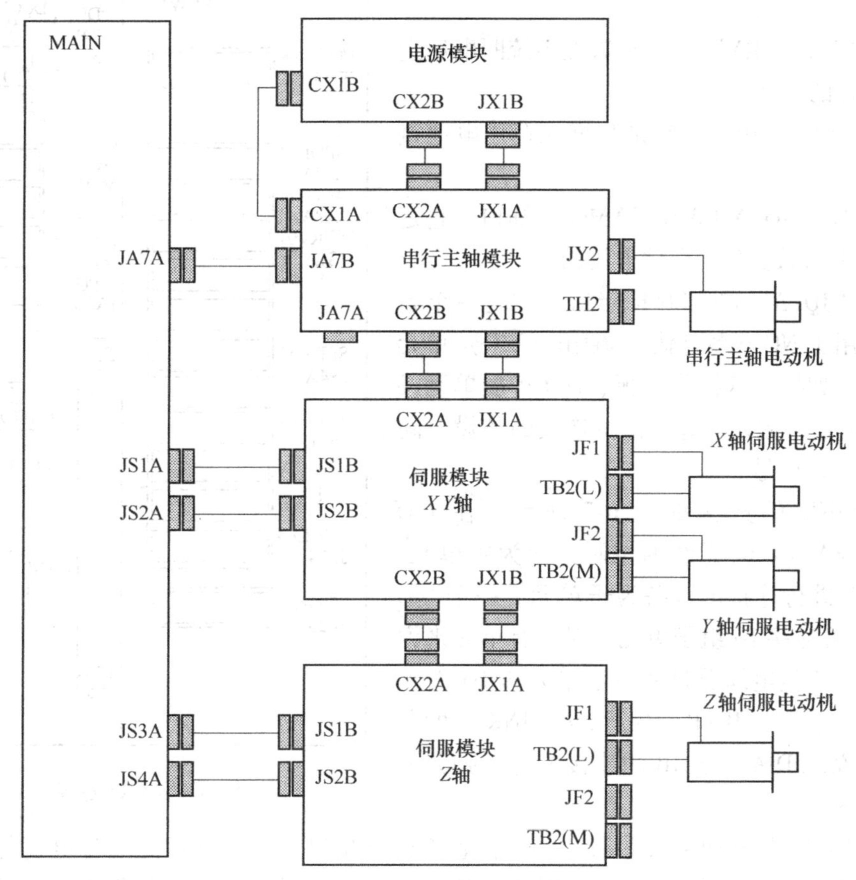


图 6-7　FANUC 0i 串行主轴及伺服轴的连接

图 6-8 所示为 FANUC 0i 控制单元的两大部分组成，即左半边的主板和右半边的 I/O 板。

主板部分主要包括 CPU，内存（各种系统软件与宏程序、各种系统参数等）、PMC 控制、I/O LINK 控制、伺服控制、主轴控制、内存卡 I/F、LED 显示。

I/O 板部分主要包括内置电源、数据输入/输出（DI/DO）、MDI 控制、显示控制、手摇脉冲发生器控制等。各接口的定义及各指示灯的定义如下：

（1）“STATUS”（状态）LED 灯　从电源接通时开始，“STATUS” LED 灯通过组成不同的亮、灭状态，来显示数控系统从电源接通到进入正常运行状态的过程中所需进行的工作流程。当主板部分发生故障时，便能通过“STATUS” LED 灯所表示的状态，进行故障的判定和排除。

（2）“ALARM”（报警）LED 灯　当出现错误时，“ALARM” LED 灯会与“STATUS” LED 灯组成不同的亮、灭状态来表示不同的异常情况。

（3）“BATTERY”　它是数控系统断电后进行数据保存的电池。

（4）“CP8”接口　它是数据保存用电池接口。

（5）“MEMORY CARD CNMC ”插口　它是 PMC 编辑卡与数据备份存储卡接口。

（6）“JD1A” I/O LINK 接口　它是一个串行接口，用于 NC 与各种输入/输出（I/O）单元进行连接，如把机床操作面板、I/O 扩展单元或 Power Mate 连接起来，并且在所连接的各设备间高速传送 I/O 信号。

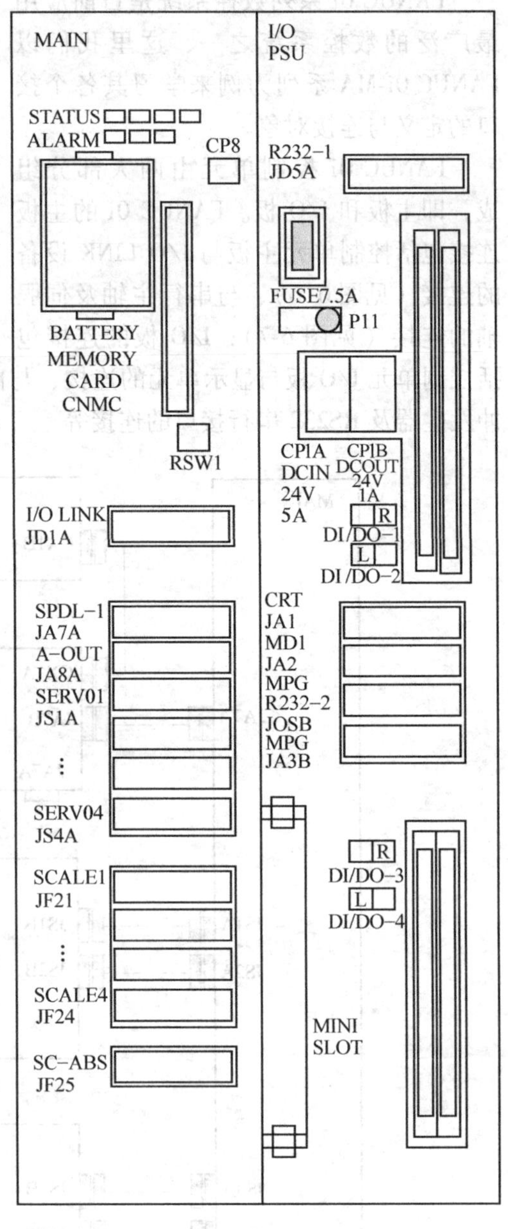

图 6-8　FANUC 0i 各接口定义

I/O LINK 的连接如图 6-7 所示，在 I/O LINK 中，FANUC 0i 系统的控制单元为主单元，通过 JD1A 进行连接的设备为子单元。一个 I/O LINK 最多可连接 16 组子单元。对所有单元来说是通用的。连接电缆总是从一个单元的 JD1A 连接到下一个单元的 JD1B。对于 I/O LINK 中的所有单元来说，JDIA 与 JDIB 的连接电缆插脚分配都是通用的。

（7）“JA7A” SPDL-1（串行主轴或位置编码器接口）　该接口是通过电缆与串行主轴伺服模块连接（JA7B 接口）。当数控系统连接模拟主轴时，位置编码器的主轴反馈信号与此接口（JA7A）相连。

（8）“JA8A” A-OUT（模拟主轴接口）　此接口与模拟主轴放大器连接，控制模拟主轴电动机运转。

（9）“JS1A” SERV01 到“JS4A” SERV04（伺服模块接口）　根据需要，此接口与伺服模块的系统定义的 4 个轴接口进行连接。

（10）“JF21” SCALE1 到“JF24” SCALE4（光栅尺接口）　根据系统配置，该接口用于连接系统定义对应的 4 个轴的光栅尺。

（11）“JF25” SC-ABS（分离式 ABS 脉冲编码器电池接口）　该接口所连接的电池用于绝对型光栅尺位置数据的保存。

以下是 I/O 板部分自上而下各指示灯的定义及各接口的定义和接线走向。

（12）“JD5A” R232-1（RS-232-C 串行接口）　该接口主要用于与外部设备相连，将加工程序、参数等数据通过外部设备输入到系统中或从系统中输出给外部设备。PC 就可通过此接口与数控系统相连接，进行数据的传送操作。

（13）“FUSE”——熔断丝（保险丝）。

（14）“PIL”——电源指示灯　当控制单元接通直流 +24V 电源后，该 LED 亮。

（15）“CPIA” DC IN（电源输入接口）　该接口是与外部直流 +24V 电源连接，为控制单元提供电源。

（16）“CPIB” DC OUT（电源输出接口）　该接口与显示单元相连，为显示单元提供电源。当显示设备为 LCD 时，在显示单元侧的接口是“CP5”；当显示设备为 CRT 时，在显示单元侧的接口是“CN2”。

（17）“DI/DO-1”、“DI/DO-2”——内装 I/O 卡接口 1、2　该接口为机床提供 I/O 信号接收器（X）和驱动器（Y）。

（18）CRT“JA1”（显示器接口）　该接口用于连接显示器，当显示设备为 LCD 时，显示器端的接口为“JA1”；当显示设备为 CRT 时，显示器端的接口为“CN1”。

（19）“JA2” -MDI（手动数据输入装置接口）　该接口用于连接 MDI 单元。在这里，把手动数据输入装置称为 MDI。MDI 单元是一个键盘，用来输入数据，如 NC 加工程序、设置参数等。

（20）“JD5B”——R232-2　该接口为第二 RS-232-C 串行接口。

（21）“JA3B” MPG（手摇脉冲发生器接口）　该接口所连接的手摇脉冲发生器用于在手轮进给方式下用手轮移动坐标轴。Oi-TA 系统最多可安装两个手摇脉冲发生器，而 Oi-MA 系统最多可安装三个手摇脉冲发生器。

（22）“DI/DO-3”、“DI/DO-4”——内装 I/O 卡接口 3、4　该接口为机床提供 I/O 信号接收器（X）和驱动器（Y）。

（23）“MINI SLOT” FSSB（高速串行总线接口）　此接口用于与个人计算机相连，进行数据通信。

**二、数控装置的硬件故障分析**

1. 数控系统硬件维修中元器件级维修的意义

在数控机床硬件维修工作中，从工作效率和可行性方面而言，故障仅需定位在“板”级，即通过现场检查与理论分析，将故障定位至某块电路板，而勿需进一步检测。但结合我国目前的实际情况，企业对整块板的更换，不仅费用昂贵（数控系统大多为国外公司的产品），而且在时间上也较慢（常规国外订货最少要一个多月，否则费用更高），在无现货可供的情况下，就突出显示了进一步修复故障板的客观需要。大多数情况下，在原则上对故障板采取能修则尽量争取修复。如何判别呢？就需要将故障定位到“元件”级。因此，对元器件的识别知识和替代原则的掌握是十分必要的。

维修技术人员必须掌握元器件的识别知识与元器件的替代基本原则与技术要求，这是维修数控系统的基础。由于维修工作的最终目标是“查找故障、更换元件”。而在实际操作过程中由于种种复杂的原因，如系统本身结构不同，产品出厂年代有先后，系统的配套件来源各异等，使系统出现故障的表征与部位各不相同。因此，单凭以某种系统固有的特征去分析和处理故障是困难的，而对故障分析的侧重点应放在归纳共性的较为普遍适用的方法与思路上。一般情况下，故障无论出现在NC侧或PLC侧，往往在接口（即NC与PLC界面处）上可找到某种通用的检测办法。此外，在电源故障方面，也可找出某些具有共性的故障特征分析法，如对大功率管的“首位”检测（统计数据表明电源板上的大功率管最易损坏）等。

数控系统中使用的元器件包括电阻、电容、各种半导体及各种通用与专用集成块等，一般而言，专用集成块必须使用数控系统厂家提供的货源。在需要更换或替代元器件的维修中，应严格按照第三章“诊断过程中的注意事项”，以免造成更严重后果。

2. 维修数控系统硬件故障的步骤

元器件故障有功能故障和性能故障两种。功能故障使元器件不能完成其本身应具备的功能，如二极管已经被击穿，“非”门电路的输出不能随输入的变化而变化，始终输出高电平或低电平。性能故障表现为元器件仍具有一定的功能，但由于元器件的参数发生变化，如晶体管的直流放大倍数降低引起负载的驱动不够稳定，使执行机构不能正常工作。引起以上故障的原因很多，因振动、温度、湿度、元器件老化，或管脚断裂、短路、过流、过压、虚焊、异物断路、接插件座产生氧化膜致使接触不良等也会引发故障。因此，在维修实施中，必须周密、细致地对各种故障引发因素进行分析与检测。对重复出现的故障，应调出设备维修记录档案，从初步起因逐渐扩散检查。若替代元器件不能满足条件时，则要再次更换与重新维修。

1）常规检查目测、手摸或通电检查，可发现有无熔丝断裂、元器件烧丝、烟熏痕迹、开裂现象、异物断路等。对电阻、电容及半导体器件有无松动，接插器件有无接触不良，虚焊等问题，先用万用表检查各种电源之间有无断路现象，再通电观察有无冒烟，产生火花或手摸元器件有无过热现象等。在手摸检查时要注意静电的影响，最好要戴防静电手套。

2）静态检查。静态是指非工作状态，可直接测得一些阻值参数以判断元器件性能。对半导体器件的静态工作点检查，逻辑电路则加以二进制输入码，分析相应的静态输出，以判断元器件的功能是否有效。

3）动态检查。动态是指电路板插入整机进入工作状态，或电路板联入测试装置进入时序测试状态。可通过输插板或输接插头座，将被测板引出机外，便于测试。

首先检查可供测试的测试点的状态是否正确，再与资料所提供的或处于电路板正常时测试所得的状态记录相比较，缩小故障范围。无测试点或首次检查的，应根据电路原理，按图样用逻辑笔或示波器逐步跟踪测试。有些情况需要用脉冲笔送入一些信号配合测试，也有些要从键盘输入一些测试程序。

当动态测试时，要注意先切断执行机构，以免造成事故。

3. 数控系统硬件故障分析

(1) 电源故障　电源是电路板的能源供应部分，电源不正常，电路板的工作必然异常，而且，电源部分故障率较高，修理时应足够重视。

电路板的工作电源，有的是由外部电源系统供给；有的由板上本身的稳压电路产生。电源检查包括输出电压稳定性检查和输出波形检查。输出波形波动过大，会引起系统不稳定，用示波器交流输入档可检查其幅值，集成稳压器损坏或滤波电容不良会引起波形不正常。有些运算放大器、比较器用单电源供电，有些则用双电源供电；用双电源的运放器，要求正负供电对称。

数控系统中对各电路板供电的系统电源大多数采用开关型稳压电源。这类电源种类繁多，故障率也较高，但大部分都是分立元件，用万用表、示波器即可进行检查。维修开关电源时，最好在电源输入端接一只1∶1的隔离变压器，以防触电。另外，为了防止在修理过程中可能导致好的元件损坏，或引发新的故障，最好按图6-9所示的接线方法，使输入电压从0V开始逐渐增大，在输入和输出回路中都有电流、电压检测，一旦发现有过压或过流现象，即可关掉总电源，不致造成损失。

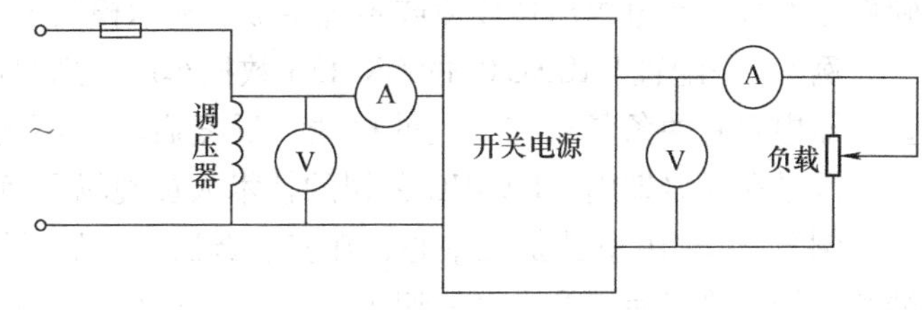


图6-9 修理开关电源接线图

**例1** 一配置进口数控系统的机床，当机床送电时，CRT无显示，经查NC电源，+24V、+15V、-15V、+5V均无输出。

对这种故障的排除首先是使屏幕正常工作。有时也会仅仅是显示部分的原因，但可能并存着多种故障。

故障分析由此现象可以确定是电源方面出了问题，所以可以根据电气原理图逐步从电源的输入端进行检查。当检查到熔丝后的电噪声滤波器时发现性能不良，后面的整流、振荡电路均正常，拆开噪声滤波器外壳发现里面烧焦，更换噪声滤波器后，数控系统故障排除。

当遇到无法修复的电源时，可采用市面上出售的开关电源，但是一定要保证电压等级、容量符合要求。一般而言，数控系统需要的开关电源的电流都较大，应注意。

数控系统的故障，有时虽然表现好像是电源故障，也可能是其他原因导致电源掉电或报警。

**例2** 一台数控铣床，数控系统采用西门子公司的SINUMERIK 810M系统。当按下NC启动按钮时，系统开始自检。在显示器上出现基本画面时，数控系统马上掉电。分析故障原因，可能与NC系统24V供电电源有关，当24V直流电源电压幅值下降到一定数值时，CNC系统采取保护措施，自动切断系统电源。根据故障现象判断，由于负载漏电，使直流电源幅值下降。根据图样逐段断开24V供电电源线，以确定故障点。当断开两个伺服轴的四个限位开关共用的电源线时，CNC系统电压正常。测量这几个开关，并没有对地漏电现象，为进一步确认故障，将四个开关的电源线逐个接到电源上，当$X$轴两个极限开关都未接到电源上时，系统就能供上电，由此认为故障可能与伺服系统有关，因为这台机床两个伺服电动机都配有电磁抱闸，如图6-10所示。抱闸由24V电源供电。当$X$轴伺服条件满足后（包括两个限位开关未被压上），PLC输出口A3.4为1，输出高

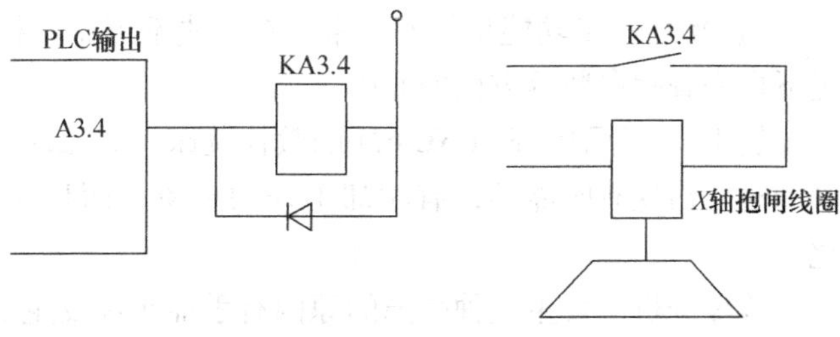


图6-10 伺服电动机抱闸电路

电平24V，这时KA3.4触头闭合，接通抱闸线圈，可能是抱闸有问题，导致24V电源动作故障。测量抱闸线圈，果然与地短路。因伺服电动机与抱闸为整体结构，换新的电动机后故障排除。

（2）系统显示类故障　数控系统不能正常显示的原因很多，一般而言，系统显示混乱或不正常，其软件故障的可能性较大，而系统完全无显示，建议先从硬件方面去寻找原因。硬件方面可能是电源出现故障或系统主板、显示模块出现故障等。

**例1**　一配置FAUNC 0i的CK6136数控车床，新机床上电开机能正常启动，有显示，但显示器中间有两条紧靠在一起的横线，反复启动都不能消除，机床厂家认为是数控系统故障，因是在保修期内，FANUC公司的技术人员现场更换了显示器，故障消除。

**例2**　XH716立式加工中心，在安装调试时，显示器突然出现无显示故障，而机床还可继续运转。停机后再开，又一切正常，而在机床运行过程中该故障还会出现。

分析该故障的原因，应该属于来自显示系统方面。采用直观法进行检查，发现每当车间上方的门式起重机经过时，往往会出现此故障，由此初步判断是元件接触不良。检查显示板，用手触动板上元件，当触摸到一集成块时，CRT上的显示就会消失。经过观察发现该集成块有一管脚没有完全插入插座中，另外，还发现此集成块旁的晶体振荡器有一引脚没有焊锡，将两处连接可靠后，故障消除。

（3）急停故障　数控系统的操作面板上一般都设有急停开关按钮，在数控系统或数控机床出现紧急情况时，用于立即停止机床运动或切断动力装置（如伺服驱动器等）的主电源。当数控系统出现自动报警信息后，需按下急停按钮。待查看报警信息并排除故障后，再松开急停按钮，使数控系统复位并恢复正常。该急停按钮及相关电路所控制的中间继电器（KA）的一个常开触头应该接入数控装置的开关量输入接口，以便为数控系统提供复位信号。

急停开关按钮既是保护手段，当然也就可能有相关的故障，急停的故障除了来自软件方面（如过载报警引起急停报警）的原因，更常见的原因可能是来自硬件方面。由于数控机床是自动化程度很高的设备，其自动加工过程的安全性保护很多，而从常规来说，串联在急停回路中的触头除了急停开关按钮外，还有所有轴的正负向超程开关、中间继电器等，每一个环节出问题都会引起急停故障。

（4）手动操作故障　使用数控机床，很多功能都可通过手动操作进行调试。

1）JOG方式移动机床坐标轴，机床不移动，坐标值也不变化，则可能的原因有手动按钮损坏或接触不良、硬极限超程、进给倍率选择开关被置为“0”等。若坐标有变化而机床不移动，则可能是机床被锁住。

2）手轮不能正常工作。可能的原因有手轮没有被选中或脉冲发生器损坏等。

3）M、S、T功能执行不正常。在接线不可靠、相关的驱动电源没有输出等都排除的情况下再去查找参数等方面的原因。

**例1**　一台配置FAUNC 6M的数控铣床，故障现象为当用手摇脉冲发生器使两个轴同时联动时，出现有时能动，有时却不动的现象，而且在不动时，CRT的位置显示画面也不变化。

故障分析：发生这种故障的原因有手摇脉冲发生器故障或连接故障或主板故障等多种原因。为此，通过调用诊断画面、检查诊断机床是否处于机床锁住状态。但在本例中，由于转动手摇脉冲发生器时 CRT 的位置画面发生变化，不可能是因机床锁住状态致使进给轴不移动，所以可不检查此项。然后检查互锁信号、方式信号是否已被输入；检查主板上的报警指示灯是否点亮，它们都没有问题，最后集中力量检查手摇脉冲发生器和手摇脉冲发生器接口板，发现是手摇脉冲发生器接口板上 RV05 专用集成块损坏，经调换后故障消除。

**例 2**　一台配置 FANUC 0-T MATE 数控车床。在加工过程中出现程序运行到一辅助功能 M 代码时，M 代码功能已完成，但光标不往下执行而又无报警信息的现象。

故障分析：这是由于这一代码的 FIN 信号没有送出所致。分析此故障可能由于输入输出板故障或输入信号本身不正确所引起。从外围电路入手，把该机床的所有输入信号都检查一遍，发现在一除尘装置的门上有一开关松动，关紧门，开关可靠闭合后，重新开机运行，故障消除。

（5）回参考点故障　数控机床回参考点的方式有多种，但基本思想都是当按下回参考点按钮后，系统使指定轴快速移动，接近减速挡块，然后以工进（固定速度）方式找正位置，完成此操作。

当数控机床回参考点出现故障时，先检查参考点减速挡块是否松动或发生了位移，行程（接近）开关固定是否牢靠或被损坏。用百分表或激光干涉仪进行测量，确定机械相对位置是否漂移；检查回参考点的起始位置、参考点位置和减速开关的位置三者之间的关系；确定回参考点的模式是否正确；检查有关回原点的参数设置是否正确；用示波器检查脉冲编码器或光栅尺的零点脉冲是否出现了问题；检查 PLC 的回零信号的输入点是否正确。

**例 1**　某机床在回参考点时，$Y$ 轴回参考点不成功，出现超程错误报警。

故障分析首先观察轴回参考点的状态，选择回参考点方式，让 $X$ 轴先回参考点，结果能够正确回参考点，再选择 $Y$ 轴回参考点，观察到 $Y$ 轴在回参考点的时候，压到减速开关后 $Y$ 轴并不发生减速动作，而是越过减速开关，直至压到 $Y$ 轴正向限位开关，从而出现机床超程报警；直接将该限位开关按下后，观察机床 PLC 的输入状态，发现 $Y$ 轴的减速信号并没有到达系统，可以初步判断有可能是机床的减速开关或者是 $Y$ 轴的回参考点输入线路出现了问题，然后用万用表进行逐步测量，最终确定为减速开关的焊接点出现了脱落。将脱落的线头焊好后，故障排除。

## 第三节　参数故障分析

数控机床的参数是数控机床的重要组成部分，正确设置所有参数是保证数控机床安全使用的前提。我们这里所说的数控机床参数是指除系统程序和零件加工程序以外的数控系统能够正确工作所必须的数据，该数据由不同的技术人员输入给数控装置，数控装置使它们与其他软硬件一起系统协调地指挥数控机床进行手动或自动工作。

数控机床的参数决定了数控机床的功能、控制精度等方面的内容，对数控装置的参数要做好备份工作。

### 一、数控装置的参数类型

一台数控机床包括许多参数，从一个数据（word）到一个数据位（bit），它们在数量上可能成千上万，在功能上也各有不同，按照不同的分类方法，有不同的类型。

数控机床在出厂前，已将所采用的 CNC 系统设置了许多初始参数来配合、适应相配套的每台数控机床的具体状况。它们一般包括为与设定有关的参数、定时器参数、与控制器有关的参数、坐标系参数、进给速度参数、加/减速控制参数、伺服参数、DI/DO（数据输入输出）参数、CRT/MDI及逻辑参数、程序参数、I/O接口参数、行程极限参数、螺距误差补偿参数、倾斜角补偿参数、平直度补偿参数、主轴控制参数、刀具偏移参数、固定循环参数、缩放及坐标旋转参数、自动拐角倍率参数、单方向定位参数、用户宏程序、跳步信号输入功能、刀具自动偏移及刀具长度自动测量、刀具寿命管理、维修等有关的参数。这些参数设定的正确与否将直接影响到机床的正常工作及机床性能的充分发挥。

1. 普通级参数和秘密级参数

如果按照机床参数所具有的性质可以分为普通级参数和秘密级参数。普通级参数是数控厂家在各类公开发行的资料中公开的参数，对参数都有详细的说明及规定，有些允许用户进行更改调试。秘密级参数是数控厂家在各类公开发行的资料中不公开的参数，或者是系统文件中进行隐藏的参数。

普通级参数是数控机床工作的基本参数，对它们的设置和修改直接影响到机床的使用，如通过设置软极限来保护机床在硬极限范围以内工作，以免超程，或按照参考点的位置来设定机床回参考点的找正方式等。

由于技术保密和知识产权等原因，商业用数控装置一般都设置有秘密级参数，即有些功能可通过某些参数位或系列参数组合来实现，这些功能一般作为“选择功能”，对大多数用户而言，该类功能不是常规加工所必须的功能，如果用户需要，则必须另外花钱购买。如有些系统的图形仿真功能或蓝图编程功能就需要通过设置某特定位才能使用，再如第二个RS232串口通信功能，有些系统也必须另外购买（设置）。

秘密级参数所确定的功能，在硬件上数控装置常常已经提供给了用户，但用户在没有购买相关设置的情况下，一般是无法使用该类功能的。

西门子数控系统中设置了一套完整的参数保护方案，在不同的保护级别下可以使用不同的数据区。保护级别分为0到7级，其中0为最高级，7为最低级。相关内容见表6-2。

表6-2　西门子数控系统参数保护级别

| 保 护 级 | 保　　护 | 范　　围 |
|---|---|---|
| 0 | | 西门子内部使用 |
| 1 | SUNRISE | 专家级 |
| 2 | 密码：EVENING（缺省） | 制造商 |
| 3 | 密码：CUSTOMER（缺省） | 有资格的操作和安装人员 |
| 4 | 无密码、或者用户接口信号PLC到NCK | |
| 5 | 用户接口信号PLC到NCK | |
| 6 | 用户接口信号PLC到NCK | |
| 7 | 用户接口信号PLC到NCK | |

系统出厂时已设定了保护级2和3的缺省密码，这些密码必须由相关人员才可进行修改。

保护级2和3要求输入密码，密码在激活以后可以更改，假如忘记了密码，则必须重新初始化引导（调试开关=1位引导），所有的密码又恢复为相应软件版本的缺省密码。如果密码已删除，则适用于保护级4。密码一直保存，除非用软键“删除密码”复位。电源打开时密码不会复位。

在没有设定密码的情况下，会自动设定保护级4，保护级4到7可以由用户程序通过用户接口信号进行设定

2. 设定参数和系统参数

在数控机床的使用过程中，机床厂家已经调试优化好的参数可称为系统参数（SYSTEM），该类参数一般只有在出现故障时才需要调整，而有些参数机床操作者可随时调整，可称为用户参数（SETTING）。

（1）西门子802D用户参数设定　西门子802D用户参数设定包括输入刀具的有关参数、输入或修改零点偏置值、编程有关的设定数据、R参数等内容。

1）刀具参数设置。数控机床的刀具参数包括刀具几何参数、磨损量参数和刀具型号参数。西门子802D刀具还包括建立新刀具、手动确定刀具补偿和使用探头确定补偿值等功能，刀具自动监控也可以设定参数。

如图6-11所示，打开补偿参数窗口，显示所使用的刀具清单，不同类型的刀具都有一个确定的参数数量。可以通过光标键和“上一页”、“下一页”键选择所要使用的刀具，在输入区定位光标，然后输入补偿参数，通过按“INPUT”输入键或移动光标确认，需要的话可以使用“扩展”键输入刀具的其他参数。

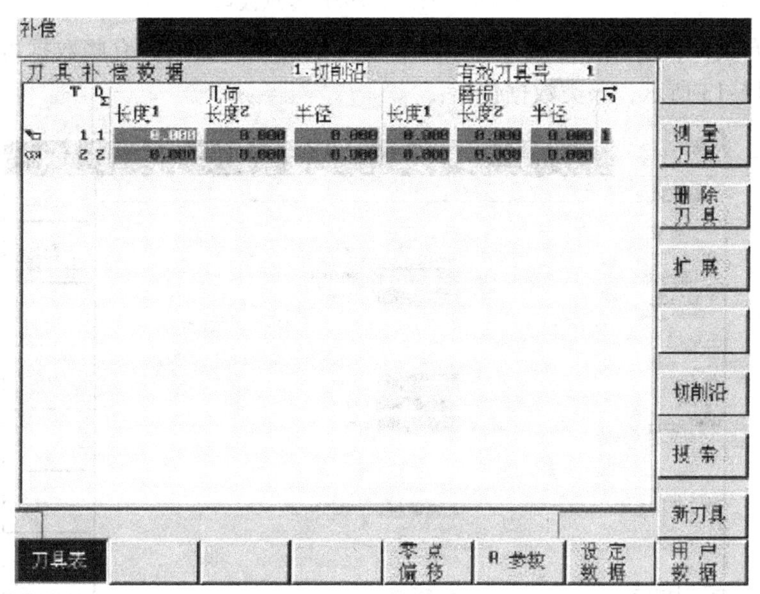


图6-11　西门子802D刀具参数

刀具参数的选择要按照系统配置和实际加工需要来确定。

2）零点偏置值参数设置。数控机床用于零件加工，加工时一般都使用零点偏置来确定程序原点和机床坐标系的关系，这就要求使用零点偏置来设定其参数。方法是按“参数操作区域”键和“零点偏移”键，把光标移动到待修改的范围，通过移动光标或使用“INPUT”输入键输入零点偏置的值，按“修改生效”后补偿值立即生效。

如图6-12所示，零点偏置的参数包括已编程的零点偏置（基本偏置、G54～G59），有

效的比例、缩放、镜像等。对于零点偏置值的计算，可通过“测量工件”的方法来进行，按系统的图形提示，方便地完成各坐标轴零点偏置的设定。

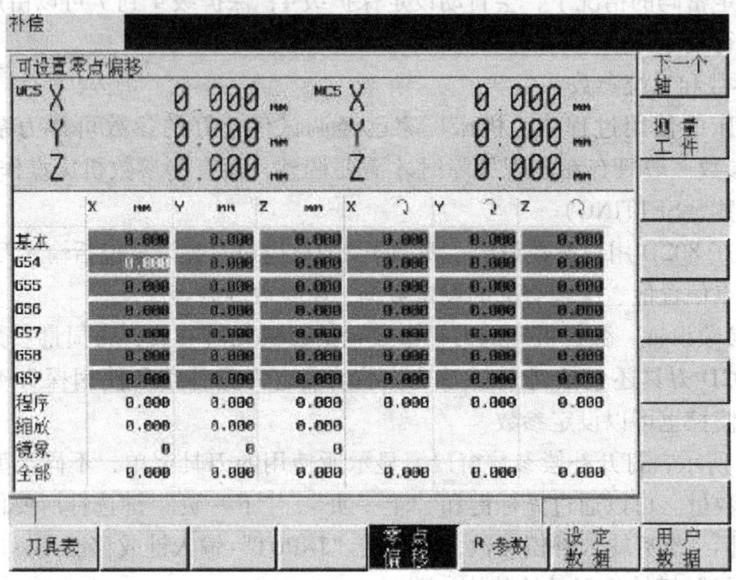


图 6-12 西门子 802D 零点偏置

3）编程有关的设定数据。编程加工时需要一定的工艺数据，有些数据可通过该设置进行设定。如图 6-13 所示，该类数据包括：

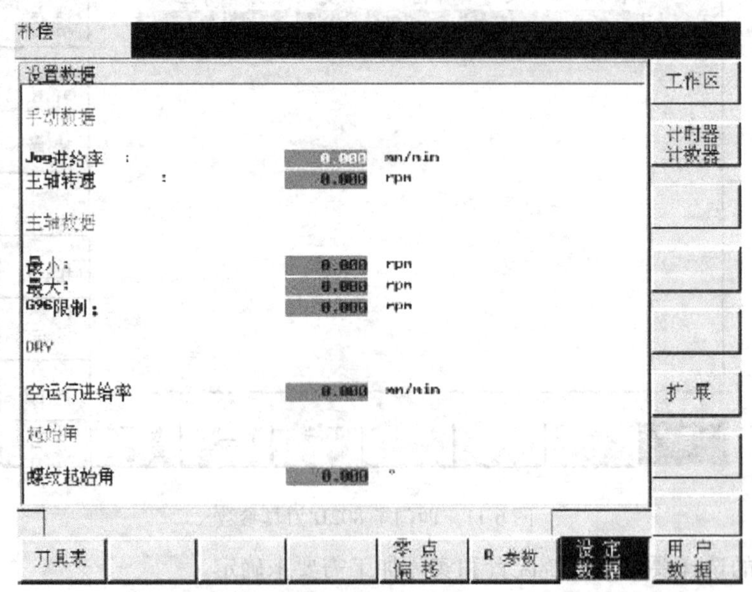


图 6-13 西门子 802D 编程有关的设定数据

JOG 进给率：该值设定 JOG 移动机床时机床的移动速度，如果该值为 0，则系统使用机床数据中存储的固定的数值。

主轴转速：该值设定主轴转速。

最小值/最大值：对 G25　S 限定主轴最小值，对 G26　S 限定主轴最大值。

G96 限制：在恒定切削速度（G96）时限制可编程的最大主轴极限值。

空运行进给率：在自动运行方式中如果选择空运行进给功能，则程序不按编程的进给率（F）执行，而是执行在此输入的进给率，该功能一般用于调试程序（仿真或远离工件而运行），不进行工件的实际切削。

螺纹切削开始角（SF）：在加工螺纹时主轴有一定的起始位置作为开始角，可以保证多刀切削同一螺纹时不发生错误，通过改变此开始角可以切削多线螺纹。

4）R 参数。西门子数控系统提供有 R 参数，用于固定循环或用户编程时使用，“R 参数”专门用于该类参数的设置。

（2）西门子 802D 系统参数设定　西门子 802D 数控系统参数缺省的标准值，在大多数情况下是无需修改的，但出现问题或调试机床时则需要进行设定。它们是：

通用机床数据：MD10000 ~ 19999

通道机床数据：MD20000 ~ 29999

坐标轴机床数据：MD30000 ~ 39999

显示机床数据：MD1 ~ 999

驱动器机床数据：参数 599 ~ 1999，只有在专家的指导下才能更改驱动系统机床数据。

下面我们选择一些参数进行简单的说明。

1）通用机床数据。如通用机床数据 10000 的缺省值“1”，表示系统为车床，即包括 X、Z、SP（主轴）、A、B 轴；若设置为“0”，则为铣床系统，即包括 X、Y、Z、SP、A 轴。

再如通用机床数据 MD10240 设为“1”时表示相关的单位为公制，即长度为 mm，而当 MD10240 设为“0”时表示相关的单位为英制，即长度为 inch。其缺省值为公制。

2）坐标轴机床数据。坐标轴机床数据设定和机床坐标轴有关的数据，数控机床的坐标轴数据包括两部分，即进给轴和主轴。进给轴部分数据见表 6-3。

**表 6-3　西门子 802D 部分坐标轴机床数据**

| MD | 名称 | 标准值 | 单位 | 备注 |
|---|---|---|---|---|
| 31030 | 螺杆螺距 | 10 | mm | LEADSCREW_ PITCH |
| 31050 | 减速箱齿轮比/减速箱丝杠齿数 | 1 | | DRIVE_ AX_ RATIO_ DE NOM |
| 31060 | 减速箱电动端齿数 | 1 | | DRIVE_ AX_ RATIO_ NU MERA |
| 32000 | 最大轴速 | 10000 | mm/min | MAX_ AX_ VELO |
| 32300 | 轴的最大加速度 | 1 | $m/s^2$ | MAX_ AX_ ACCEL |
| 34200 | 1：增量编码器<br>0：EnDat 编码器 | | | ENC_ REFP_ MODE |
| 36200 | 最大轴监控速度 | 11500 | mm/min | AX_ VELO_ LIMIT<br>公式：<br>MD36200 = 1. 15 × MD32000 |

**例 1**　如图 6-14 所示的传动系统，电动机带有增量编码器，其参数为：

齿轮比：1:2

螺杆螺距：5mm

最大轴速：12m/min

最大轴加速度：1.5m/s$^2$

则机床数据设定：

MD 30130 = 5

MD 31050 = 1

MD 31060 = 2

MD 32000 = 12000

MD 32300 = 1.5

MD 36200 = 13800

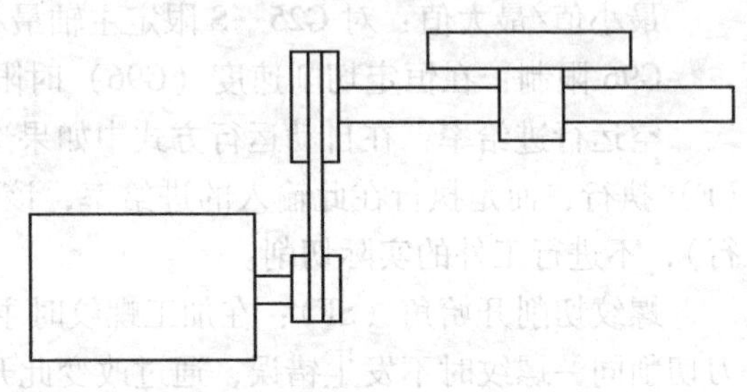

图 6-14　进给轴参数设置的传动系统

待坐标轴设置好以后，坐标轴准备开始进给，同时需要作一些细微的设置（如参考点近似值、SW 限制开关、位置控制器最佳参数值、向前进给速度控制等）。

在西门子 802D 中，主轴是整个轴功能中的一个子功能。因此，必须在轴机床数据中（MD35×××）设置主轴的机床数据。而不同的主轴驱动器配置包括电动机中装有主轴实际值编码器、主轴实际值编码器直接与其连接、电动机中装有主轴实际值编码器，并带有齿轮箱和外部标记（BERO）、不带有主轴实际值编码器、不装有主轴实际值编码器的模拟主轴驱动器、装有与其直接连接的主轴实际值编码器的模拟主轴驱动器等多种形式。西门子 802D 的部分主轴参数见表 6-4。

**表 6-4　西门子 802D 的部分主轴参数**

| MD | 名称 | 标准值 | 单位 | 备注 |
|---|---|---|---|---|
| 30200 | 0：不带速度实际值传感器的数字主轴<br>1：电动机中装有速度实际值传感器的数字主轴 | 1 | | NUM_ ENCS |
| 31050 | 减速箱齿轮比/减速箱丝杠齿数 | 1 | | DRIVE_ AX_ RATIO_ DE NOM |
| 31060 | 减速箱电动端齿数 | 1 | | DRIVE_ AX_ RATIO_ NU MERA |
| 35100 | 最大主轴速度 | 10000 | r/min | SPIND_ VELO_ LIMIT |
| 35130 | 齿轮换挡最大速度 | 500 | r/min | GEAR_ STEP_ MAX_ VELO_ LIMIT [1] |
| 35200 | 开环速度控制模式下的加速度 | 30 | r/s$^2$ | GEAR_ STEP_ SPEEDCTRL_ ACCEL [1] |
| 36200 | 最大轴监控速度 | 11500 | r/min | AX_ VELO_ LIMIT<br>公式：MD36200 = 1.1 × MD35100 |

**例 2**　带增量编码器的主轴电动机，其参数为：

齿轮比例：1:2

最大主轴速度：6000 r/min

最大主轴加速度：60 r/s$^2$

则机床数据设定为：

MD 31050 = 1

MD 31060 = 2

MD 35100 = 6000

MD 35130 = 6000

MD 35200 = 60

MD 36200 = 6600

3）显示机床数据。显示机床数据用于有关数据的显示，如：MD202 用于语言的设置，MD203、204、205 用于显示分辨率的设置等。

值得注意的是，不同的参数，在设定和修改后生效的条件不同，802D 的生效含义："po" 为上电生效，"cf" 为更新生效，"im" 为立即生效，"re" 为复位生效。

**二、数控装置的参数故障分析**

数控机床在出厂前已将所用的系统参数进行了调试优化，但有的数控系统还有一部分参数需要到用户那里去调试；如果参数设置不对或者没有调试好，就有可能引起各种各样的故障现象，直接影响到机床的正常工作和性能的充分发挥。在数控机床的维修过程中，有时也利用参数来调试机床的某些功能，而且有些参数需要根据机床的运动状态来进行调整。数控系统的参数很多，逐一去查找是不现实，因此，应针对性地去查找故障。

1. 数控系统参数故障原因

1）数控系统的后备电池失效。后备电池的失效将导致全部参数的丢失。数控机床长时间停用最容易出现后备电池失效的现象。机床长时间停用时应定期为机床通电，使机床空运行一段时间，这样不但有利于延长后备电池的使用时间，及时发现后备电池是否报警。如发现该报警，应在一周内更换符合系统生产厂要求的电池。更换电池的操作步骤应严格按系统生产厂的要求操作，一般要求在数控系统上电的情况下更换电池，否则更换电池过程中也会造成参数丢失。机床定期通电更重要的是可以延长整个数控系统、驱动系统以及机械部分的使用寿命，因为这样一方面可以驱除电器柜中的潮气，保证各电气元件正常工作，另一方面也能较好地防止机械锈塞，润滑液凝固。

2）操作者的误操作使参数丢失或者受到破坏。这种现象在初次接触数控机床的操作者中经常遇到。由于误操作，有的将全部参数进行清除，有的将个别参数更改，有的将系统中处理参数的一些文件不小心进行了删除，从而造成了系统参数的丢失。为避免出现这类情况，应对操作者加强上岗前的业务技术培训及经常性的业务培训，制定切实可行的操作章程并严格执行。

3）机床在进行数据传输或者在 DNC 方式下加工工件时电网突然停电。

2. 参数设定错误引起的部分故障现象

数控系统参数设定不正确或参数丢失，可能会出现下列故障。

1）系统不能正常启动。

2）数控机床不能正常运行。

3）数控机床运行时经常报跟踪误差。

4）数控机床进给轴运动方向或回零方向反向。

5）运行程序不正常。

6）螺纹加工不能够进行。

7）系统显示不正常。

8）系统死机。

3. 数控系统参数的恢复

数控机床参数改变或丢失的原因，有的是可以通过采取措施减少或杜绝的，有些则是无法避免的。当参数改变或机床异常时，首先要进行的工作就是数控机床参数的检查和恢复。

由于数控机床所配用的数控系统种类繁多，参数重装的操作步骤也因系统而异，就是同一厂家的产品，也因系列不同而有所差别。这里还是以目前国内使用较多的西门子802D为例进行介绍。

西门子802D的数据备份与恢复可以使用机床串行调试、内部数据备份、V24进行外部数据备份或使用NC卡进行外部数据备份。数据恢复的过程同数据备份的过程相同。使用机床串行调试方法如下：

串行调试文件包括以下内容：机床数据、R参数、PLC用户报警文本、机床显示数据、PLC用户程序、零件程序、固定循环、设定数据、零点偏移、刀具偏移、螺距补偿和驱动机床数据。

进行串行调试时需要一台带有COM（串行口）接口的PC机，用于与控制系统之间的数据传输，还有一张PC卡。在PC机上，必须使用WINPCIN工具。

备份（从控制系统输入到PC）数据的方法为在PC机中编制串行调试文件：

1）用RS232电缆线连接PC（COM接口）和西门子802D（COM1）。

2）在WINPCIN软件中对V24_ INS菜单作如下设置（不是粗体字的设置按照WINPCIN中的缺省设置）：

COM Port：PC-COM串口号；　　计算机COM1或COM2口

BAUD RATE：19200；　　设置通信速度为19200波特率

Parity：无；　　设置为无奇偶校验

Data bit：8；　　设置传输位为8位数据

Stop bit：1；　　设置停止位为1位

Software（XON/XOFF）：OFF；

Hardware（RTS/CTS）：ON；

Timeout：0s；

BIN Format：ON；

调用菜单ReceiveData，输入文件名并开始传送数据。PC处于接收状态并等待来自控制系统的数据。在菜单System“\ 数据入 \ 出”中选择试车数据PC，然后使用读出读取串行调试文件。

4. 参数故障的诊断与维修实例

**例3**　MCV50立式加工中心，配西门子810系统，屏幕全黑，进给失效，其他功能也全部失效。经调查发现，是操作人员在更换电池时，关机引起的。重新安装机床参数及PLC用户程序盘，故障排除。在排除某些故障时，对一些参数还需进行调整。因为有些参数（如各轴的漂移补偿值、丝杠间隙值、KV系数、夹紧允差等）虽在机床安装时调整过，由于机床使用时间较长，控制对象的参数会发生变化。参数调整、修改前，通常应输入口令（PASSWORD）。注意：只有拥有修改权限的用户才能修改关键参数。

**例4**　一台带FANUC-0MC系统的加工中心，由于机床的控制装置出现偶发性故障，引起了机床的加工坐标轴$Z$方向发生偏移，偏移量为3mm，导致ATC自动换刀不到位，使加工出来的零件在$Z$方向的尺寸不合格。但是机床的运转状况良好，CRT显示屏也无任何报警信息。维修人员在认真调查了发生异常现象的前后状况，得出几种可能的原因：①ATC机械手在进行刀具交换中没有到位；②机床 $Z$ 轴坐标位置原点有偏移；③机床异常状况与CNC 数控装置参数有关。通过检查，排除了①、②两项因素。于是，根据这类数控机床的特点，分析检查了与坐标位移有关的参数，发现第 510 号参数是 $Z$ 坐标轴的栅格位移量（GRDSZ），其设定值在（0～32767）mm 或（0～－32767）mm。机床在执行参考原点时，首先会碰到减速限位开关，一旦减速信号发出，机床变为低速移动，当移动部位到达栅格位置时进给也就停止，回参考点工作才完成。由于机床的异常原因使 $Z$ 轴参考原点偏移约 3mm，这个偏移量是与坐标轴栅格移位量有关的，查看 CRT 画面 510 号参数，它的原始设定值是－6907μm，由于加工的工件是过切削而超差，现将这一数据修改为－9907μm，再重新开机，先做机床回原点、自动交换刀具等一系列动作都正常后，再进行加工试验，将加工完成的工件送检后证实合格。这种方法对维修人员来说，不同于以往的只忙于查找损坏器件的维修处理，而是对 CNC 控制装置的数据变化进行分析，从而查找数控机床的故障。

## 思 考 题

6-1　数控系统是由哪几部分组成？简述数控系统各组成部分的作用。

6-2　数控装置的软件有哪些类型？

6-3　连接西门子步进驱动 STEPDRIVE 步进电动机的控制信号包括几类？每一轴分别由几根线组成？

6-4　FANUC 0i 控制单元中主板包括哪些接口？试举例说明。

6-5　维修数控系统硬件故障的步骤是什么？

6-6　数控铣床刀具补偿参数主要包括什么内容？

# 第七章　驱动系统的故障分析

## 第一节　主轴驱动系统故障分析

数控设备常用的主轴驱动系统分为直流驱动系统和交流驱动系统。目前，数控机床的主轴驱动多采用交流主轴电动机配备变频器控制的方式。主轴要求在很宽范围内转速连续可调，恒功率范围宽，当数控机床有螺纹加工、准停和恒线速加工功能时，主轴电动机需要装配编码器位置检测元件，此时，主轴驱动系统就称为主轴伺服系统。

主轴驱动变速目前主要有两种形式：一是主轴电动机带齿轮换档，目的在于降低主轴转速，增大传动比，放大主轴功率以适应切削的需要；二是主轴电动机通过同步齿形带或皮带驱动主轴，该类主轴电动机又称宽域电动机或强切削电动机，具有恒功率宽的特点。由于无需机械变速，主轴箱内省了齿轮和离合器，主轴箱实际上成为主轴支架，简化了主轴传动系统，从而提高了传动链的可靠性。

数控机床对主轴的基本要求：

1）输出功率大，抗过载能力强。

2）较宽的调速范围。

3）具有进给控制和位置控制功能，因为机床有螺纹加工功能、准停和恒线速加工功能。

4）可靠性高，噪声低，质量轻，体积小。

**一、主轴驱动系统常用的控制方式**

1. FANUC 主轴伺服系统

从 20 世纪 80 年代开始，FANUC 公司已开始使用交流主轴驱动系统，直流驱动系统已被交流驱动系统所代替。FANUC 有三个系列交流主轴电动机：S 系列电动机，额定输出功率范围为 1.5～37kW；H 系列电动机，额定输出功率范围为 1.5～22kW；P 系列电动机，额定输出功率范围为 3.7～37kW。

FANUC 主轴伺服驱动系统采用微处理器控制技术，进行矢量计算，从而实现最佳控制。主回路采用晶体管 PWM 控制技术，具有主轴定向控制功能。

2. SIEMENS 主轴伺服系统

SIEMENS 直流主轴电动机有 1GG5、1GF5、1GL5 和 1GH4 等四个系列，配套的驱动装置为 6RA24、6RA27 采用晶闸管控制系统。

SIEMENS 有 1PH5 系列和 1PH6 系列交流主轴电动机，功率为 3～100kW。主轴驱动是 6SC650 系列驱动装置和 6SC611A 主轴驱动模块，驱动主回路采用晶体管数字控制 SPWM 变频技术。主轴驱动可以进行转矩控制和磁场计算，实现矢量控制。主轴可以定位和实现 C 轴进给控制。

3. MITSUBISHI 主轴伺服系统

MITSUBISHI 主轴驱动装置与 CNC 采用总线连接，主回路采用 PWM 技术。主轴与进给轴完全同步，使用 90000P/RPM 脉冲编码器实现 *C* 轴功能。

## 二、主轴通用变频器

目前，国内有许多经济型数控机床的主轴是使用通用变频器调速，提高了加工效率。变频器的作用是将 50Hz 的交流电源整流成直流电源，然后通过 PWM 技术，逆变成频率可变的交流电源，驱动普通三相异步电动机变速旋转。

### 1. SIEMENS MICROMASTER 420 型通用变频器

MICROMASTER 420 型通用变频器由微处理器控制，功率管为绝缘双极型晶体管（IGBT），主回路采用脉宽调制（PWM）控制。其结构框图如图 7-1 所示。电源接线如图 7-2 所示。控制信号接线如图 7-3 所示。DIN1、DIN2 和 DIN3 分别是电动机的启动、正反转和确认控制端，通过常开触头与 +24V 端连接。这些常开触头的闭合动作由 CNC 控制。CNC 输出 0 ~ +10V 的模拟信号接到变频器的模拟量输入 AIN + 和 AIN - 端。CNC 输出的模拟信号的大小决定了主轴电动机的转速。

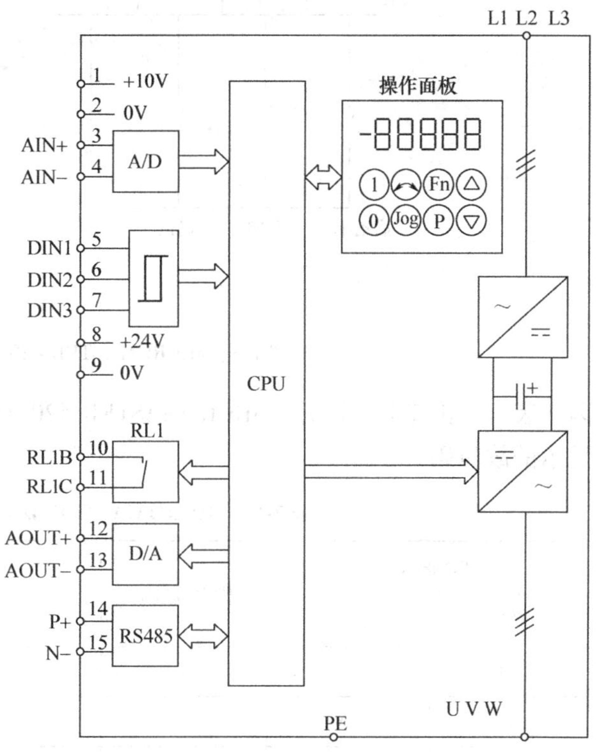

图 7-1 MICROMASTER 420 型变频器结构框图

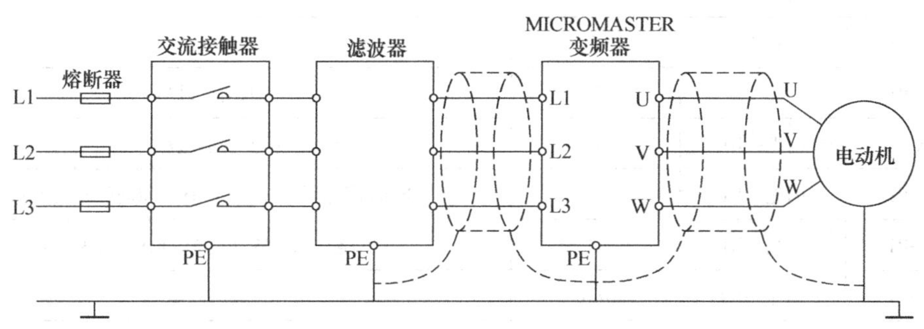

图 7-2 MICROMASTER 420 的电源接线图

### 2. 参数与故障诊断

变频器在使用之前，要通过变频器操作面板对电机的额定功率、工作电压、工作电流、控制方式、最小频率、最大频率、斜坡上升和下降时间、V/f 控制以及滑差补偿等参数进行设定，使电动机工作在较佳的状态。

当主轴电动机、变频器、电源发生故障或出现异常时，变频器显示板上的 LED 指示灯显示故障状态，同时变频器操作面板显示故障码，根据故障显示可以分析和查找故障原

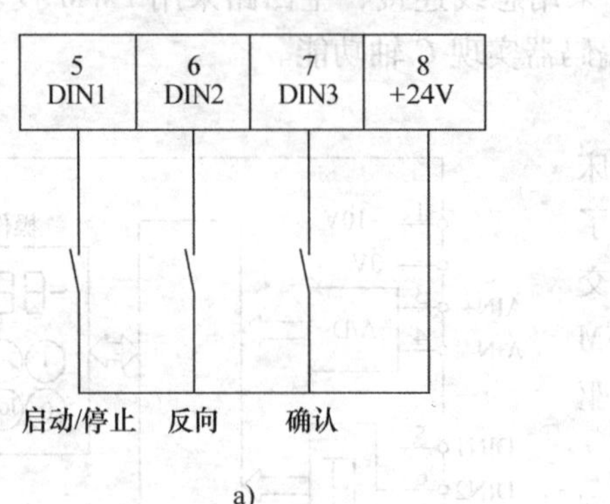


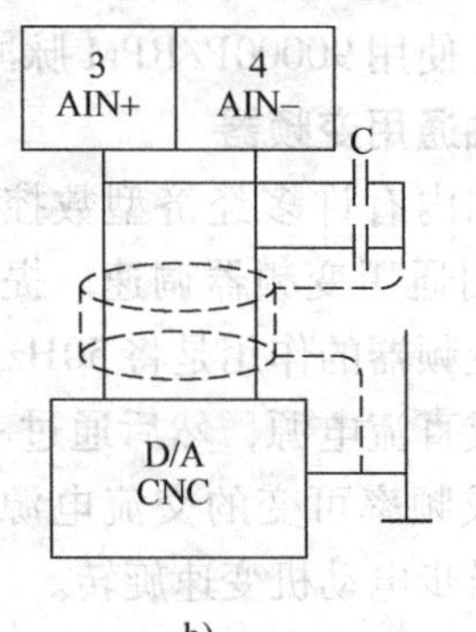


图 7-3　MICROMASTER 420 的控制信号接线图

因。表 7-1 和表 7-2 分别是 MICROMASTER 420 型变频器指示灯显示的故障表和操作面板显示的故障码。

**表 7-1　MICROMASTER 420 指示灯显示的故障表**

| LED 指示灯 | | 优先级显示 | 变频器状态 |
|---|---|---|---|
| 绿色 | 黄色 | | |
| OFF | OFF | 1 | 电源未接通 |
| OFF | ON | 8 | 除下列故障以外的其他变频器故障 |
| ON | OFF | 13 | 变频器正在运行 |
| ON | ON | 14 | 变频器准备运行就绪 |
| OFF | 闪光—R1 | 4 | 过流故障 |
| 闪光—R1 | OFF | 5 | 过压故障 |
| 闪光—R1 | ON | 7 | 电动机过热 |
| ON | 闪光—R1 | 8 | 变频器过热 |
| 闪光—R1 | 闪光—R1 | 9 | 电流极限报警（两个 LED 以相同的时间闪光） |
| 闪光—R1 | 闪光—R1 | 11 | 其他故障报警（两个 LED 交替闪光） |
| 闪光—R1 | 闪光—R2 | 6/10 | 欠压故障 |
| 闪光—R2 | 闪光—R1 | 12 | 变频器不在准备状态 |
| 闪光—R2 | 闪光—R2 | 2 | ROM 故障（两个 LED 同时闪光） |
| 闪光—R2 | 闪光—R2 | 3 | RAM 故障（两个 LED 交替闪光） |

注：R1 表示亮灯时间为 900ms，R2 表示亮灯时间为 300ms。

值得一提的是，目前变频器一般具有较好的可靠性，但是变频器本身是一个干扰源，因此对变频器的接线要考虑采取屏蔽措施，既要防止电源进线、外界干扰源对变频器的干扰，也要防止变频器对 CNC、伺服系统、机床其他电气设备的干扰。

表 7-2　MICROMASTER 420 操作面板显示的故障码

| 故障码 | 原因 | 纠正的措施 |
| --- | --- | --- |
| F001 | 过电压 | 1. 检查电源电压是否在铭牌显示的额定限值以内<br>2. 增加加速时间（P003）<br>3. 检查是否所需的制动功率在规定的限值以内 |
| F002 | 过电流 | 1. 检查电动机功率是否与变频器功率相对应<br>2. 确认电缆长度限值没有被超过<br>3. 检查电动机引线和电动机是否出现短路和接地故障<br>4. 检查电动机参数（P081～P086）是否与所使用的电动机相对应<br>5. 检查定子电阻（P089）<br>6. 增加加速时间（P002）<br>7. 减小 P078 和 P079 中的提升设定值<br>8. 检查电动机是否堵转或过载 |
| F003 | 过载 | 1. 检查电动机是否过载<br>2. 如果使用高转差率电动机，需要增加电动机最大频率 |
| F005 | 变频器过热（内部 PLC） | 1. 检查环境温度是否太高<br>2. 检查进风口和出风口是否通畅<br>3. 检查变频器内部风扇是否工作 |
| F008 | USS 协议超时 | 1. 检查串行接口<br>2. 检查总线上主站的设定和参数 P091～P093<br>3. 检查间隔时间是否太短（P093） |
| F010 | 初始化错误/参数丢失 | 检查全部参数的设定，在断电前设置 P009 为“0000” |
| F011 | 内部接口故障 | 关断电源后重新上电 |
| F012 | 外部停机（PTC） | 检查电动机是否过载 |
| F013 | 程序故障 | 关断电源并重新上电 |
| F018 | 故障后自动再启动 | 故障后再启动（P018）中 |
| F030 | PROFIBUS 连接失败 | 检查接口的完整性 |
| F031 | 选件模块连接失败 | 检查接口的完整性 |
| F033 | PROFIBUS 配置错误 | 检查 PROFIBUS 的配置 |
| F036 | PROFIBUS 模块 WATCHDOG 触发 | 更换 PROFIBUS 模块 |
| F074 | 由 $I^2t$ 计算显示的电动机过热 | 检查电动机是否超过 P083 中的值 |
| F106 | 参数故障 P006 | 参数化固定频率和/或数字量输入的电动电位器 |
| F112 | 参数故障 P012/P013 | 设定参数 P012 < P013 |
| F151～F156 | 数字量输入参数故障 | 检查数字量输入 P051 到 P053 的设定 |
| F188 | 自动测定失败 | 电动机未和变频器连接——连接电动机。若故障还未消除，设定 P088 = 0 并手动输入 P089 的定子电阻值 |
| F201 | 当 P201 = 2 时 P006 = 1 | 改变参数 P006 和/或 P201 |
| F212 | 参数故障 P211/P212 | 设定参数 P211 < P212 |

## 三、主轴驱动系统故障分析

当主轴驱动系统发生故障时，通常有三种表现形式：一是在 CRT 或操作面板上显示报警内容或报警信息；二是在主轴驱动装置上用报警灯或数码管显示主轴驱动装置的故障；三是主轴工作不正常，但无任何报警信息。常见主轴驱动系统的故障有：

1. 过载

过载的主要原因是加工时切削用量过大，主轴频繁的正、反转等，具体表现为主轴电动机过热、主轴驱动装置显示过电流报警等。

2. 主轴定位抖动

主轴准停用于刀具交换，有三种实现方式。

（1）机械准停控制　机械准停控制由带 V 形槽的定位盘和定位用的液压缸配合动作。

（2）磁性传感器的电气准停控制　图 7-4 所示为机床主轴采用磁性传感器准停的装置。发磁体 2 安装在主轴 3 后端，磁性传感器 1 安装在主轴箱 5 上，其安装位置决定了主轴的准停点。发磁体和磁性传感器之间的间隙为（1.5 ±0.5）mm。

（3）编码器型的准停控制　通过将主轴电动机内置安装或在机床主轴上直接安装一个光电编码器来实现准停控制，准停角度可任意设定。

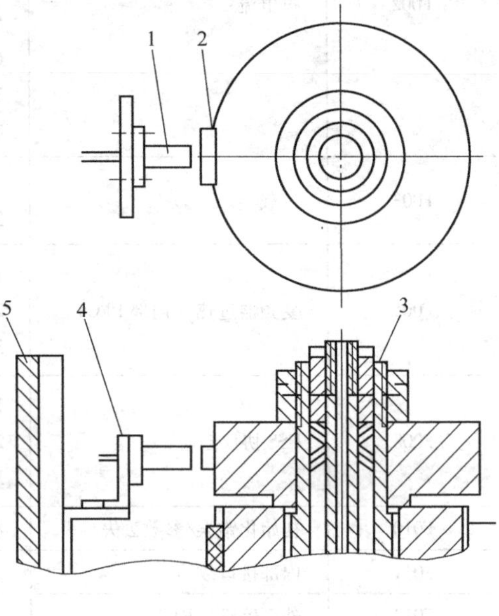

上述准停均要经过减速的过程，如减速或增益等参数设置不当，均可引起定位抖动。另外，准停方式（1）中定位液压缸活塞移动的限位开关失灵，准停方式（2）中发磁体和磁性传感器之间的间隙发生变化或磁性传感器失灵均可引起主轴定位抖动。

图 7-4　主轴采用磁性传感器准停的装置
1—磁性传感器　2—发磁体　3—主轴
4—支架　5—主轴箱

3. 主轴转速与进给不匹配

当进行螺纹切削或用每转进给指令切削时，会出现停止进给，主轴仍继续运转的故障。这是因为，在执行每转进给的指令时，要求主轴每转一转，主轴的编码器应输出一个脉冲的反馈信号。当主轴编码器有问题时，就会出现主轴转速与进给不匹配。主轴转速与进给不匹配可用以下方法来检查：①CRT 画面有报警显示；②通过 CRT 调用机床数据或 I/O 状态，观察编码器的信号状态；③用每分钟进给指令代替每转进给指令来执行程序，观察故障是否消失。

4. 主轴异常噪声及振动

首先要区别异常噪声及振动发生在主轴机械部分还是在电气驱动部分。①在减速过程中发生，一般是由驱动装置造成的，如交流驱动中的再生回路故障；②在恒转速时产生，可通过观察主轴电动机自由停车过程中是否有噪声和振动来区别，如存在，则主轴机械部分有问题；③检查振动周期是否与转速有关。如无关，一般是主轴驱动装置未调整好；如有关，应检查主轴机械部分是否良好，测速装置是否不良。

5. 主轴电动机不转

CNC 系统至主轴驱动装置除了转速模拟量控制信号外，还有使能控制信号，一般为 DC +24V 继电器线圈电压。①检查 CNC 系统是否有速度控制信号输出；②检查使能信号是否接通。通过 CRT 观察 I/O 状态，分析机床 PLC 梯形图（或流程图），以确定主轴的启动条件，如润滑、冷却等是否满足；③主轴驱动装置故障；④主轴电动机故障。

6. 转速偏离指令值

当主轴转速超过技术要求所规定的范围时，要考虑：①电动机过载；②CNC 系统输出的主轴转速模拟量（通常为 0 ~ ±10V）没有达到与转速指令对应的值；③测速装置有故障或速度反馈信号断线；④主轴驱动装置故障。

**例 1**　某台 MI-50 型数控车床故障分析。

该机床采用 FANUC 0T 系统，工作中出现故障现象如下：主轴运转当中出现速度大幅度降低，从实际转速和监视器实际检测值显示也可以看出。该机床的故障刚出现时，会很快恢复正常，但一个多月后，一个班出现故障多次，已不能继续加工，无任何报警提示。

诊断：分析故障的现象，可能是主轴驱动部分有故障。首先用转速表检测主轴故障时实际转速与监视器显示值相符，但比设定值小得多（一半以上），说明检测元件没问题。

其次，打开电气柜，发现主驱动部分各指示灯无异常，再检查主电动机电缆各接线端子等，发现与主电动机连接的 U、V、W 三相电缆中，其中有一相遇主轴伺服单元的功率板连接处已烧成炭黑状。仔细观察，发现连接螺钉松开，属严重接触不良所致。将功率板取下，消除碳化部分，换下接线端子重新连接后，设备运转正常。分析原因，由于接触不良，设备切削中遇到较大的振动，接触不良加剧，阻值增大，引起发热，并伴随功率减小，转速下降，且故障会越来越明显。

**例 2**　某台 TND360 型数控车床故障分析。

故障现象为：按设备启动顺序开机后，监视器无任何画面显示，但按顺序关机时，监视器屏幕有余辉闪亮。

诊断：检查数控柜内各指示灯无异常、监视器显示板各供电电源等也正常，再根据监视器关机有余辉，表明监视器显示及监视器本身无故障，可能是监视器没有接收到显示内容或者数控系统没启动。

该机床的开机顺序为：①机床总电源开关；②电源控制钥匙开关（ON/OFF）；③数控开关控制按钮；④驱动部分开关控制按钮。按设备启动顺序依次检查，当检查到第三步数控系统，监视器应该有显示，但未见有反应，估计启动按钮没起作用。关闭电源，拆开操作面板，检查数控启动按钮的接线，发现其中有一个接点连接螺钉压住了导线的绝缘胶皮，使该点接触已处于断开状态。将其重新连接后，开机故障消除。

**例 3**　某台 TNL-150 经济型数控车床故障分析

故障一：主轴起动时，转速仅有 20 ~ 30 r/min，机床监视器显示 409 报警，主轴板上显示 AL-31 报警。

诊断：出现此类故障（有时是起动时主轴不转）多与主轴速度检测有关。通过仔细测试发现主轴速度检测磁元件异常，拆下该元件后发现检测磁头磨损，造成速度检测报警，直接更换该元件后故障消失。

在分析考虑产生此类故障的原因时还可关注以下几点：主轴电动机轴间隙过大，该检测元件松动，主轴传动带长期过紧，电动机位置与主轴传动轴位置有偏差。以上这些机械部分的因素也往往会造成同类故障，在分析、检查时应予以足够的重视。

故障二：主轴停止时，无刹车，机床监视器显示1010和1040报警。

诊断：根据故障现象较易得出判断，故障在主轴驱动部分。经检查得知，主轴起动、增速时正常，主轴减速或停止时产生报警，怀疑主轴刹车逆变器部分有问题。拆下主轴面板，检查电动机驱动逆变器部分，发现器件连接触头过烧，造成此点虚接，接触电阻过大，产生上述故障。将触头重新处理后，主轴刹车恢复正常。

故障三：执行程序时，*X*轴有偏差，位置精度差。

诊断：此故障产生原因可能是机械方面的，也可能在电气控制方面。但一般认为，机械故障的处理是比较麻烦的事，要大拆大卸，很费精力。所以，先在电气方面找原因。此例故障处理时一般应先调整丝杠间隙补偿及控制参数，调整后仍发现*X*轴有偏差，怀疑伺服驱动板或控制线有问题。最后查出伺服控制线有一根断线，将断线接好后，故障消失，*X*轴运行恢复正常。

故障四：*X*轴、*Z*轴振动过大。

诊断：按前述原则，先查电气控制部分，如为电气故障就应为伺服系统控制异常。仔细检查后发现参数512和513的数值与机床原始数值不符，参数恢复后，机床工作正常。

**例4**　某CK6140数控车床故障分析。

故障现象为：该机床配FANUC 0TE系统，主轴为V57直流调速装置，当电源接通时，主轴就高速飞车。

诊断：根据故障现象分析，造成主轴高速飞车的原因可能有以下几种：①装在主电动机尾部的测速发电机故障；②励磁回路故障；③弱磁电流太小；④速度给定错误。

在停电状态下，用手旋转测速发电机，其反馈电压正常，在开机瞬间测量出激磁电压也正常。而主轴给点电压测得为14.8V（正常时最高给定电压为±10V），故初步诊断为CNC主板硬件故障。由于无FANUC 0TE系统主板的原理图等资料，该板的故障处理比较麻烦，主板上与给定电压有关的电路较多，除电阻、电容、二极管等常规元件外，还有很多集成电路，不可能把所有有关的线路一一分割，进行试验。但由于给定输出为14.8V，怀疑是15V电源通过元件加到了输出上。这时采用了最基本的测阻值的方法，从外到里测量每一个元件对15V电源的电阻值，最终发现有一块运算放大器损坏，其输出与15V短接，更换后机床运行正常。

**例5**　某加工中心直流主轴在运转时抖动、噪声大。

诊断：检查主轴电动机、主轴箱、主轴驱动装置均正常。测量到测速发电机的反馈信号伴有不该出现的脉冲信号，进一步检查测速发电机，发现换向器被碳粉堵塞，绕组断路，使得测速反馈信号出现规律性脉冲，速度调节系统不稳定，从而造成主轴电动机抖动和噪声大。消除碳粉，故障排除。

**例6**　某数控车床主轴在点动时往返摆动，停车时产生很大的响声。

诊断：检查主轴电动机、主轴箱均正常。测量主轴驱动装置的工作电压时，发现±20V直流电压的纹波竟然达到4V峰值，更换直流电源板中的100μF和1000μF的滤波电容后，主轴往返摆动的故障排除。

检查启动、停车的过渡时间电位器和增益电位器时，发现电位器的调节箭头位置与随机图样中的箭头位置不符。启动、停车的过渡时间由图样上的15s变成了10s，增益电位器的箭头的错误位置使增益值比图样上的增益参考值高了许多。按图样中的箭头位置重新调整，故障排除。

该机床的主轴电动机功率为56kW，由于启动、停车的过渡时间比正常的时间缩短了1/3，主轴电动机的机械惯性作用在齿轮上产生很大的声响，并使齿轮受损。增益过大使得超调严重，加上启动、停车的过渡时间减小，加剧了主轴机械的响声。

**例7**　某数控车床，采用FANUC 0T系统，其在调试中发现变频器控制主轴转速不稳定。

诊断：出现主轴转速不稳的问题，首先要看一下NC的模拟电压是否正常，然后看一下主轴的倍率开关以及变频器的参数等，以上检查若均正常，则可进行下步操作。将变频器的模拟电压电缆从走线槽中拉出来后，转数平稳正常；将该线放回槽内，转数又不平稳。这是由于变频器的模拟电压电缆的屏蔽没有接好。因模拟电压只有10V低电压，易受干扰，此现象就是干扰造成的。同时，也要注意该电缆不可与交流电源线走同一线槽。

**例8**　某数控车床CK6140D，采用FANUC 0T A2系统，其在主轴3000r/min转动时，机床振动严重。

诊断：此故障一般与机床及主电动机的驱动系统有关，而与CNC无多大联系。在机械方面，如果设计不好，可能在某一转速时产生共振，在产生振动的转速呈倍数增加时，共振现象也产生。这说明是机械共振要在主机结构方面找原因。经过提高转速发现超过该转速时机床亦共振，则排除机械原因。经多方检查诊断，故障原因为主驱动模块间产生寄生震荡，其原因是接地不良，则将接地重新改良后正常。所以无论什么系统，包括CNC、伺服及主驱动等系统都应有良好的接地及屏蔽，其接地电阻应小于国标的要求。

## 第二节　进给驱动系统故障分析

进给伺服系统由各坐标轴的进给驱动装置、位置检测装置及机床进给传动链等组成，进给伺服系统的任务就是要完成各坐标轴的位置控制。根据不同的控制方式，进给伺服分为开环控制与闭环控制两类，其主要区分为是否采用了位置和速度检测反馈元件组成了反馈系统。开环控制常采用步进电动机作为驱动元件，它不需要由位置和速度检测元件组成反馈检测回路。闭环控制采用伺服电动机作为驱动元件，根据位置检测元件所处在数控机床不同的位置，它可分为半闭环控制、全闭环控制和混合闭环控制。半闭环控制一般将检测元件安装在伺服电动机的非输出轴端，伺服电动机角位移通过滚珠丝杠等机械传动机构转换为数控机床工作台的直线位移。全闭环控制是将位置检测元件安装在机床工作台或某些部件上，以获取工作台的实际位移量。混合闭环控制则采用半闭环控制和全闭环控制结合的方式。

数控机床对进给伺服驱动系统一般有以下几点要求：

1）要具有快速性的特点，从零到设定速度的时间小于200ms。

2）进给伺服驱动系统要较宽的调速范围，以适合不同零件、不同工艺的要求。

3）进给伺服驱动系统具有较强的过载能力，在低速切削时保持恒转矩，无爬行现象。

4）进给伺服驱动系统精度一般为1μm或0.1μm。

5）进给伺服驱动系统要具有高可靠性。

常见的进给伺服控制方式主要有直流进给伺服驱动、交流进给伺服驱动以及步进电动机进给伺服驱动等。直流进给伺服驱动系统有FANUC公司推出的L、M、H等系列的小、中、大惯量直流进给伺服电动机，中、小惯量伺服电动机采用 PWM 速度控制单元，大惯量伺服电动机采用晶闸管速度控制单元。SIEMENS 公司推出的 1HU 系列永磁式直流伺服电动机，与其配套的速度控制单元有采用晶体管 PWM 控制的 6RA20 和采用晶闸管速度控制的 6RA26 两个系列。交流进给伺服驱动系统有 SIEMENS 公司推出的 6SC 系列驱动模块及 1FT 系列永磁交流同步电动机，美国 A-B 公司的 1391 系列交流驱动单元和 1326 型交流伺服电动机，FANUC 公司推出的 α 系列交流驱动控制单元及 S、L、SP 和 T 系列永磁式三相同步电动机等。步进电动机驱动系统有上海开通推出的 KT400 数控系统及 KT300 步进驱动装置，SIEMENS 公司推出的 SINUMERIK 802S 数控系统配 STEPDRIVE 步进驱动装置及 IMP5 五相步进电动机。

**一、进给驱动系统的结构**

进给驱动系统不同的结构形式，主要体现在检测信号的反馈形式上，以带编码器的伺服电动机为例：

1. 方式一

速度反馈信号与位置反馈信号处理分离，驱动装置与数控系统配接有通用性。图 7-5 为 SINUMERIK 800 系列数控系统与 SIMODRIVE 611A 进给驱动模块和 1FT5 伺服电动机构成的进给伺服系统。

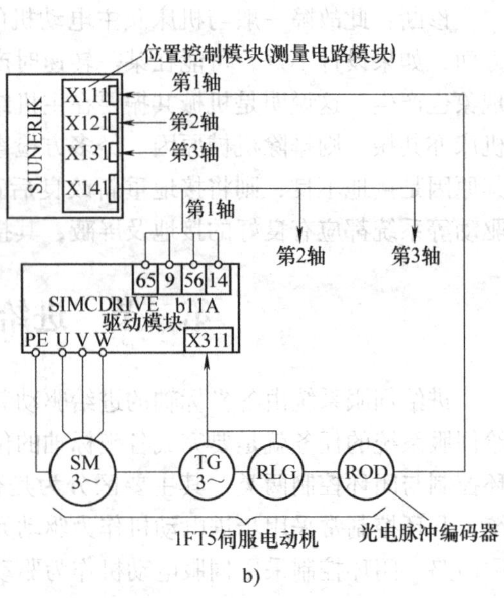


图 7-5　伺服系统（方式一）

数控系统位置控制模块上 X141 端口的 25 针插座为伺服输出口，输出 0 ~ ±10V 的模拟信号及使能信号至进给驱动模块上 56、14 速度控制信号接线端子和 65、9 使能信号接线端子；位控模块上的 X111、X121 和 X131 端口的 15 针插座为位置检测信号输入口，由 1FT5 伺服电动机上的光电脉冲编码器（ROD320）检测获得；速度反馈信号由 1FT5 伺服电动机上的三相交流测速发电机检测反馈至驱动模块 X311 插座中。

2. 方式二

伺服电动机上的编码器既作为转速检测，又作为位置检测，位置处理和速度处理均在数控系统中完成。图 7-6 为 FANUC 数控系统与用于车床进给控制的 α 系列两轴交流驱动单元的伺服系统，伺服电动机上的脉冲编码器将检测信号直接反馈于数控系统，经位置处理和速度处理，输出速度控制信号、速度反馈信号及使能信号至驱动单元 JV1B 和 JV2B 端口中。

3. 方式三

伺服电动机上的编码器同样作为速度和位置检测，检测信号经伺服驱动单元一方面作为速度控制，另一方面输出至数控系统进行位置控制，驱动装置具有通用性。图 7-7 为由 MR-J2 伺服驱动单元和伺服电动机组成的伺服系统。数控系统输出速度控制模拟信号（0 ~ ±10V）和使能信号至驱动单元 CN1B 插座中的 1、2 针脚和 5、8 针脚，伺服电动机上的编码器将检测信号反馈至 CN2 插座中，一方面用于速度控制，另一方面再通过 CN1A 插座输出至数控系统中的位置检测输入口，在数控系统中完成位置控制。

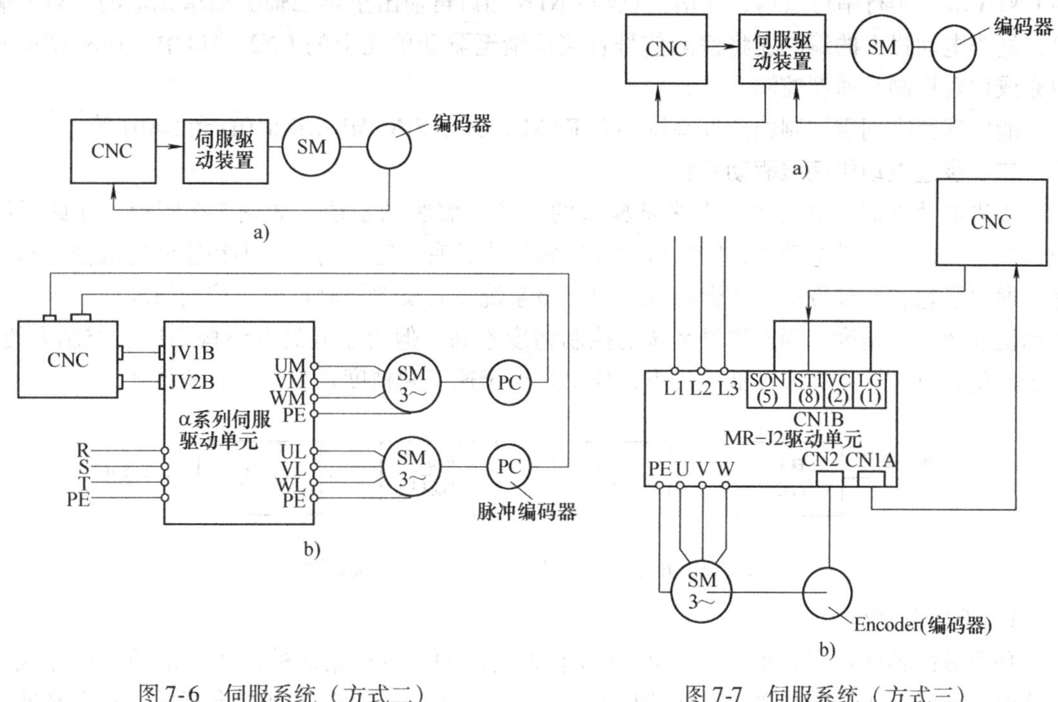


图 7-6　伺服系统（方式二）

图 7-7　伺服系统（方式三）

该类型控制同样适用于由 SANYO DENKI P 系列交流伺服驱动单元和 P6、P8 伺服电动机组成的伺服系统。

在上述三种控制方式中，共同的特点是位置控制均在数控系统中进行，且速度控制信号均为模拟信号。

4. 方式四

图 7-8 所示为数字式伺服系统。在数字式伺服系统中，数控系统将位置控制指令以数字量的形式输出至数字伺服系统，数字伺服驱动单元本身具有位置反馈和位置控制功能，能独立完成位置控制。数控系统和数字伺服驱动单元采用串行通行的方式，可极大地减少连接电缆，便于机床安装和维护，提高了系统的可靠性。由于数字伺服系统读取指令的周期必须与数控系统的插补周期严格保持同步，因此决定了数控系统和伺服系统之间必须有特定的通信协议。就数字式伺服系统而言，CNC 系统与伺服系统之间传递的信息有：①位置指令和实际位置；②速度指令和实际速度；③扭矩指令和实际扭矩；④伺服驱动及伺服电动

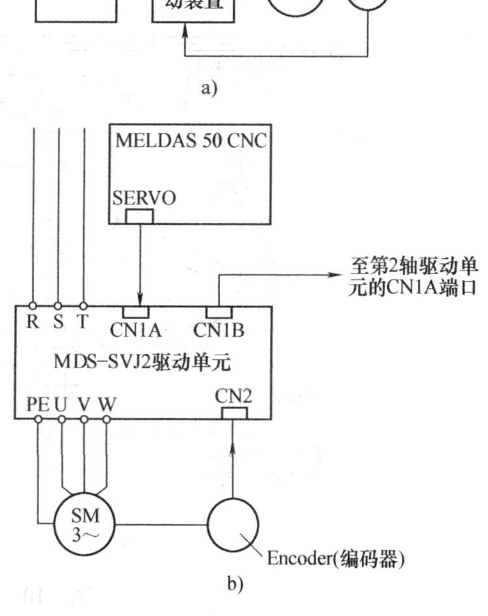


图 7-8　伺服系统（方式四）

机参数；⑤伺服状态和报警；⑥控制方式命令。图为三菱 MELDAS 50 系列数控系统和 MDS-SVJ2 伺服驱动单元构成的数字式伺服系统。数控系统伺服输出口（SERVO）与驱动单元上的 CN1A 端口实行串行通信，通信信息经 CN1B 端口再输出至第二轴驱动单元上的 CN1A 端口，伺服电动机上的编码器将检测信号直接反馈至驱动单元上的 CN2 端口中，在驱动单元中完成位置控制和速度控制。

能实现数字伺服控制的数控系统还有 FANUC 0D、SINUMERIK 810D 和 840D 等。

## 二、步进电动机伺服驱动系统

步进电动机伺服驱动系统大多是典型的开环伺服驱动系统，如图 7-9 所示。在此系统中，执行元件是步进电动机，它将进给脉冲转换为具有一定方向、大小和速度的机械转角位移，通过齿轮和丝杠带动工作台移动。由于该系统没有反馈检测环节，控制精度取决于步进电动机和丝杠的精度，因而这种系统的控制精度不高，但由于其具有结构简单、控制方便、易于调整、可靠性高和成本低等优点，故仍适用于速度和精度要求不太高的场合。

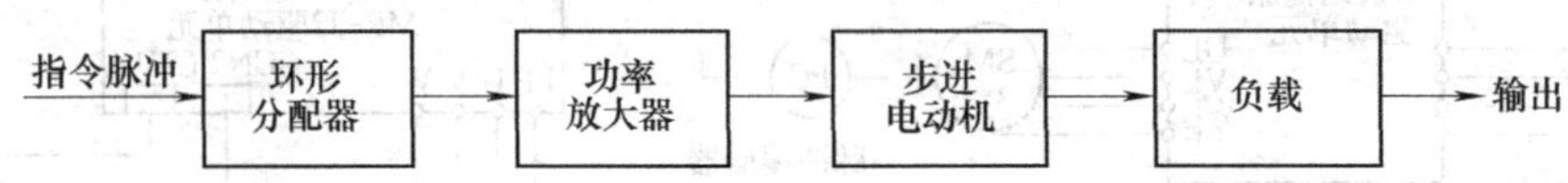


图 7-9　开环步进电动机的伺服驱动系统框图

### 1. 环形分配器

环形分配器的作用是把来自 CNC 插补装置输出的指令进给脉冲，按一定的规律分成若干路电平信号，去控制步进电动机相应的定子绕组，使其正向运转或反向运转。环形脉冲分配有两种方式：一种是硬件脉冲分配，另一种是软件脉冲分配。

硬件脉冲分配由脉冲分配器来完成。脉冲分配器可以采用小规模集成电路组合构成，也可以采用专用环形分配器。图 7-10 所示为三相六拍环形分配器的原理图。

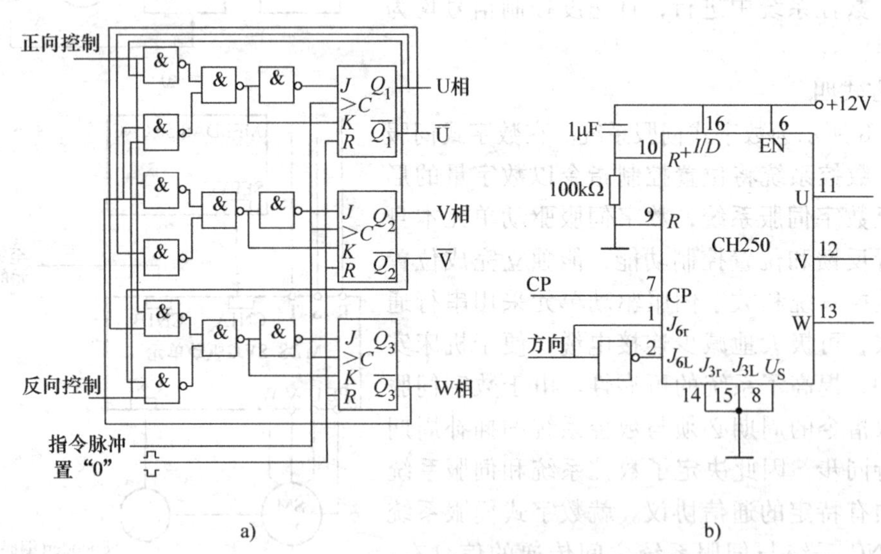


图 7-10　三相六拍环形分配器

a）用小规模集成电路实现　b）用专用集成电路实现

软件脉冲分配由计算机的软件完成。具体来说，它是由计算机软件采用查表或计算的方法来实现环形脉冲分配的。软件脉冲分配可以充分利用计算机软件资源，以减少硬件成本，尤其是对于多相步进机的脉冲分配更显示出其优点。但软件脉冲分配要占用计算机的运行时间，使得进行一次插补的总时间增加，从而影响步进电动机的运行速度。采用 INTEL 8031 单片计算机控制的步进电动机的驱动电路原理框图及相应的程序流程图，分别如图 7-11 所示。

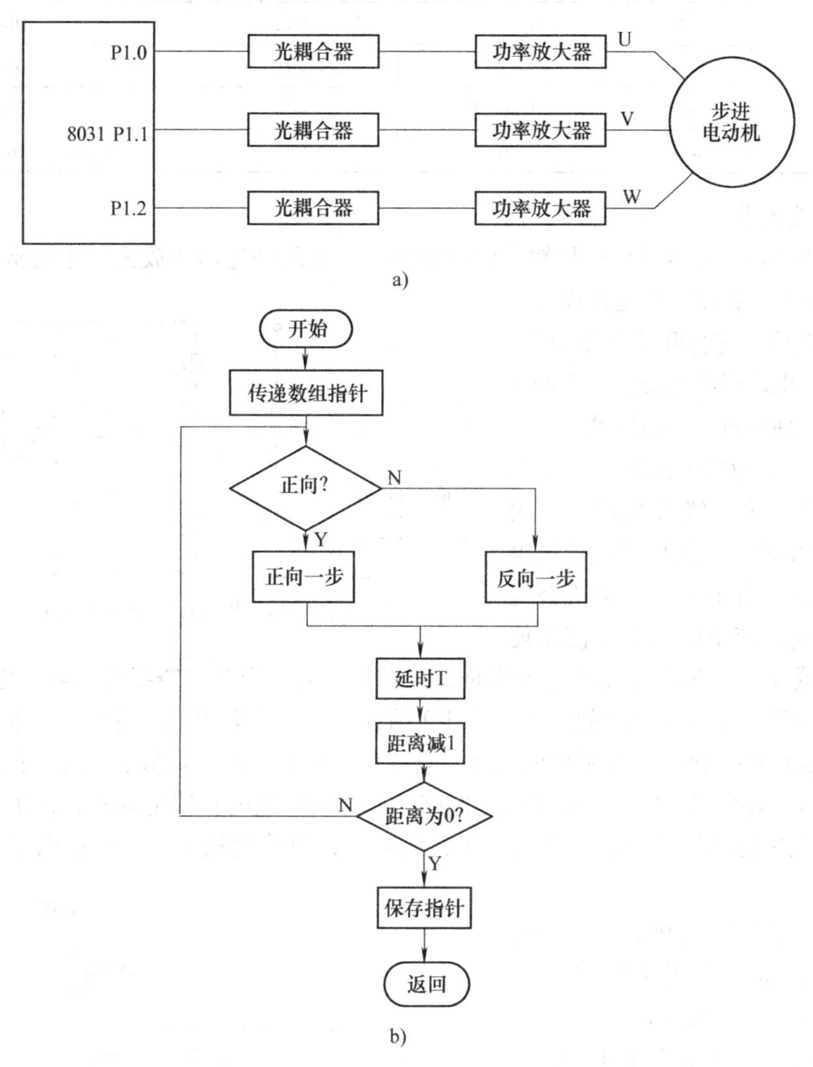


图 7-11 用计算机控制步进电动机

a）驱动电路原理框图 b）程序流程图

设单片机 I/O 接口 P1 × ×的某位为高电平时，电动机的相应定子绕组通电。单片机的三相六拍环形脉冲分配情况见表 7-3。把表中数值按顺序写入数控装置的内存 EPROM 中，并设定表头和表尾的地址分别为 TAB0 和 TAB5。当单片机的 P1 × ×的状态变化按表中数值 01H→03H→02H→06H→04H→05H→01H→……依次变化时，步进电动机正转。反之，当 P1 × ×的状态按相反的顺序变化时，步进电动机反转。改变图 7-11b 所示程序流程图中的延时时间 T，就可以控制步进电动机的速度。

表 7-3 单片机的二相六拍环形脉冲分配表

| 步序 | | 通电相 | 工作状态 | 数值（16进制） | 程序的数据表 | |
|---|---|---|---|---|---|---|
| 正转 | 反转 | | W V U | | TAB | |
| ↓ | ↑ | U | 0 0 1 | 01H | TAB0 | DB 01H |
| | | U, V | 0 1 1 | 03H | | DB 03H |
| | | V | 0 1 0 | 02H | | DB 02H |
| | | V, W | 1 1 0 | 06H | | DB 06H |
| | | W | 1 0 0 | 04H | | DB 04H |
| | | W, U | 1 0 1 | 05H | TAB5 | DB 05H |

2. 功率放大器

由于硬件环形分配器或计算机输出的电流很小，必须经过功率放大，才能驱动步进电动机。功率放大器的作用，就是将代表通电状态的弱电信号进行开关功率放大，从而控制步进电动机各相绕组电流按一定顺序切换，使步进电动机转动。

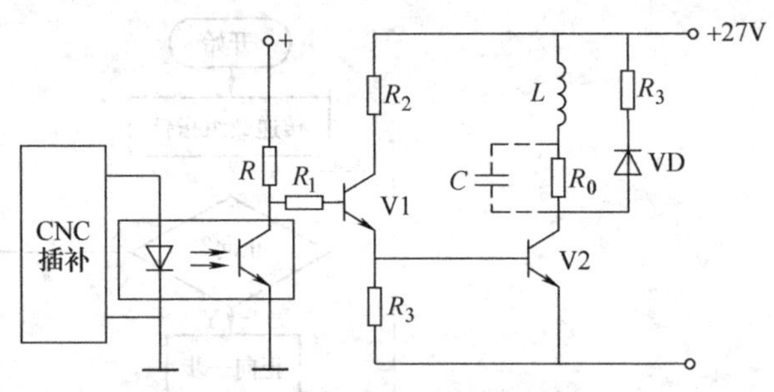

图 7-12 单电源功率放大电路

图 7-12 所示为单电源功率放大电路。由 V1 进行第一级开关放大，由 V2 作开关功率放大，直接驱动步进电动机某相绕组。由于步进电动机绕组电感 L 的影响，使得绕组中电流不能迅速地增大或减小。在电动机高速运转时，其影响更大。为此，绕组外串联了电阻 R0，以减小电动机绕组电流的上升时间。为减小 R0 的耗能，在电阻 R0 两端并联了电容 C，在过渡过程期间为电路提供一条低阻抗的通路，这样就增加了输出，降低了损耗。在绕组断电瞬间，二极管 VD 及串联电阻 R。构成放电回路，以抑制绕组的自感电动势，保护功率三极管 V2。这种驱动电路结构简单，功放元件少，成本低，但功耗较大，故只适用于小功率步进电动机。

为了改善步进电动机的频率响应和电流波形，常采用图 7-13 所示的高、低压双电源功率放大电路。

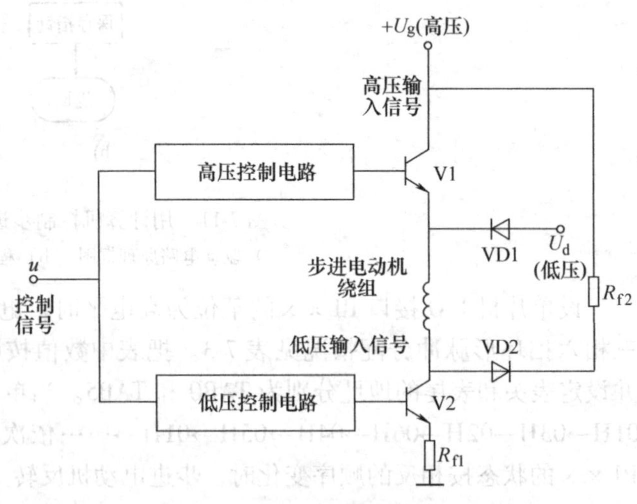

图 7-13 高、低压双电源功率放大电路

当控制信号 $u$ 变为高电平时，三极管 V1 和 V2 均导通，在高压电源 $U_g$ 的作用下，二极管 VD1 承受反向电压而截止，低压电源 $U_d$ 不起作用，绕组电流可以迅速上升，当电流达到额定稳态电流后，利用定时电路等措施，使 V1 截止，电路切换为低压电源 $U_d$ 起作用，由低压电源提供绕组电流。

当控制信号 $u$ 变为低电平时，使

V2 截止、V1 导通，绕组中的电流经过二极管 VD2 及电阻 $R_{f2}$ 放电，电流便迅速下降。采用这种高、低压切换电源，电动机绕组不需要串联电阻，电能损耗小，而电流波形得到很大改善，使步进电动机起动及运行的频率得到了较大的提高。

在步进电动机伺服驱动系统中，用输入指令脉冲的数量、频率和方向，来分别控制执行部件的位移量、移动速度和移动方向，从而实现对进给位移的控制。

## 三、交、直流伺服电动机伺服驱动系统

交、直流伺服电动机进给伺服驱动系统是一个位置随动系统，通常由速度环（内环）和位置环（外环）构成。速度环常用的速度检测元件，有测速发电机、高分辨率脉冲编码器等；而位置环常用的位置检测元件有用于半闭环系统的旋转变压器（或光电编码器）和用于闭环系统的直线式感应同步器、光栅、磁栅等。

速度控制对保证数控机床加工精度起着重要的作用。由于数控机床进给驱动的功率一般不大（通常在数百到数千瓦），因此数控机床进给伺服系统大多采用永磁式交流同步电动机或永磁式宽调速直流伺服电动机。前者大多采用 SPWM 交流变频调速方式，而后者则采用脉宽调制（PWM）直流调速方式。

位置控制的任务是准确控制数控机床运动部件在各坐标轴的位置，而位置控制也是数控机床伺服系统中精度要求最高的控制系统。数控机床大多要求多轴联动，所以各个进给轴必须在运动过程中精确配合，才能将轮廓误差控制在允许误差之内。

伺服电动机进给伺服驱动系统按其控制原理，主要分为鉴相式伺服系统、鉴幅式伺服系统、数字比较式伺服系统及数字伺服系统。下面以鉴相式伺服系统为例介绍位置控制原理。

鉴相式伺服系统是采用相位比较的方法，来实现位置控制的伺服系统。它通常用旋转变压器或感应同步器作位置检测元件，该元件应工作于鉴相方式。鉴相式伺服系统由基准信号发生器、脉冲调相器、鉴相器、直流放大器、速度控制单元、检测元件及信号处理线路、执行元件等组成。其原理框图如图 7-14 所示。

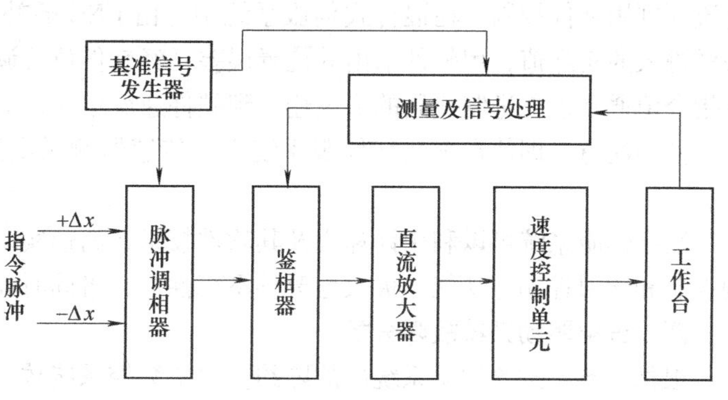


图 7-14 鉴相式伺服系统原理框图

当数控机床要求工作台沿某一方向进给时，插补器或插补软件便产生一系列进给脉冲作为指令信号，进给脉冲的数量、频率和方向分别代表了工作台的指令进给量、进给速度和进给方向。

进给脉冲首先经脉冲调相器转变为相对于基准信号的相位差 $\phi$，而来自于检测元件及信号处理线路的反馈信号也表示成相对于基准信号的相位差 $\theta$。因此，$\phi$ 和 $\theta$ 分别代表了指令要求工作台进给距离和机床工作台实际移动的距离。

将 $\phi$ 和 $\theta$ 送入鉴相器。在鉴相器中，指令信号 P 与反馈信号口进行比较。由于指令信号 $\phi$ 和反馈信号 $\theta$ 都是相对于基准信号的相位变化信号，因此它们两者之间的相位差为 $\phi-\theta$。此相位差由鉴相器检测出来，并作为跟随误差信号送入直流放大器，经放大后，成为速度控

制单元的速度指令值，然后由速度控制单元驱动伺服电动机带动工作台移动。

当进给开始时，$\phi$ 为指令要求工作台进给的距离，由于工作台没有位移，即 $\theta=0$，故 $\phi$ 和 $\theta$ 之差为 $\phi-\theta=\varphi$。鉴相器将该相位差检测出来，经直流放大，送入速度控制单元，驱动电动机带动工作台进给。当工作台进给后，检测元件立即检测出其进给位移，并经信号处理线路转变为相对于基准信号的相位差信号。该信号被送入鉴相器与指令信号进行比较。若 $\phi-\theta\neq0$，说明工作台实际移动距离不等于指令信号所要求的移动距离，鉴相器便把 $\phi$ 和 $\theta$ 的差值检测出来，送入速度控制单元，驱动电动机带动工作台继续进给；若 $\phi-\theta=0$，说明工作台实际移动距离等于指令信号要求的移动距离。因此，当鉴相器的输出 $\phi-\theta=0$ 时，工作台停止进给。如果数控装置又发出新的进给脉冲，那么伺服系统将使工作台继续进给。

数字伺服系统鉴相式、鉴幅式和数字比较式伺服系统都是用硬件来处理控制信号的，虽然其中可能也有数字形式的控制量，但不能称为数字伺服系统。在数字伺服系统中，控制信息用数字量来处理，并可由计算机的软件来完成信息处理。CNC 机床一般采用数字伺服系统，利用计算机的计算功能，将来自测量元件的反馈信号在计算机中与插补软件产生的指令信号进行比较，其差值经位置控制输出单元，去驱动执行元件带动工作台移动。

在 CNC 机床中，CNC 进给伺服系统需要对速度和位置进行精确控制，通常要处理位置环、速度环和电流环的控制信息。根据这些信息是用软件来处理还是用硬件来处理，可以将伺服系统分为全数字式、混合式和模拟式。

目前，CNC 机床进给伺服系统大多数采用混合式，即位置环用软件控制，而速度环和电流环则用硬件控制。在混合式伺服系统中，由 CNC 插补得出位置指令值，与由位置检测采样输入的实际值，用软件求出其位置误差，经软件位置调节处理后，得到速度指令值。速度指令值通常以二进制代码的形式输出到硬件速度单元，驱动电动机带动工作台移动。

应当注意，即使在全数字伺服系统中，传感器测量电路和功率放大电路也是不可缺少的。

数字伺服系统可以利用计算机及其软件技术，高速实时地实现前馈控制、最优控制、预测控制和学习控制等功能，极大地改善系统性能，可同时满足高速度和高精度的要求。

**四、进给驱动系统故障分析**

根据经验，进给伺服系统的故障约占整个数控系统故障的三分之一。故障报警现象有三种：一是利用软件诊断程序在 CRT 上显示报警信息；二是利用伺服系统上的硬件（如发光二极管发光、保险丝熔断等）显示报警；三是没有任何报警提示。

1. 软件报警形式

现代数控系统都具有对进给驱动进行监视、报警的能力。在 CRT 上显示进给驱动的报警信号大致可分为三类。

（1）伺服进给系统出错报警　这类报警的起因，大多数是速度控制单元方面的故障引起的，或者主控制印刷电路板内与位置控制或伺服信号有关部分的故障引起的。

（2）检测出错报警　它是指由检测元件（测速发动机、旋转变压器或脉冲编码器）或检测信号方面引起的故障。

（3）过热报警　这里所说的过热是指伺服单元、变压器及伺服电动机过热。

总之，可根据 CRT 上显示的报警信号，参阅该机床维修说明书“各种报警信息产生的原因”的提示进行分析、判断、找出故障原因，将其排除。

2. 硬件报警形式

它包括速度单元上的报警指示灯和熔丝熔断以及各种保护用的开关跳开等报警。报警指示灯的含义随速度控制单元设计上的差异也有所不同，一般有下述几种。

（1）大电流报警　此时多为速度控制单元上的功率驱动元件（晶闸管模块或晶体管模块）损坏。检查方法是在切断电源的情况下，用万用表测量模块集电极和发射极之间的阻值。如阻值小于10Ω，表明该模块已损坏。当然速度控制单元的印刷电路板有故障或电动机绕组内部短路也可引起大电流报警，但后一种故障较少发生。

（2）高电压报警　产生这类报警的原因是由于输入的交流电源电压超过了额定值的10%，或者电动机绝缘能力下降，或者速度控制单元的印刷电路板不良。

（3）电压过低报警　大多是由输入电压低于额定值的85%或是电源连接不良引起的。

（4）速度反馈断线报警　此类报警是由伺服电动机的速度或位置反馈线不良或连接器接触不良引起的。如果此报警是在更换印刷电路板之后出现，则应先检查印刷电路板上的设定是否有误，例如误将脉冲编码器设定为测速发动机。

（5）保护开关动作　此时应首先分清是何种保护开关动作，然后再采取相应措施解决。如伺服单元上热继电器动作，应先检查热继电器的设定是否有误，然后再检查基础工作时的切削条件是否太苛刻或机床的摩擦力矩是否太大。如果变压器热开关动作，但此时变压器并不热，则是热动开关失灵；如果变压器很热，用手只能接触几秒，则要检查电动机负载是否过大。这可以在减轻切削负载条件下，在检查热动开关是否动作。如果仍发生动作，应在空载低速进给的条件下测量电动机电流。如果已接近电流额定值，则需要重新调整机床。产生上述故障的另一原因是变压器内部短路。

（6）过载报警　造成过载报警的原因有机械负载不正常，速度控制单元上电动机电流的上限值设定得太低等。永磁电动机上的永久磁体脱落也会引起过载报警，如果不带制动器的电动机空载时用手转不动或转动轴时很费劲，则说明永久磁体脱落。

（7）速度控制单元上的熔丝烧断或断路器跳闸　发生此类故障的原因很多，除机械负荷过大和接线错误外（仅发生在重新接线之后），主要原因有速度控制单元的环路增益设定过高，位置控制或速度控制部分的电压过高或过低引起振荡（如速度或位置检测元件故障，也可能引起振荡），电动机故障（如电动机去磁，将会引起过大的励磁电流）和相间短路（当速度控制单元的加速或减速频率太高时，由于流经扼流圈的电流延迟，可能造成相间短路，从而烧断熔丝，此时需适当减低工作频率）等。

3. 无报警显示的故障

这类故障多以机床处于不正常运动状态的形式出现，但故障的根源却在进给驱动系统，常见故障如下：

（1）机床失控　这是由于伺服电动机内检测元件的反馈信号接反或元件本身的故障造成的。

（2）机床振动　此时应首先确认振动周期与进给速度是否成比例变化，如果成比例变化，则故障的起因是机床、电动机、检测器不良，或者是系统插补精度差，检测增益太高；如果不成比例，且大致固定时，则大都是因为与位置控制有关的系统参数设定错误，速度控制单元上短路棒设定错误或增益电位器调整不好，以及速度控制单元的印刷电路不好。

(3) 机床过冲　数控系统的参数（快速移动时间常数）设定得太小或速度控制单元上的速度环增益设定太低都会引起机床过冲。另外，如果电动机和进给丝杠间的刚性太差，如间隙太大或传动带的张力调整不好也会造成此故障。

(4) 机床移动时噪声过大　如果噪声源来自电动机，可能的原因是电动机换向器表面的粗糙度值太大或其表面有损伤，油、液、灰尘等浸入电刷槽或换向器以及电动机有轴向窜动。

(5) 机床在快速移动时振动或冲击　原因是伺服电动机内的测速发动机电刷接触不良。

(6) 圆柱度超差　两轴联动加工外圆时圆柱度超差，且加工时象限稍一变化精度就不一样，则多是进给轴的定位精度太差，需要调整机床精度差的轴。如果是在坐标轴的45°方向超差，则多是由位置增益或检测增益调整不好造成的。

**例1**　加工大导程螺纹时，步进电动机出现堵转现象。

诊断：开环控制的数控机床的CNC装置的脉冲当量一般为0.01mm，$Z$坐标轴G00指令速度一般为2000～3000mm/min。开环控制的数控车床的主轴结构一般有两类：一类是由卧式车床改造的数控车床，主轴的机械结构不变，仍然保持换档有级调速；另一类是采用通用变频器控制数控车床主轴实现无级调速。这种主轴无级调速的数控车床在进行大导程螺纹加工时，进给轴电动机会产生堵转，这是步进电动机高速低转矩特性造成的。

如果主轴无级调速的数控车床加工10mm导程的螺纹时，主轴转速选择300r/min，那么刀架沿$Z$坐标轴需要用3000mm/min的进给速度配合加工，$Z$坐标轴步进电动机的转速和负载转矩是无法达到这个要求的，因此会出现堵转现象。如果将主轴转速降低，刀架沿$Z$坐标轴加工的速度减慢，$Z$坐标轴步进电动机的转矩增大，螺纹加工的问题似乎可以得到改善。然而由于主轴采用通用变频器调速，使得主轴在低速运行时转矩变小，主轴电动机会产生堵转。

对于主轴保持换档变速的开环控制的数控车床，在加工大导程螺纹时，主轴可以低速正常运行，大导程螺纹加工的问题可以得到改善，但是光洁度受到影响。如果在加工过程中，切削进给量过大，也会出现$Z$坐标轴电动机堵转现象。

**例2**　经济型数控机床的启动、停车影响加工的精度。

诊断：步进电动机旋转时，其绕组线圈的通、断电流是有一定顺序的。以一个五相十拍步进电动机为例，电动机电启动时，A相线圈通电，然后各相按照A→AB→B→BC→C→CD→D→DE→E→EA→A所示顺序通电。我们称A相为初始相，因为电动机每次重新通电的时候，总是A相处于通电状态。当步进电动机旋转一段时间后，电动机通电的状态是其中的某个状态。这时机床断电停止运行时，步进电动机由该状态处结束。当机床再次启动通电工作时，步进电机又从A相开始，与前次结束时不一定是同相，这两个不同的状态会使电动机偏转若干个步距角，工作台的位置产生偏差，CNC对此偏差是无法进行补偿的。

数控机床在批量加工零件时，如果因换班断电停车或者由其他原因断电停车更换加工零件，根据上述的原因，这时所加工的零件尺寸会有偏差。解决这个问题可以通过检测步进电动机驱动单元的初始相信号，使机床在初始相处断电停车来解决。另一种解决方法是在数控机床上安装机床回参考点装置来解决。

**例3**　步进电动机驱动单元的常见故障。

诊断：步进电动机驱动单元的常见故障是功率管损坏。功率管损坏的原因主要是功率管过热或过电流造成的。要重点检查提供功率管的电压是否过高，功率管散热环境是否良好，步进电动机驱动单元与步进电动机的连线是否可靠，有没有短路现象等，如有故障要一一排除。

为了改善步进电动机的高频特性，步进电动机驱动单元一般采用大于80V交流电压供电，经过整流后，功率管上承受较高的直流工作电压。如果步进电动机驱动单元接入的电压波动范围较大或者有电气干扰、散热环境不良等原因，就可能引起功率管损坏。对于开环控制的数控机床，重要的指标是可靠性。因此，可以适当降低步进电动机驱动单元的输入电压，以换取步进电动机驱动器的稳定性和可靠性。

**例4**　配备三菱HA系列交流伺服电动机的数控机床，工作时出现振动，并伴有伺服报警。该电动机采用光电脉冲编码器作为位置检测装置。

诊断：在排除机床机械装置可能产生的故障因素后，拆开电动机检查光码盘，发现光码盘上粘有尘粒，从而造成脉冲丢失引起机床报警。

在检查交流伺服电动机时，对采用编码器控制换向的，如原联接部分无定位标记的，编码器不能随便拆离，不然会使相位错位；对采用霍尔元件换向的应注意开关的出线顺序。平时，不应敲击电动机上安装位置检测装置的部位。另外，伺服电动机一般在定子中埋设热敏电阻，当出现过热报警时，应检查热敏电阻是否正常。

**例5**　某立式加工中心，备配FANUC 0系统及$\alpha$系列伺服驱动单元。故障时，CRT显示414报警，同时伺服驱动单元报警显示号码“9”。

诊断：查阅机床技术资料可知：414号报警为“$X$轴的伺服系统有错误，当错误的信息输出至DGN NO720时，伺服系统报警”。根据报警显示内容，用机床自诊断功能检查机床参数DGN NO720上的信息，发现第4位为“1”。正常情况下，该位应为“0”，现该位由“0”变“1”，则为异常电流报警。同时$\alpha$系列伺服驱动单元报警显示号码“9”表示伺服轴过电流报警。检查伺服驱动单元晶体管模块，用万用表测得电源输入端阻抗只有6Ω，远低于正常值10Ω，因而诊断伺服驱动单元晶体管模块损坏。

**例6**　一台配有FANUC FS-11M系统的加工中心，产生SV023和SV009报警。

诊断：SV023报警表示伺服电动机过载，产生的原因是：①电动机负载太大；②速度控制单元的热继电器设定错误，如热继电器设定值小于电动机额定电流；③伺服变压器热敏开关不良，如变压器表明温度低于60℃时，热敏开关动作，说明此开关不良；④再生反馈能量过大，如电动机的加减速频率过高或垂直轴平衡调整不良；⑤速度控制单元印刷电路板上设定错误。

SV009报警表示移动时误差过大，产生的原因是：①数控系统位置偏差设定错误；②伺服系统超调；③电源电压太低；④位置控制部分或速度控制单元不良；⑤电动机输出功率太小或负载太大等。

综合上述两种报警产生的原因，电动机负载过大的可能性最大。测定机床空运行时的电动机电流，结果超过电动机的额定电流。将该伺服电动机拆下，在电动机不通电的情况下，用手转动电动机输出轴，结果转动很费劲，这表明电动机的磁钢有部分脱落，造成了电动机超载。

**例7**　一卧式数控镗床，出现主轴箱沿$Y$轴快速进给时运动平稳，而低速进给时运动不平稳的故障现象。

诊断：经分析将故障定位于$Y$轴速度控制环，检查速度给定信号，测速反馈信号及联接电缆均正常，调整驱动装置上的速度反馈电位器，故障消失。故障原因是驱动装置内的元件老化，使参数发生变化，速度反馈变深所致。

**例 8** 由 A-B 公司 8400 数控系统控制的某数控铣床，在执行有关 *Z* 坐标轴的程序段后，出现进给停止的故障，且无任何报警。停止时，操作面板上的“循环起动”指示灯亮（正常情况下应熄灭），按“进给保持”按钮，“进给保持”指示灯亮，但“循环起动”指示灯仍亮；再按“循环起动”按钮时，“进给保持”指示灯灭，但“循环起动”指示灯仍亮。

诊断：根据“循环起动”指示灯一直亮，说明 CNC 在等待信息，经检查系统参数发现，G00 的到位偏差设定为 X0. 255、Y0. 255 和 Z0. 002，该参数为 G00 运动到达终点所在的偏差范围。从 CRT 上观察跟随误差值，进给停止后，*X* 和 *Y* 轴均在 ±0. 001mm 之间变化。而 *Z* 轴在 0. 004 ～ 0. 005mm 之间变化，显然 *Z* 轴运动停止在偏差范围之外，故发生了上述故障。造成超差的原因：①机械阻力偏大；②伺服驱动装置上的平衡电位器没调整好，使零漂得不到正确补偿；③位置增益 KV 设置不当；通过机械检修、增益调整和平衡补偿，使 *Z* 轴的跟随差在 ±0. 001mm 之间变化，故障排除。

**例 9** 一数控设备出现进给轴飞车失控的故障。

诊断：该机床伺服系统为西门子 6SC610 驱动装置和 1FT5 交流伺服电动机并配有 ROD320 编码器。在排除数控系统、驱动装置及速度反馈等故障因素后，将故障定位于位置检测控制。经检查，编码器输出电缆及连接器均正常，拆开 ROD320 编码器，发现一紧固螺钉脱落并置于 +5V 与接地端之间，造成电源短路，编码器无信号输出，数控系统处于位置环开环状态，从而引起飞车失控的故障。

**例 10** 一 CK6163C 数控车床，其数控系统为 FANUC 0T-C，在 *X* 轴移动时，电动机不转并出现 414 的过电流报警。

诊断：这类故障经常出现，而造成故障的原因也很多，但最多出现的也是最容易忽略的就是 *X* 轴的制动器没打开。因为如果机床为斜床身，则 *X* 轴必须带制动器，以防止停电时由于本身重力使之下滑。造成制动器未打开的原因很多，可根据原理图和 PLC 梯形图来分析判断。制动器未打开而移动 *X* 轴，使电路增大产生报警。该机床故障是由于继电器的触头不好而造成的，更换继电器后正常。

## 第三节 检测反馈装置的故障分析

### 一、检测反馈装置的种类

检测反馈装置是数控机床的重要组成部分。在闭环数控系统中，其主要作用是检测位移量，并发出反馈信号与数控装置发出的指令信号相比较。若有偏差，经放大后控制执行部件，使其向着消除偏差的方向运动，直至偏差等于零为止。

数控机床加工中的位置精度，主要取决于数控机床驱动元件和位置检测反馈装置的精度。因此，检测反馈装置是数控机床的关键部件之一，它对于提高数控机床的加工精度有决定性的作用。

1. 数控机床对检测装置的基本要求

1）能满足精度和速度的要求。

2）高可靠性和高抗干扰性。

3）使用、维护简单方便，成本低。

2. 检测装置的分类

（1）直接测量和间接测量　直接测量是指用检测装置所测量的对象就是被测量本身的测量方式，即用直线式检测装置（如感应同步器、磁栅、光栅）测量直线位移，或用旋转式检测装置（如编码盘、旋转变压器等）测量角位移等。若用检测装置所测量的对象只是中间值，由它再推算出与之相关联的被测量，这种测量方式为间接测量，如用旋转式检测装置（如编码盘、旋转变压器等）来间接测量直线位移。

（2）绝对式测量和增量式测量　在绝对式测量中，任一被测点的位置都是从一个固定的零点（即坐标原点）算起，每一被测点都有一个相应的对原点的测量值。而在增量式测量中，则有多个测量基准，只测量相对位移量，由于任何一个对中点都可以做为测量起点，因而检测装置比较简单。

（3）数字式测量和模拟式测量　数字式测量是将被测量以数字形式表示，其得到的测量信号一般是电脉冲形式，计数后得到的脉冲个数以数字形式表示测量结果。典型的数字式检测装置有光栅位移测量装置等。模拟式测量是将被测量用连续的变量（如电压幅值变化、相位变化）来表示。在数控机床中，模拟式测量主要用于小量程的测量。

## 二、检测反馈装置的故障分析

1. 感应同步器

感应同步器是一种电磁式位置检测装置。按结构特点，感应同步器可分为直线式和旋转式两种。前者用于测量直线位移，而后者则用于测量角位移。感应同步器的工作原理与旋转变压器相似，下面主要介绍直线式感应同步器。

（1）感应同步器的结构　直线式感应同步器由定尺和滑尺两部分组成，其结构相当于一个展开的多极旋转变压器，如图 7-15 所示。通常，定尺安装在机床床身上，而滑尺则安装在移动部件上，两者平行放置，并保持 0.2 ~ 0.3mm 间隙。定、滑尺的基板一般采用与机床热膨胀系数相近的钢板，钢板上用绝缘粘合剂粘贴铜箔，采用制造印刷电路板的工艺，将铜箔制成均匀方齿形印制绕组。定尺上的绕组为连续绕组，而滑尺上的绕组则为两组绕组，一组叫正弦励磁绕组，另一组叫余弦励磁绕组。定尺绕组的节距与滑尺绕组的节距相等，该节距可用 $T$ 来表示。如果把滑尺的正弦励磁绕组与定子绕组对齐，那么余弦励磁绕组与定尺绕组将相差 $T/4$ 的距离，这说明滑尺上的两个绕组在空间位置上相差 $T/4$，即 $\pi/2$ 相位角。

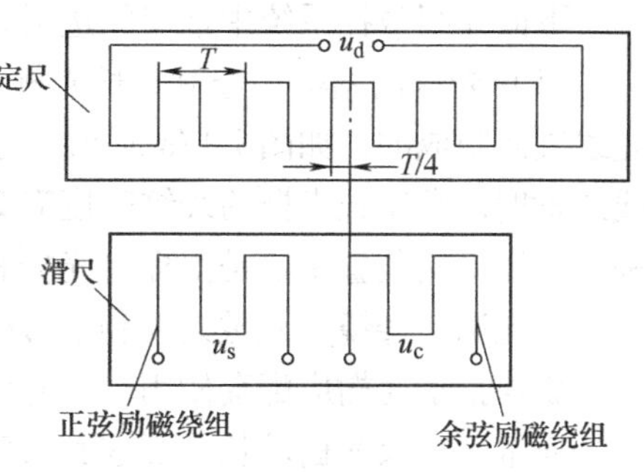

图 7-15　直线式感应同步器

（2）感应同步器的工作原理　当给滑尺上某一励磁绕组加上交流电压时，由于电磁感应，在定尺绕组上产生感应电动势。此时，如果滑尺与定尺之间发生相对位移，那么由于电磁耦合关系发生变化，定尺绕组中的感应电动势将随着位移的变化而按一定规律变化。感应同步器就是根据此原理进行检测的。

例如，当给滑尺的正弦绕组加上交流励磁电压时，定尺绕组的感应电动势与定、滑尺绕组间相对位置的关系如图 7-16 所示。图中给出了定、滑尺之间相对位移量分别为 0、$T/4$、$T/2$、$3T/4$ 和 $T$ 时，感应同步器的工作情况。由图可见，当滑尺移动一个节距时，定尺绕组的感应电动势则按余弦规律完成了一个周期的变化。因此，只要测量定尺绕组的感应电动势，便可得知滑尺相对于定尺的移动距离。

根据滑尺励磁绕组供电方式的不同，感应同步器有鉴幅式和鉴相式两种工作方式：

1）鉴幅工作方式。在滑尺的正弦绕组和余弦绕组上，分别施加同频率、同相位但幅值不同的交流励磁电压，通过检测定尺绕组的感应电动势的幅值来测得位移量。

2）鉴相工作方式。在滑尺的正弦绕组和余弦绕组上，分别施加同频率、同幅值但相位不同（相位差为π/2）的交流励磁电压，通过检测定尺绕组的感应电动势的相位来测得位移量。

感应同步器具有精度高、受环境温度影响小、使用寿命长、维护简便、成本低，并可按需要拼接成各种测量长度等特点，故在数控机床中得到广泛应用。

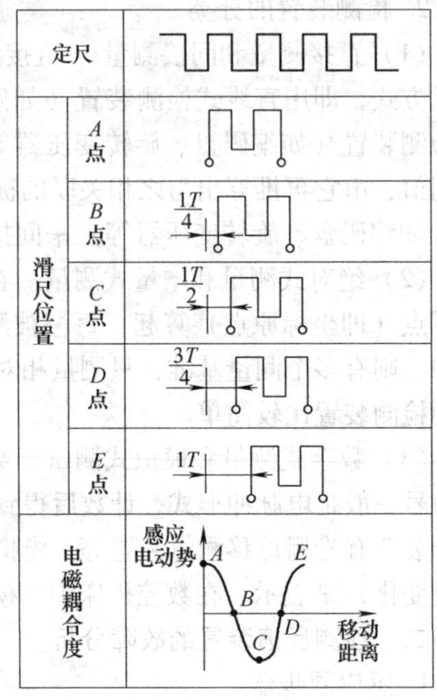


图 7-16 感应同步器的工作原理

2. 光栅

光栅是一种光电式检测装置，它利用光学原理将机械位移变换成光学信息，并应用光电效应将其转换为电信号输出。光栅有圆光栅和长光栅两种，前者用于角位移的检测，而后者则用于直线位移的检测。

下面介绍数控系统中常用的透射式长光栅。

（1）光栅的结构　透射式长光栅是在透明玻璃基体上均匀地刻划出密集等间距的不透光线纹而制成的，如图 7-17a 所示。光栅上相邻两线纹间的距离称为栅距 $\tau$，栅距的倒数为线纹密度，常用长光栅的线纹密度有 25 条/mm、50 条/mm、100 条/mm 和 250 条/mm 等数种。光栅检测装置主要是由标尺光栅和光栅读数头两部分组成的，而光栅读数头又是由指示光栅、光源、透镜、光敏元件和信号处理电路组成的，如图 7-17b 所示。在光栅测量中，标尺光栅与指示光栅应配套使用，即它们的线纹密度必须相同。

通常，标尺光栅较长，要求其长度与运动行程相等，而光栅读数头中的指示光栅较短。标尺光栅固定安装在机床的运动部件上，而光栅读数头则安装在机床的固定部件上，安装时必须保证标尺光栅和指示光栅为相互平行放置，并保证两者之间留有一定的间隙（一般为 0. 05mm 或 0. 1mm）。因此，标尺光栅和指示光栅两者将随机床运动部件的移动而发生相对移动。

（2）光栅的工作原理　光栅是根据莫尔条纹的形成原理进行工作的。将标尺光栅和指示光栅（两光栅尺的栅距相同）刻线面平行放置，将指示光栅在其自身平面内倾斜一微小的角度 $\theta$，这使得两光栅尺上的线纹互相交叉。若用平行光来垂直照射光栅，则在与光栅线纹几乎垂直的方向上，呈现出图 7-18 所示的明暗交替、间隔相等的宽条纹，此即为横向莫尔条纹。这是由于光的干涉效应，在线纹交叉点附近，线纹重叠多，遮光面积小，透光性较强，形成了亮带；反之，在距交叉点较远处，则形成了暗带。相邻两个暗带（或亮带）之

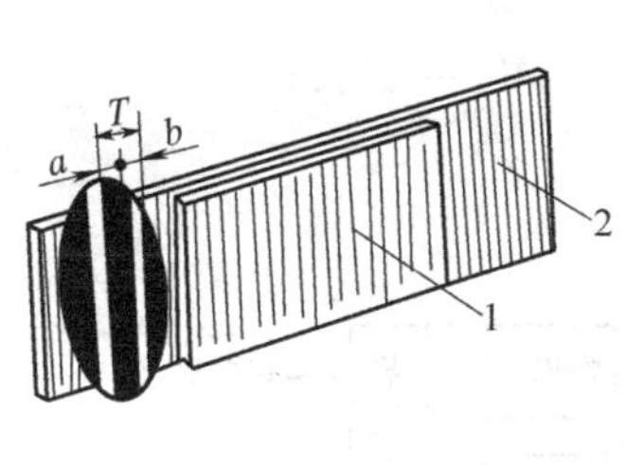


a)

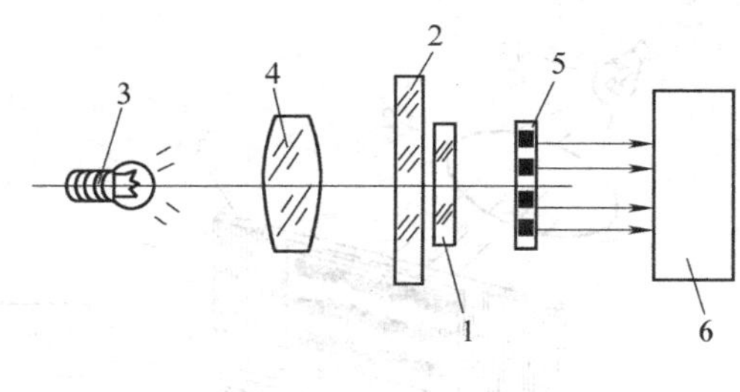


b)

图 7-17　光栅检测装置

a）光栅尺　b）光栅读数头

1—指示光栅　2—标尺光栅　3—光源　4—透镜　5—光敏元件　6—驱动线路

间的距离，称为莫尔条纹节距 $W$。

莫尔条纹具有以下性质：

1）放大作用。由图 7-18 可以看出，莫尔条纹节距 $W$ 与栅距 $\tau$ 及线纹夹角 $\theta$ 之间有如下关系

$$W = \tau/\sin\theta$$

由于 $\theta$ 值很小，故可取 $\sin\theta \approx \theta$，因此上式可表示为

$$W \approx \tau/\theta$$

由上式可知，在 $\tau$ 一定的情 46 况下，$W$ 与 $\theta$ 成反比，即 $\theta$ 越小，$W$ 就越大。例如，当 $\tau = 0.01\text{mm}$ 时，若 $\theta = 0.01\text{rad} = 0.57°$，则 $W = 1\text{mm}$。这说明，无需其他的光学系统或电子系统，利用光的干涉现象所产生的莫尔条纹，光栅就能把其栅距 $\tau$ 变换成放大 100 倍的莫尔条纹节距 $W$。

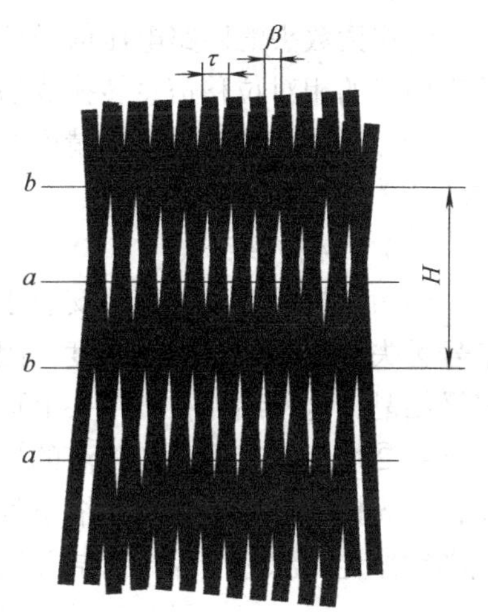


图 7-18　横向莫尔条纹

2）莫尔条纹的移动与两光栅尺相对移动相对应。莫尔条纹的移动与两光栅尺相对移动有一定的对应关系，从位移量来看，当两光栅尺每相对移动一个栅距 $\tau$ 时，莫尔条纹便相应地移动一个莫尔条纹节距 $W$，而莫尔条纹形成处某固定点的光强也随之按近似正弦规律变化一个周期；从移动方向来看，莫尔条纹移动方向与两光栅尺相对移动的方向几乎垂直，若两光栅尺相对移动的方向改变时，莫尔条纹的移动方向也随之改变。

3）均化栅距误差作用。由于莫尔条纹是由许多条线纹共同干涉形成的，所以它对光栅的栅距误差具有平均作用，因而可以消除光栅的个别栅距不均匀对测量所造成的影响。

光栅检测装置，通常在彼此相距 1/4 莫尔条纹的间距（即 $W/4$）处，设置了四个光敏元件，根据莫尔条纹的特性，通过检测这四个点光强的变化可以得到相对位移的大小和方向等信息。由光源、透镜、光栅尺、光敏元件及信号处理电路组成的光栅测量系统，如图 7-19 所示。

当两光栅尺有相对位移时，光栅读数头中的光敏元件根据其莫尔条纹的光强度变化，将两光栅尺的相对位移即机床运动部件的机械位移，转换成了四路彼此相差 $\pi/2$ 的电压信号。

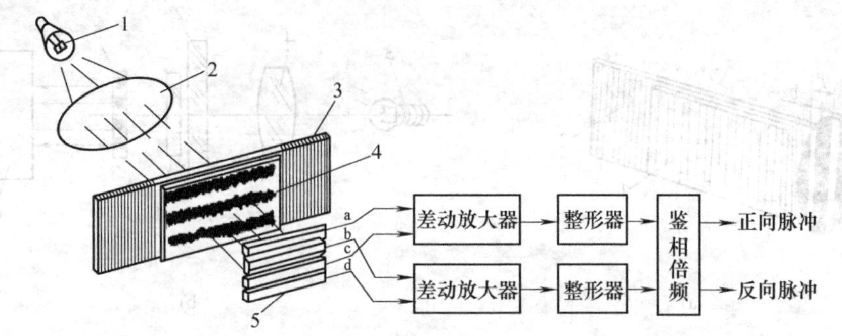


图 7-19 光栅测量系统

1—光源 2—透镜 3—标尺光栅 4—指示光栅 5—光敏元件

四路电压信号每变化一个周期，表示两光栅尺相对移动了一个栅距；而四路电压信号超前滞后关系，则反映了两光栅尺的相对位移的方向。

光栅读数头的四路电压信号还必须经过放大、整形、鉴相倍频等信号处理过程，才能将两光栅尺的相对位移信息转换成易于辨识和应用的数字信息。

光栅检测装置具有检测精度高（可达 1μm）、响应速度快的特点，故非常适用于数控系统的位置检测。

（3）光栅的维护

防污：光栅尺由于直接安装于工作台和机床床身上，极易受到切削液的污染，从而造成信号丢失，影响位置控制精度，因而在使用中注意以下几点。①切削液在使用过程中会产生轻微结晶，这种结晶在扫描头上形成一层薄膜且透光性差，不易清除，故在选用切削液时要慎重；②加工过程中，切削液的压力不要太大，流量不要过大，以免形成大量的水雾进入光栅；③光栅最好通入低压压缩空气，以免扫描头运动时形成的负压把污物吸入光栅，压缩空气必须净化，滤芯应保持清洁并定期更换；④光栅上的污物可以用脱脂棉蘸无水酒精轻轻擦除。

防振：光栅拆装时要用静力，不能用硬物敲击，以免引起光学元件的损坏。

3. 光电脉冲编码器

脉冲编码器是一种旋转式脉冲发生器，能把机械转角转变成电脉冲，是数控机床上使用广泛的位置检测装置。

（1）光电脉冲编码器的结构 光电脉冲编码器的结构如图 7-20 所示。在一个圆盘（一般为真空镀膜的玻璃圆盘）的圆周上刻有间距相等的细密线纹，分为透明和不透明部分，称为圆盘形主光栅。主光栅与转轴一起旋转。在主光栅刻线的圆周位置，与主光栅平行地放置一个固定的指示光栅，它是一小块扇形薄片，制有三个狭缝。其中两个狭缝在同一圆周上相差 1/4 节距（称为辨向狭缝），另外一个狭缝叫做零位狭缝，主光栅转一周时，由此狭缝发出一个脉冲。在主光栅和指示光栅两边，与主光栅垂直的方向上固定安装有光源、光电接收元件。此外，还有用于信号处理的印刷电路板。光电脉冲编码器通过十字连接头与伺服电动机相连，它的法兰盘固定在电动机端面上，罩上防护罩，构成一个完整的检测装置。

（2）光电脉冲编码器的工作原理 当圆光栅旋转时，光线透过两个光栅的线纹部分，形成明暗相间的三路莫尔条纹。同时光电元件接收这些光信号，并转化为交替变化的电信号A、B（近似于正弦波）和Z，再经放大和整形变成方波。其中A、B信号称为主计数脉冲，它们在相位上相差90°（见图7-21）。Z信号称为零位脉冲，“一转一个”，该信号与A、B信号严格同步。零位脉冲的宽度的一半，细分后同比例变窄。这些信号作为位移测量脉冲，如经过频率/电压变换，又可作为速度测量反馈信号。

（3）光电脉冲编码器的维护

防振和防污：由于编码器是精密测量元件在拆装时要与光栅一样注意防振和防污问题，同时，对它的使用环境也有防振和防污要求。污染容易造成信号丢失，振动容易使编码器内的紧固件松动脱落，造成内部电源短路。

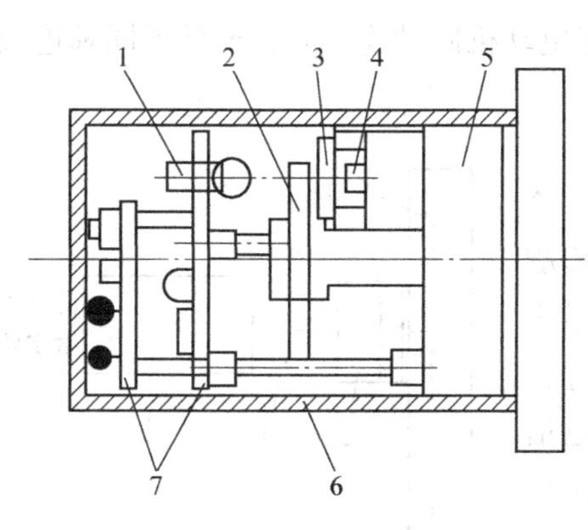


图7-20　光电脉冲编码器的结构

1—光源　2—光栅　3—指示光栅　4—光电池组　5—机械部件　6—护罩　7—印刷电路板

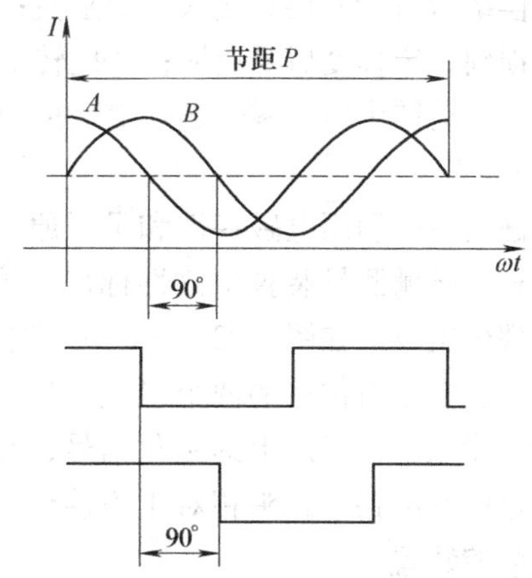


图7-21　光电脉冲编码器的输出波形

防止连接松动：脉冲编码器用于位置检测时有两种安装形式，一种是与伺服电动机同轴安装，称为内装式编码器，如西门子1FT5，1FT6伺服电动机上的ROD320编码器；另一种是编码器安装于传动链末端，称为外装式编码器，当传动链较长时，这种安装方式可以减小传动链累积误差对位置检测精度的影响。不管是哪种安装方式，都要注意编码器连接松动的问题，因为连接松动往往会影响位置控制精度。另外，在有些交流伺服电动机中，内装式编码器除用做位置检测外，同时还具有测速和交流伺服电动机转子位置检测的作用，如三菱HA系列交流伺服电动机中的编码器（ROTARY ENCODEROSE253S）。此外，编码器连接松动还会引起进给运动的不稳定，影响交流伺服电动机的换向控制，从而引起机床的振动。

4. 旋转变压器

旋转变压器是一种控制用的微型电动机，它将机械转角变换成与该转角呈某一函数关系的电信号。

（1）结构　旋转变压器在结构上与二相线绕式异步电动机相似，由定子和转子组成。定子绕组为变压器的原边，转子绕组为变压器的副边。激磁电压接到定子绕组上，其频率通常为400Hz、500Hz和5000Hz。

（2）工作原理　旋转变压器在结构上保证定子和转子之间空气隙内磁通分布符合正弦

规律，因此当励磁电压加到定子绕组上时，通过电磁耦合，转子绕组产生感应电动势。其输出电压的大小取决于转子的角度位置，即随着转子偏转的角度呈正弦变化。当转子绕组的磁轴与定子绕组的磁轴位置转动一定角度时，绕组中产生的相应的感应电动势。

旋转变压器结构简单、动作灵敏，对环境无特殊要求，维护方便，输出信号幅度大，抗干扰性强，工作可靠。因此，在数控机床上广泛应用。

（3）旋转变压器的维护　旋转变压器输出电压与转子的角位移有固定的函数关系，可用做角度检测元件，一般用于精度要求不高或大型机床的粗测及中测系统。旋转变压器的维护注意以下几点：①安装接线时，定子上有相等匝数的励磁绕组和补偿绕组，转子上也有相等匝数的正弦绕组和余弦绕组，但转子和定子的绕组阻值却不同，一般定子电阻阻值稍大，有时补偿绕组自行短接获接入一个阻值；②由于结构上与绕线转子异步电动机相似，因此，碳刷磨损到一定程度后要更换；③旋转变压器与伺服电动机同轴连接时，要保证同轴连接的精度，对传动链中所有零件必须消除传动间隙。

5. 磁栅

磁栅是一种利用电磁特性和录磁原理对位移进行检测的装置。磁栅测量装置由磁性标尺、拾磁磁头和检测电路三部分组成，如图 7-22 所示。磁性标尺和拾磁磁头分别安装在有相对位移的两个机械部件上。在检测过程中，磁头读取磁性标尺上的磁化信号，将它转换为电信号，通过检测电路把磁头相对于磁性标尺的位置或位移量送到数控装置。

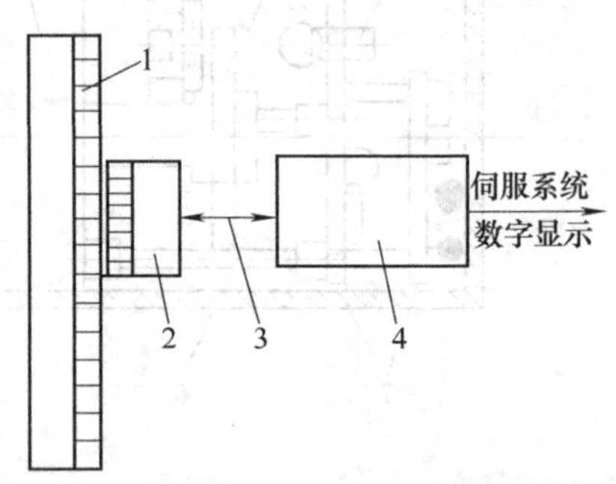


图 7-22　磁栅检测装置

1—磁性标尺　2—磁头

3—连接电缆　4—检测电路

（1）磁性标尺　磁性标尺是在不导磁材料的基体上，涂镀上一层 10 ~ 20μm 厚的均匀磁膜，在磁膜上均匀涂上一层 1 ~ 2μm 的耐磨保护层，再用录磁方法在磁膜上录制相等节距的周期性（如正弦波、方波等）磁化信号，用以作为磁性标度，形成测量基准。磁化信号的节距通常有 0.05mm、0.10mm、0.20mm、1mm 等几种。

磁性标尺基体的形状，磁栅可以分为用于直线位移测量的实体型磁栅、带状磁栅和棒状磁栅以及用于角度位移测量的回转型磁栅等。

（2）拾磁磁头　拾磁磁头是一种磁电转换器件，它将磁性标尺上的磁化信号检测出来，并转换成电信号送给检测电路。对磁栅拾磁磁头的要求是：不仅当磁性标尺与磁头有一定的相对速度时，而且当它们处于相对静止时，都能有位置信号输出。为了满足此要求，磁栅的拾磁磁头不能采用普通录音机用的速度响应型（又称动态响应型）磁头，而应当采用磁通响应型（又称静态响应型）磁头。磁通响应型磁头的一个显著特点是在它的磁路中设有可饱和铁心，并在铁心的可饱和段上绕有励磁绕组，其结构如图 7-23 所示。

（3）磁栅工作原理　磁通响应型拾磁磁头，是利用可饱和铁心的磁性调制原理来实现位置检测的。当在磁头的励磁绕组中通入交变励磁电流时，在其铁心上将产生周期性正反向饱和磁化。磁栅工作时，由于磁头靠近磁性标尺，故磁性标尺上磁信号产生的磁通在磁头的气隙处也进人了铁心，并被交变励磁电流产生的磁通调制，这时在拾磁线圈中可以得到交变励磁电流的二次调制谐波信号输出。

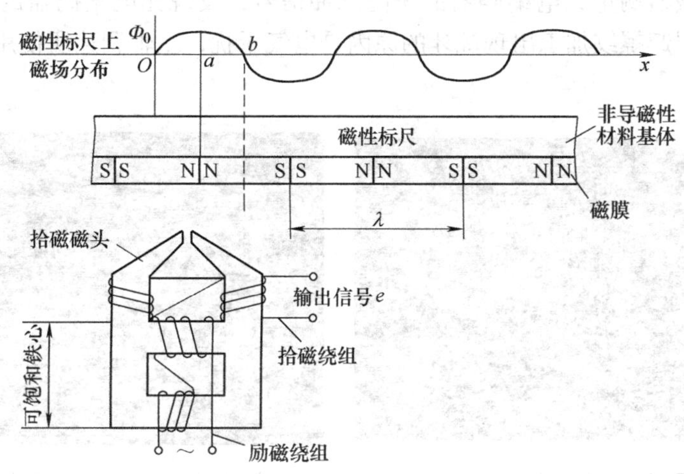


图 7-23　磁通响应型拾磁磁头

为了辨别磁头在磁性标尺上的移动方向，通常采用如图 7-24 所示的辨向磁头装置，即设置间距为（$m\pm1/4$）$\lambda$ 的两组磁头，其中的 $m$ 为任意整数，$\lambda$ 为磁性标尺上磁化信号的节距。根据两组磁头输出信号相位的超前和滞后，可以确定其移动方向。

拾磁磁头的输出信号必须送入相应的检测电路才能检测出实际位移量。根据对此输出信号的不同处理方式，检测电路分为幅值检测和相位检测两种，数控机床中常采用的是相位检测电路。

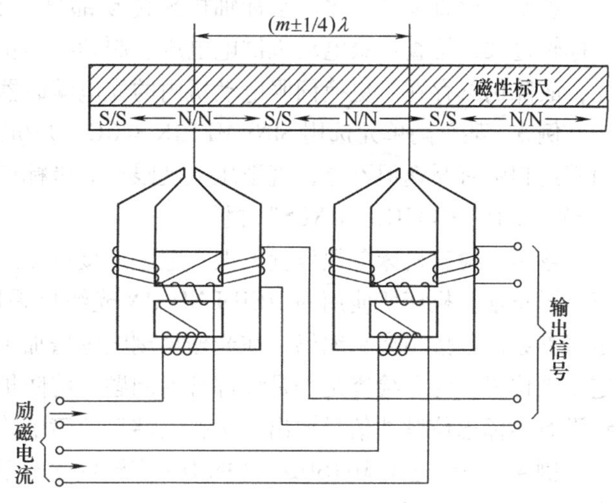


图 7-24　辨向磁头装置

磁栅具有测量精度较高、复制简单、装调方便、耐油污和耐灰尘以及对使用环境要求低等优点。

**例 1**　某经济型主轴变频控制的数控车床在调试加工螺纹时出现乱牙。

诊断：经济型主轴变频控制的数控车床使用外置光电编码器配合机床进行螺纹加工。螺纹加工时，乱牙的主要原因多半是光电编码器与 CNC 装置的连接线接触不良、光电编码器损坏、光电编码器与弹性连轴件的连接松动或其他因素。拆卸光电编码器进行检查是比较麻烦，要涉及到机床外壳和主轴附近的机械部件，因此先从电气和信号连接等方面进行检查。

检查光电编码器与 CNC 装置之间的连接线和 +5V 电源是正常的，在主轴通电旋转后虚拟示波器测量光电编码器的 A 相或 B 相辨向输出端，得到图 7-25 所示的干扰波形信号。该波形信号无法表明光电编码器有没有正常的辨向脉冲输出，也无法诊断光电编码器是否损坏或者弹性连轴节是否松动。用虚拟滤波示波器测量光电编码器的辨向脉冲信号，得到图 7-26 所示的波形信号，这表明光电编码器是处于正常工作状态。关掉主轴电源，通过手动盘旋主轴，再用虚拟示波器测量光电编码器的辨向脉冲信号，发现光电编码器的辨向信号是正常的。所以，确定引起螺纹加工出现乱牙的原因是电气干扰，主轴调速所使用的变频器是干扰源。

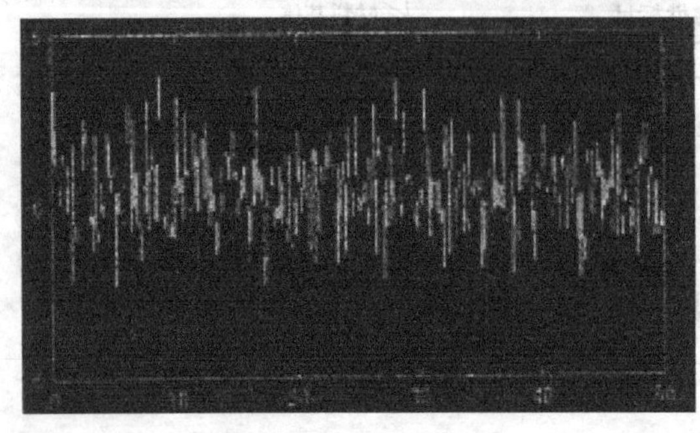

图 7-25　干扰波形

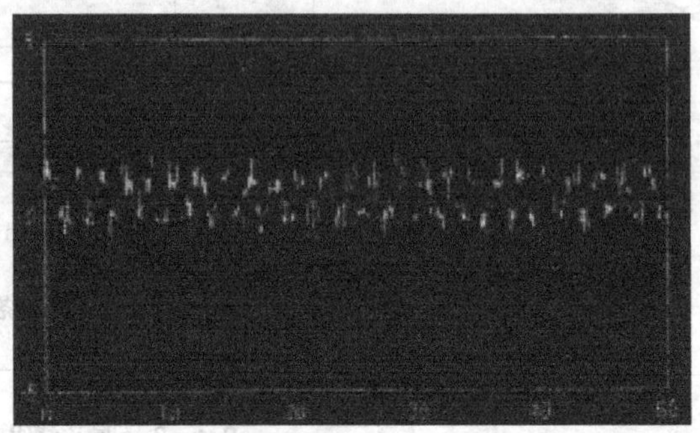

图 7-26　虚拟滤波示波器测量的波形

在光电编码器的辨向脉冲端、零标志脉冲端和 +5V 电源端对信号零线之间并接滤波电容器后，解决了螺纹乱牙问题。

**例 2**　某数控车床配用 FANUC 0 系统。在加工过程中，刀具接触工件时就产生 400#伺服报警。

诊断：检查加工程序、坐标轴机械传动部分、电缆和接插件均正常。诊断参数显示 *X* 坐标轴过载，检查伺服电动机供电电压、制动线圈正常。更换伺服驱动单元、轴卡和电源单元，故障仍然存在。更换伺服电动机内的光电编码器后，故障排除。

**例 3**　某车削单元选用 SINUMERIK 840C。开机后 *X* 坐标轴回不到参考点，*X* 坐标轴在回零过程中有减速但不停，直至压上硬限位。坐标值突变，显示值很大，同时显示“X AXIS SW LIMIT SWITCH MINUS”报警。

诊断：检查机床参数设置无误，电缆连接可靠。机床在手动方式下能动作和定位，坐标值显示正常。机床所使用的 HEIDENHAIN 光缆尺采用的回零方式与其他产品有所不同，它是将参数标记按距离来编码，在光栅尺刻线旁增加了一个刻道，通过两个相邻参考标记来确定基准位置。为了检查是否是该部分的问题，将防护拆下检查，发现零标志被油雾遮盖，导致没有零标志位脉冲信号输出。进行清洁后故障消除。

**例 4**　一台选用 MITSUBSHI 的 HA 交流伺服电动机 MAZAK SQT 15M 型车铣中心，在工作过程中有时出现振动，并有伺服报警。

诊断：对机械连接部分、电气连接线、电动机和参数进行检查，均正常。问题可能出在光电编码器，更换光电编码器后故障消除。将换下的光电编码器拆开，发现光盘上粘有尘埃，这是造成故障的原因。

**例 5**　某台 CBFK-90/1 卧式加工中心配用 SIEMENS 的 6RB2060 直流脉宽调速系统，旋转轴（*A* 轴）在回基准点时监视器显示 90#报警。

诊断：查手册知道 90#报警是 CNC 系统没有接受到基准信号，重点检查了电缆线和接头，没有发现问题。故障可能出在圆光栅尺或 EXE601 脉冲整形放大器。修改 12#参数，将栅格回零方式改为磁开关回零方式，这时 *A* 坐标轴回基准时 90#报警消失，然而基准点的位置有较大偏差，机床加工精度变差。再将 *A* 坐标轴的 EXE601 脉冲整形放大器换到 *Z* 坐标轴，$Z$ 坐标轴在回基准点时同样出现 90#报警。因此，可以判定 $A$ 坐标轴的 EXE601 脉冲整形放大器损坏，更换放大器并把 12#参数还原，故障排除。

**例 6**　一卧式加工中心，采用 SINUMERIK 8 系统，配置 EXE 光栅测量装置。其在运行中出现 114 号报警，同时伴有 113 号报警。

诊断：从报警产生的原因看，是由 114 号报警引起 113 号报警，于是将故障部位定位在位置检测装置。114 号报警有两种可能：一是电缆断线或接地，二是信号丢失。前者可通过外观检查和测量来诊断，后者主要是因为信号漏读。如果由于某种原因，使光栅尺输出的正弦信号幅度降低，在信号处理过程中，影响到被处理信号过零的位置，严重时会使输出脉冲挤在一起，造成丢失。因为光电池产生的信号与光照强度成正比，信号幅度下降无非是因为光源亮度下降或光学系统脏污所致。维修时，从尺身中抽出扫描单元，分解后看到，灯泡下的透镜表面呈毛玻璃状，指示光栅表面也有一层雾状物，灯泡和光电池上也有这种污物，这些污物导致了光源发光率下降和输出信号降低，通过对光栅的清洗可消除故障。

**例 7**　某数控立铣，配置 FANUC 3MA 数控系统，位置检测装置为与伺服电动机同轴连接的编码器。其在运行过程中，$Z$ 轴产生 31 号报警。

诊断：查维修手册，31 号报警为误差寄存器的内容不正确。根据 31 号报警提示，把误差设定值放大，将 31 号报警对应的机床参数由 2000 改为 5000，然后用手摇脉冲发生器驱动 $Z$ 轴，31 号报警消除，但又产生了 32 号报警。32 号报警表示为 $Z$ 轴误差寄存器的内容超过 ±32767，或数/模转换的命令 + 值超出了 −8192 ～ +8191 的范围。为此，将设定的机床参数由 5000 再改为 3000，32 号报警消除，但 31 号报警又出现。反复修改机床参数，均不能排除故障。

误差寄存器是用来存放指令值与位置反馈值之差的，当位置检测装置或位置控制单元发生故障时，就会引起误差寄存器的超差，为此，将故障定位在位置控制上。位置控制信号可以用诊断号 800（$X$ 轴）、801（$Y$ 轴）和 802（$Z$ 轴）来诊断。将三个诊断号调出，发现 800 号 $X$ 轴的位置偏差在 −1 与 −2 间变化，801 号 $Y$ 轴的位置偏差在 +1 与 −1 间变化，而 802 号的 $Z$ 轴位置偏差为 0，无任何变化，说明 $Z$ 轴位置控制有故障。为进一步定位故障是在 $Z$ 轴控制单元还是在编码器上，采用交换法。将 $Z$ 轴和 $Y$ 轴驱动装置和反馈信号同时互换，$Z$ 轴和 $Y$ 轴伺服电动机不动，此时，诊断号 801 号数值变为 0，802 号数值有了变化，这说明 $Z$ 轴位置控制单元没有问题，故障出在与 $Z$ 轴伺服电动机同轴连接的编码器上。

**例 8**　某数控车床，配置 FANUC 0T A2 系统，在 $X$ 轴端面加工出现周期性波纹。

诊断：机械加工出现的不正常现象原因很多，如刀具、丝杠、主轴等等。但该现象为周期性出现，且有一定规律，那么，从电器上来看，不可能有这种情况，只能为机械问题，但机械问题应该是哪一方面呢？因上述故障为周期性出现，所以我们就从圆周上来查找，只有圆周运动时周期性的。该机床伺服电动机与滚珠丝杠是通过齿形带联接，其位置反馈是在丝杠上另装一编码器。原因可能就在于此。后来，经查为 $X$ 轴的分离式编码器装得不正，与丝杠不在同一直线上，造成的周期性变化，将其调整后正常。

## 思　考　题

7-1　数控机床主轴控制系统的故障有哪些？

7-2　数控机床进给伺服系统的故障有哪些？

7-3 数控机床主轴在切削时出现停转或转速不稳，在排除机械因素的情况下，故障的原因是什么？如何排除？

7-4 一台数控车床在执行程序时，产生主轴旋转但进给停止的故障。请判断故障产生的原因，并提出故障诊断的方法。

7-5 数控机床进给伺服系统工作时产生振动的原因是什么？如何维修？

7-6 引起数控机床进给过冲故障的原因是什么？如何排除？

7-7 光电编码器连接松动会产生哪些故障现象？

7-8 光栅检测装置的安装与调试有哪些要求？

7-9 两轴联动加工圆弧时，圆柱度超差的原因是什么？如何排除？

7-10 一台数控铣床，*X* 轴进给时床身有振动，加工出来的工件表面不光滑，但尺寸正确。*X* 轴采用测速发电机作为速度反馈，采用光电编码器为位置反馈。根据故障现象，判断故障是在速度环还是在位置环？

# 第八章　PLC 故障分析

## 第一节　PLC 工作过程

### 一、PLC 工作原理

可编程序控制器 PLC（Programmable Logic Controller）是 20 世纪 60 年代发展起来的一种新型自动化控制装置。随着技术的进步，PLC 与先进的微机控制技术相结合而发展成为一种崭新的工业控制器，其控制功能已远远超出逻辑控制的范畴，正式命名为“Programmable Controller”，国际电工委员会（IEC）对 PLC 所作定义为：可编程序控制器是一种专为在工业环境下应用而设计的数字运算操作的电子系统。它采用可编程序的存储器，用来在其内部存储执行逻辑运算、顺序控制、定时、计数和算术运算等操作的指令，并通过数字式、模拟式的输入和输出，控制各种类型的机械设备和生产过程。可编程序控制器及其有关设备，都应按易于与工业控制系统联成一个整体，易于扩充其功能的原则设计。

小型 PLC 的内部结构如图 8-1 所示。它由中央处理器（PLC）、存储器、输入/输出单元、编程器、电源和外部设备等组成，并且内部通过总线相连。

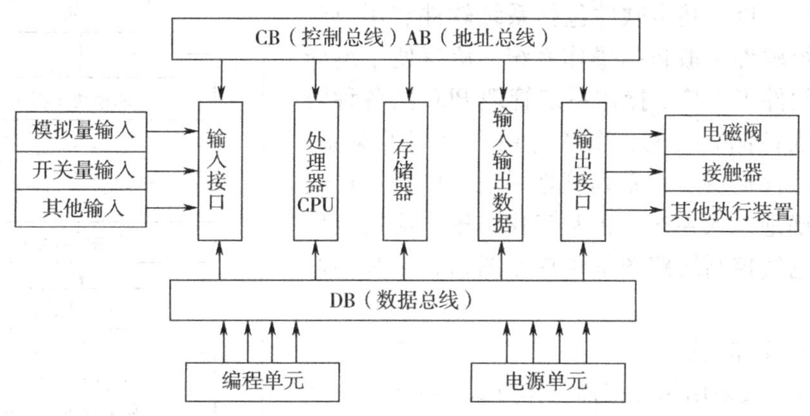


图 8-1　小型 PLC 内部结构示意图

中央处理器单元（PLC）是系统的核心，通常可直接使用通用微处理器来实现，它通过输入模块将现场信息采入，并按用户程序的逻辑进行处理，然后将结果输出去控制外部设备。

存储器主要用于存放系统程序、用户程序和工作数据。其中系统程序是指控制和完成 PLC 各种功能的程序，包括监控程序、模块化应用功能子程序、指令解释程序、故障自诊断程序和各种管理程序等，并且在出厂时由制造厂家固化在 PROM 型存储器中。用户程序是指用户根据工程现场的生产过程和工艺要求而编写的应用程序，在修改调试完成后可由用户固化在 EPROM 中或存储在磁带、磁盘中。工作数据是 PLC 运行过程中需要经常存取，并且会随时改变的一些中间数据，为了适应随机存取的要求，它们一般存放在 RAM 中。可见，PLC 所用存储器基本上由 PROM、EPROM 和 RAM 三种形式组成，而存储器总容量随 PLC 类别或规模的不同而改变。

输入/输出模块是 PLC 与外部设备之间的桥梁。它一方面将外部现场信号转换成标准的逻辑电平信号，另一方面将 PLC 内部逻辑信号电平转换成外部执行元件所要求的信号。根据信号特点又可以分为直流开关量输入模块、直流开关量输出模块、交流开关量输入模块、直流开关量输出模块、继电器输出模块、模拟量输入模块和模拟量输出模块等。

编程器是用来开发、调试、运行应用程序的特殊工具，一般由键盘、显示屏、智能处理器、外部设备组成，通过通信接口与 PLC 并联。

电源单元的作用是将外部提供的交流电转换为可编程序控制器内部所需要的直流电源，有的还提供了 DC24V 输出。一般来讲，电源单元有三路输出，一路供给 CPU 模块使用，一路供给编程器接口使用，还有一路供给各种接口模板使用。对电源单元的要求是很高的，不但要求具有较好的电磁兼容性能，而且还要求工作单元稳定，并且有过电流过电压保护功能。另外，电源单元一般还装有后备电池（如锂电池），用于掉电时能及时保护 RAM 区中重要的信息和标志。

此外，在大、中型 PLC 中，大多还配置有扩展接口和智能 I/O 模块。虽未扩展接口主要用于连接扩展 PLC 单元，从而扩大 PLC 的规模。所谓智能 I/O 模块就是它本身含有单独的 CPU，能够独立完成某种专用的功能，由于它和主 PLC 是并行工作的，从而大大提高了 PLC 的运行速度和效率。这类智能 I/O 模块有：计数和位置编码器模块、温度控制模块、阀控制模块和闭环控制模块等。

PLC 在上述硬件环境下，还必须要有相应的执行软件配合工作。PLC 基本软件包括系统软件和用户应用软件。系统软件一般包括操作系统、语言便于编译和各种功能软件等。其中操作系统管理 PLC 的各种资源，协调系统各部分之间、系统与用户之间的关系，为用户应用软件提供了一系列管理手段，以使用户应用程序能正确地进入系统，正常工作。用户应用软件是用户根据电气控制线路图采用梯形图语言编写的逻辑处理软件。

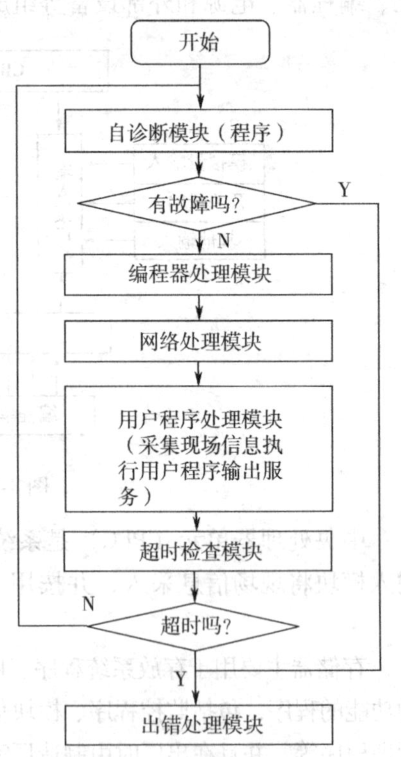

图 8-2　PLC 典型循环顺序扫描工作流程图

## 二、PLC 工作过程

PLC 内部一般采用循环扫描工作方式，在大、中型 PLC 中还增加了中断工作方式。当用户将应用软件设计、调试完成后，用编程器写入 PLC 的用户程序存储器中，并将现场的输入信号和被控制的执行元件相应地联结在输入模板的输入端和输出模板的输出端上，然后通过 PLC 的控制开关使其处于运行工作方式，接着 PLC 就以循环顺序扫描的工作方式进行工作。在输入信号和用户程序的控制下，产生相应的输出信号，完成预定的控制任务。从图 8-2 所示的 PLC 典型循环顺序扫描工作流程可以看出，它在一个扫描周期要完成如下 6 个模块的处理过程。

1. 自诊断模块

在 PLC 的每个扫描周期内首先要执行自诊断程序，其中主要包括软件系统的校验、硬件 RAM 的测试、CPU 的测试、总线的动态测试等。如果发现异常现象，PLC 在作出相应保护处理后停止运行，并显示出错信息。否则将继续顺序执行下面的模块功能。

2. 编程器处理模块

该模块主要完成于编程器进行信息交换的扫描过程。如果 PLC 控制开关已经拨向编程工作方式，则当 CPU 执行到这里时马上将总线控制权交给编程器。这时用户可以通过编程器进行在线监视和修改内存中的用户程序，启动或停止 CPU，读出 CPU 状态，封锁或开放输入/输出，对逻辑变量和数字变量进行读写等。当编程器完成处理工作或达到所规定的信息交换时间后，CPU 将重新获得总线的控制权。

3. 网络处理模块

该模块主要完成于网络进行信息交换的扫描过程，只有当 PLC 配置了网络功能时，才执行该扫描过程，它主要用于 PLC 之间、PLC 与磁带机或 PLC 与计算机之间进行信息交换。

4. 用户程序处理模块

在用户程序处理过程中，PLC 中的 CPU 采用查询方式，首先通过输入模块采样现场的状态数据，并传送到输入映像区。当 PLC 按照梯形图（用户程序）先左后右、先上后下的顺序执行用户程序的过程中，根据需要可在输入映像区中提取有关现场信息，在输出映像区中提取历史信息，并在处理后可将其结果存入输出映像区，供下次处理时使用或者已备输出。在用户程序执行完后就进入输出服务扫描过程，CPU 将输出映像区中要输出的状态值按顺序传送到输出数据寄存器，然后再通过输出模板的转换后送去控制现场的有关执行元件。现将扫描过程表示在图 8-3 中。

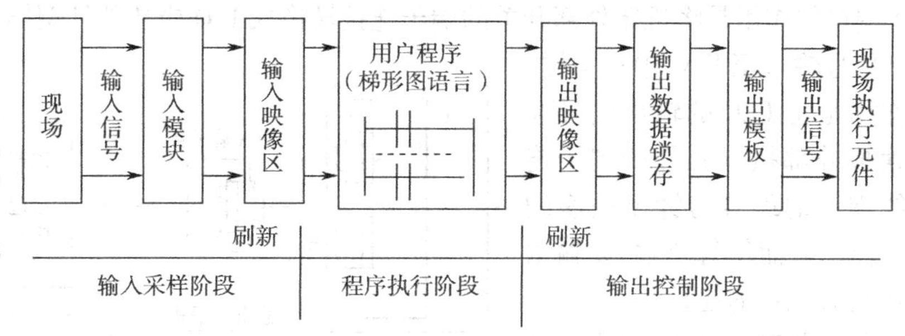


图 8-3 PLC 用户程序扫描过程

5. 超时检查模块

超时检查过程是由 PLC 内部的看门狗定时器 WDT（Watch Dog Timer）来完成，若扫描周期时间没有超过 WDT 的设定时间，则继续执行下一个扫描周期；否则若超过了，则 CPU 将停止运行，复位输出，并在进行报警后转入停机扫描过程。由于超时大多是硬件或软件故障而引起系统死机，或者是用户程序执行时间过长而造成，它的危害性很大，所以要加以监视和防患。

6. 出错处理模块

当自诊断出错或超时出错时，就进行报警，出错显示并作相应处理（例如将全部输出端口置 OFF 状态，保留目前执行状态等），然后停止扫描过程。

通过上述有关PLC硬件和软件的介绍，可以总结出其特点如下：

1）可靠性高。由于PLC针对恶劣的工业环境设计，在其硬件和软件方面均采取了很多有效措施来提高其可靠性。例如，在硬件方面采取了屏蔽、滤波、隔离、电源保护、模块化设计等措施；在软件方面采取了自诊断、故障检测、信息保护与恢复等手段。另外，PLC没有了中间继电器那样的接触不良、触头烧毛、触头磨损、线圈烧坏等故障现象，从而可将其应用于工业现场环境。

2）编程简单，使用方便。由于PLC沿用了梯形图编程简单的优点，对于从事继电器控制工作的技术人员，都能在很短的时间内学会使用PLC。

3）灵活性好。由于PLC是利用软件来处理各种逻辑关系，当在现场装配和调试过程中需要改变控制逻辑时就不必改变外部线路，只要改写程序重新固化即可。另外，产品也易于系列化、通用化，稍作修改就可应用于不同的控制对象。所以，PLC除用于单台机床的控制外，在FMC、FMS中也被大量采用。

4）直接驱动负载能力强。由于PLC输出模块中大多采用了大功率晶体管和控制继电器的形式进行输出，因而具有较强的驱动能力，一般都能直接驱动执行电器的线圈、接通或断开强电线路。

5）便于实现机电一体化。由于PLC结构紧凑，体积小，重量轻，功耗低和效率高，所以很容易将其装入控制柜内，实现机电一体化。

6）利用其通信网络功能可实现计算机网络控制。

## 第二节　PLC的输入/输出元件

PLC输入端口的作用是将机床外部开关的端子连接转换成I/O模块的针型插座连接，从而使外部控制信号输入至PLC中；同样，输出端口的作用是将PLC的输出信号经针型插座转换成外部执行元件的端子连接。每个接线端口的编号与针型插座的针脚编号相对应，从而使每个输入/输出信号在PLC中均有规定的地址。

图8-4为内装式PLC输入/输出元件及连接方式。

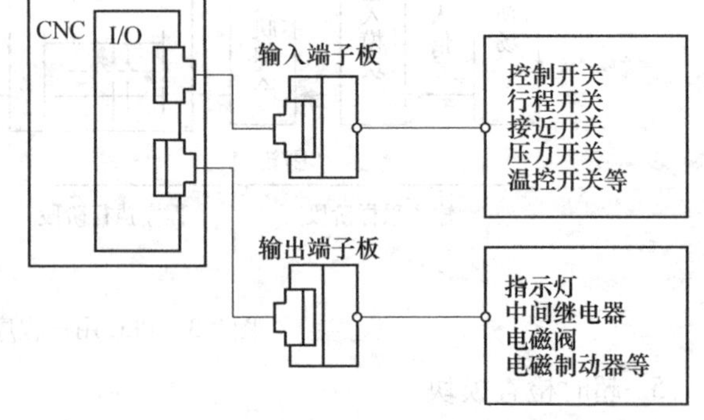


图8-4　内装式PLC输入/输出元件及连接方式

### 一、输入元件

1. 控制开关

如图8-5所示，控制开关有常开触头和常闭触头，常态时在复位弹簧的作用下，由桥式动触头将上静触头闭合，下静触头断开。当按下按钮时，由桥式动触头将上静触头断开，下静触头闭合。上触头被称为常闭触头或动触头，下触头被称为常开触头或动合触头。

为了避免误操作，通常将开关做成红、绿、黑、黄、蓝、白、灰等颜色。国标GB/T226—1985对开关颜色作了规定：停止和急停开关必须是红色，当开关按下时设备必须停止工作或断电；启动开关的颜色是绿色；启动和停止交替动作的开关黑白、白色或灰白，不得用红色或绿色；点动开关必须是黑色；复位开关必须是蓝色，当复位开关还有停止作用时，则必须是红色。

2. 行程开关

行程开关又称为限位开关，它主要用于检测工作机械的位置，发出信号控制运动机械的运动方向和行程长短。

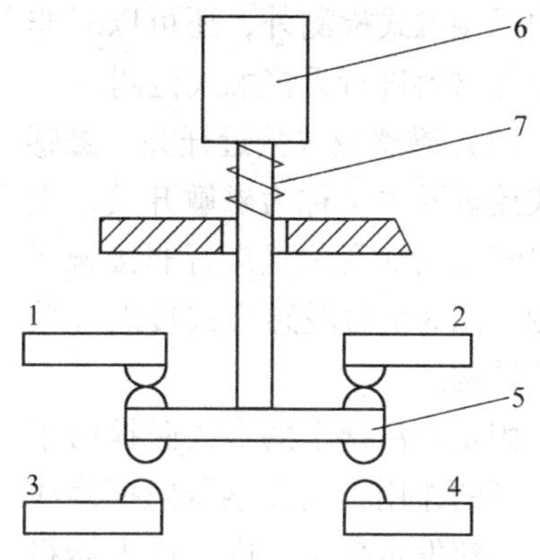


图 8-5 按钮开关结构示意图

1、2—常闭触头 3、4—常开触头 5—桥式触头 6—按钮帽 7—复位弹簧

接触式形成开关靠移动物体碰撞行程开关的操纵头使行程开关的常开触头接通和常闭触头断开，从而实现对电路的控制作用。按结构可分为直动式、滚动式和微动式。其常见的结构见图 8-6。

3. 接近开关

这是一种在一定的距离（几毫米至几十毫米）内检测物体有无的传感器。它给出的是高电平或低电平的开关信号，有的还具有较大的负载能力，可直接驱动继电器工作。接近开关具有灵敏度高、频率响应快、重复定位精度高、工作稳定可靠和使用寿命长等优点。许多接近开关将检测头、检测电路及信号处理电路做在一个壳体内，壳体带有螺纹以便安装和调整距离，同时有指示灯显示传感器的通断状态。常用的接近开关有电感式、电容式、磁感式、光电式及霍尔式等。

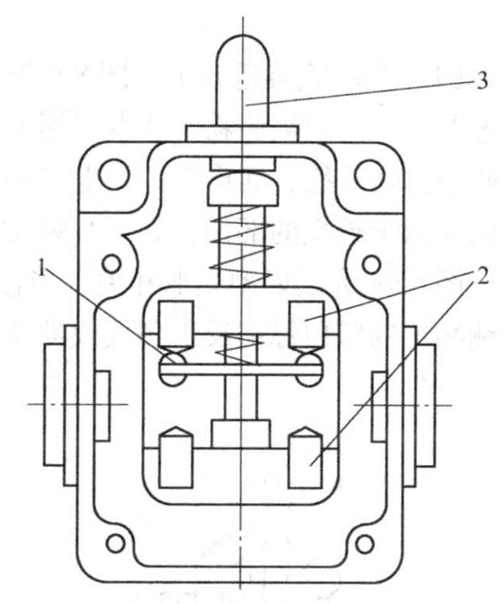


图 8-6 直动式行程开关结构示意图

1—动触头 2—静触头 3—推杆

（1）电感式接近开关 图 8-7 为电感式接近开关的外形图，电感式接近开关的位置检测示意图。

电感式接近开关内部大多由一个高频振荡器和一个整形放大器组成。振荡器振荡后，在开关的感应面上产生交变磁场，当金属物体接近感应面时，金属体产生涡流，吸收了振荡器的能量，使振荡减弱以致停振。振荡和停振是两种不同的状态，由整形放大器转换成开关信号，从而达到检测位置的目的。在数控机床中，电感式接近开关常用于刀库、机械手及工作台的位置检测。

判断电感式接近开关好坏的最简单的方法，就是用一片金属片去接近该开关，如果开关无输出，可判断开关或外部电源有故障。在实践位置控制中，如果感应块和开关之间的间隙变大后，就会使接近开关的灵敏度下降甚至无信号输出，因此间隙的调整和检查在日常维护中是很重要的。

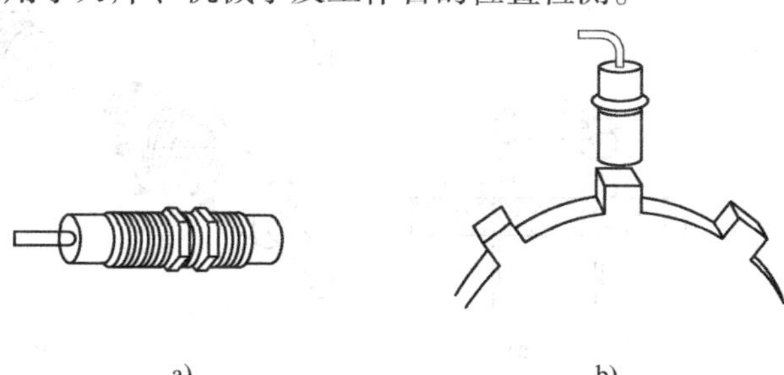

a) b)

图 8-7 电感式接近开关

a）外形图 b）位置检测示意图

（2）电容式接近开关　电容式接近开关的外形与电感式接近开关类似，除了对金属材料的无接触式检测外，还可以对非导电性材料进行无接触式检测。

（3）磁感应式接近开关　磁感应式接近开关又称为磁敏开关，主要对气缸内活塞位置进行非接触式检测。图8-8为磁感应式接近开关安装结构图。

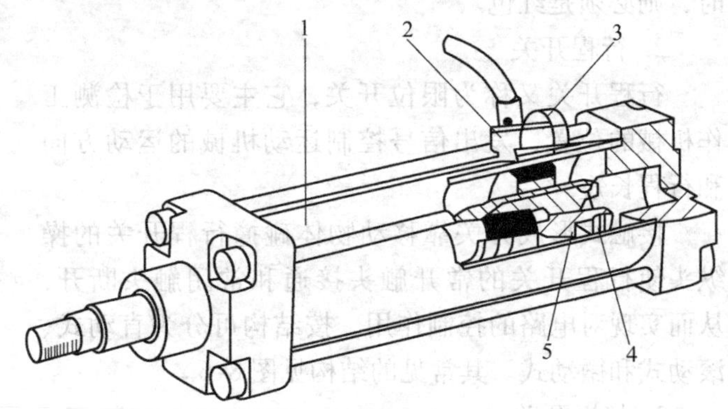

图8-8　磁感应式接近开关

1—气缸　2—磁感应式接近开关　3—安装支架　4—活塞　5—磁性环

固定在活塞上的永久磁铁由于其磁场的作用，使传感器内振荡线圈的电流发生变化，内部放大器将电流转换成输出开关信号。根据气缸形式的不同，磁感应式接近开关有绑带式安装和支架式安装等类型。

（4）光电式接近开关　图8-9所示的光电式接近开关是一种遮断型的光电开关，又称为光电断续器。当被测物4从发射器1和接收器3中间槽通过时，红外光束2被遮断，接收器接收不到红外线，而产生一个电脉冲信号。有些遮断型的光电式接近开关，其发射器和接收器做成两个独立的部件，如图8-9b所示。这种开关有方形的和圆柱形的。

图8-9c为反射型光电开关。当被测物4通过光电开关时，发射器1发射的红外光2通过被测物上的黑白标记反射到接收器3，从而产生一个电脉冲信号。

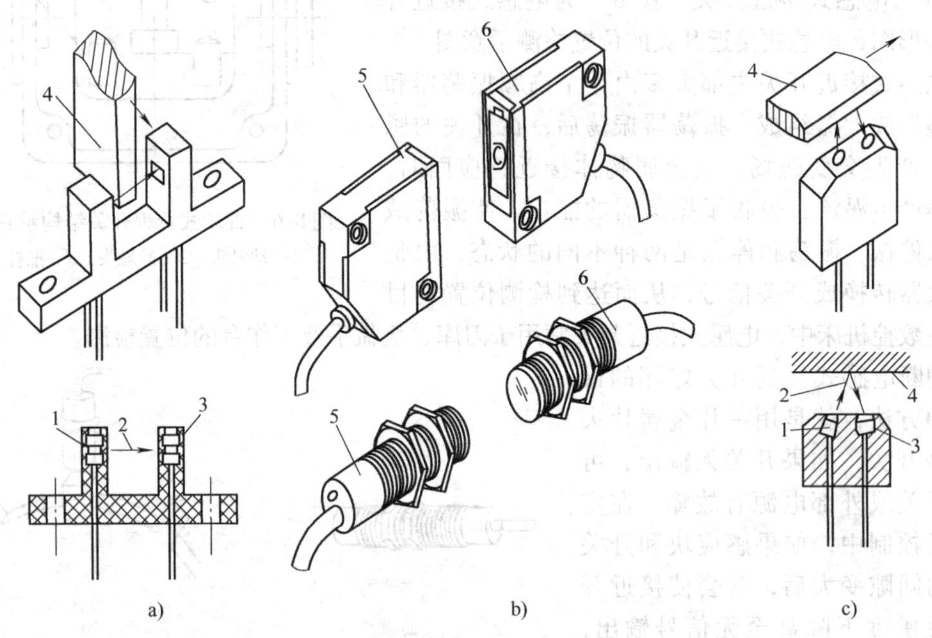

图8-9　光电式接近开关

a）光电断续器外形及结构　b）遮断型光电开关外形　c）反射型光电开关外形及结构

在数控机床中，光电式接近开关厂用于刀架检测和柔性制造系统中物料传送的位置检测控制等。

（5）霍尔式接近开关 霍尔式接近开关是将霍尔元件、稳压电路、放大器、施密特触发器和 OC 门等电路做在同一个芯片上的集成电路，因此，霍尔式接近开关又称为霍尔集成电路。典型的霍尔集成电路有 UGN3020 等，如图 8-10 所示。

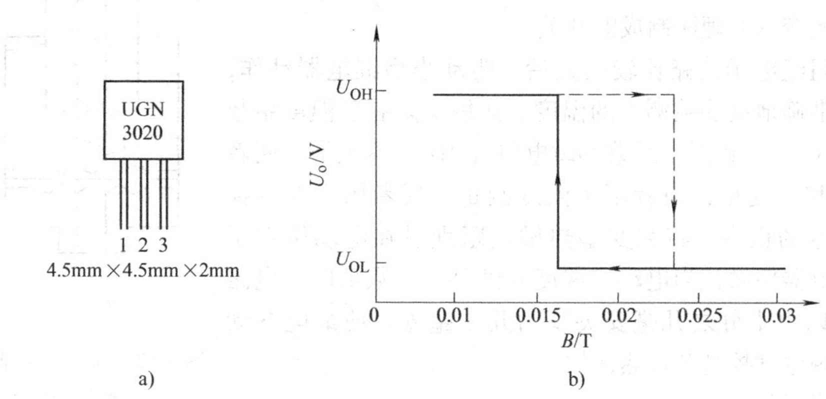


图 8-10 霍尔式接近开关

a）外形图 b）特性曲线

当外加磁场强度超过规定的工作点时，OC 门由高电阻态变为导通状态，输出低电平，当外加磁场强度低于释放点时，OC 门重新变为高电阻态，输出高电平。图 8-11 为霍尔式接近开关在 LD4 系列电动刀架中应用的示意图。

LD4 系列刀架在数控车床中得到了广泛的应用。其动作过程为：换刀信号→电动机正转→刀台转位→刀位信号→电动机反转→初定位→精定位夹紧→电动机过电流停转→换刀结束。其中刀位信号是靠霍尔式接近开关和磁铁的检测获得的，如果某个刀位上的霍尔接近开关断路或损坏，就会造成刀台定位时不到位或过冲太大的现象。

在有些型号的电动刀架中，也采用光电开关来进行刀位检测的，其控制方式类似于霍尔式接近开关，只不过用光电断续器代替霍尔接近开关，用遮光片代替磁铁而已。

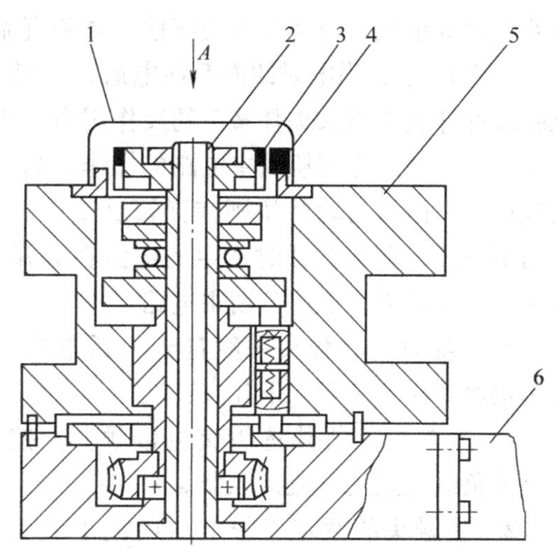


图 8-11 LD4 系列电动刀架

1—罩壳 2—定轴 3—霍尔集成电路 4—磁钢 5—刀台 6—刀架底座

以上所列的接近开关，外接电源一般以直流 +24V，输出信号有 NPN 和 PNP 型，在更换元件时应注意型号。

4. 压力开关

压力开关时利用被控介质，如液压油在波纹管或橡皮膜上产生的压力与弹簧的泛力相平衡的原理所制成的一种开关。图 8-12 为压力开关的结构示意图。

在图 8-12 中，当被控介质中的压力升高时，波纹管或橡皮膜 4 压迫压缩弹簧 3 而使顶杆 2 移动，拨动微动开关 1 使触头状态改变，以反应介质中压力达到了相应的数值。

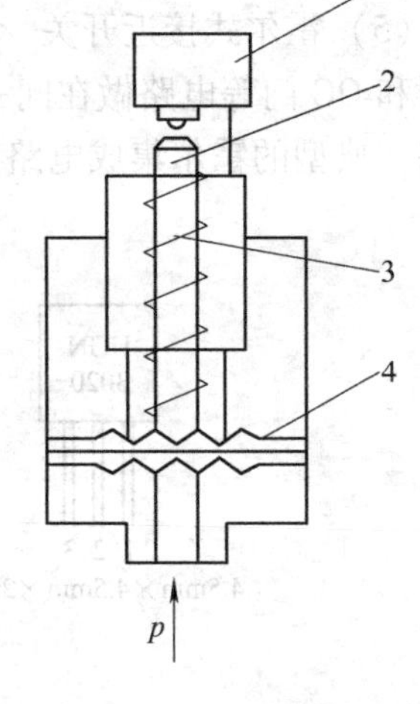


图 8-12　压力开关结构示意图

1—微动开关　2—顶杆

3—压缩弹簧　4—橡皮膜

5. 温控开关

温控开关是一种利用温度敏感元件，如热敏电阻值随被测温度变化而改变的原理所制成的开关。

热敏电阻经电子线路比较放大后，驱动小型继电器动作，从而迅速而准确地反映被测点的温度。热敏电阻有负温度系数热敏电阻（NTC），正温度系数热敏电阻（PTC）两大类，两者均有线性型和突变型，前者用于温度测量，后者用于温度控制。在伺服电动机中，将突变型热敏电阻埋设在电动机定子中，并与继电器串联，当电动机温度升到某一定数值时，电路中的电流可以由十分之几毫安突变为几十毫安，使继电器动作，从而实现温度控制和过热保护。

## 二、输出元件

1. 接触器

在数控机床的电气控制中，接触器用来控制如油泵电动机、冷却泵电动机、润滑泵等电动机的频繁起停及驱动装置的电源接通和切断等。它由触头、电磁机构、弹簧、灭弧装置和支架底座等组成，通常分为交流接触器和直流接触器两类。

图 8-13 中，当电磁线圈 5 通电后，电磁系统即把电能转变为机械能，所产生的电磁力克服缓冲弹簧 4 与触头弹簧 7 的反作用力，使铁心 6 和衔铁 3 吸合，并带动动触桥 1 与静触头 2 闭合，从而完成接通主电路的操作。当电磁线圈断电或电压显著下降时，由于电磁力消失或过小，衔铁与动触桥则在弹簧反作用力作用下跳开，触头打开时产生的电弧在灭弧室 8 内冷却熄灭，最后分断主电路。

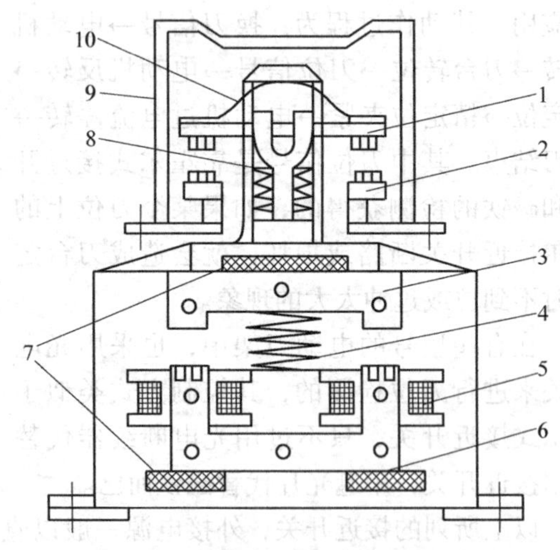


图 8-13　交流接触器结构示意图

1—动触头　2—静触头　3—衔铁　4—缓冲弹簧

5—电磁线圈　6—铁心　7—垫毡　8—触头弹簧

9—灭弧罩　10—触头压力簧片

接触器的动静触头一般置于灭弧罩内。使用接触器时应注意以下几点：

1）控制交流负载选用交流接触器，控制直流负载则选用直流接触器。

2）主触头的额定工作电压应大于或等于负载电路的电压。

3）主触头的额定工作电流应大于或等于负载电路的电流。

4）吸引线圈的额定电压应与控制回路电压相一致，当接触器线圈电压达到额定电压 85% 或更高时，触头应可靠动作。

接触器常见的故障有：

1）线圈过热或烧损。这是由于线圈电压过高或过低或操作频率过高等因素所致。

2）噪声大。这是由于线圈电压低，触头弹簧压力过大或零件卡住等因素所致。

3）触头吸不上。这往往和电压过低、触头接触不良及触头弹簧压力过大等因素有关。

4）触头不释放。这和触头弹簧压力过小、触头熔焊及零件卡住等因素有关。

2. 继电器

继电器是一种根据外界输入的信号来控制电路中电流“通”与“断”的自动切换电器，其触头通常接在控制电路中。继电器和接触器的动作原理大致相同，但是继电器的结构简单、体积小，没有灭弧装置，触头的种类和数量也较多。

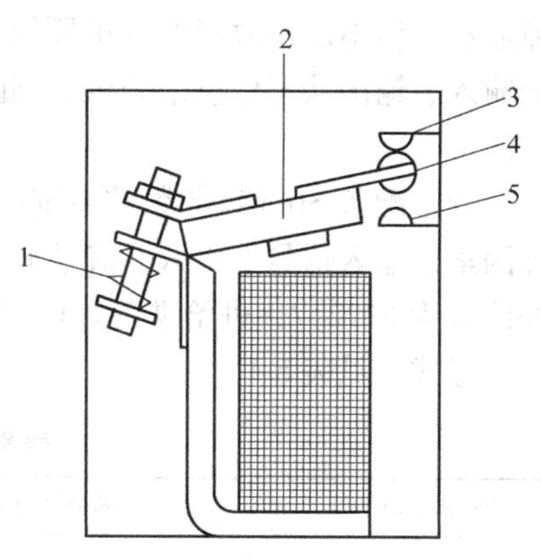


图 8-14 中间继电器

1—弹簧 2—衔铁

3、5—静触头 4—动触头

中间继电器是一种电压继电器，在电流中起信号传递和转换作用。由于中间继电器触头多，可实现多路控制，将小功率的控制信号转换为触头动作，以扩充其他电器的控制作用。在数控机床中，常见的中间继电器线圈电压为直流 +24V。图 8-14 为中间继电器结构示意图。

在数控机床中，还有多种指示灯、液压和气动系统中的电磁阀以及伺服电动机的电磁制动器由 PLC 输出开关量控制。

需要指出的是，内置式 PLC 的输出使用直流 +24V 电源。由于受到输出容量的限制，直流开关输出信号一般用于机床电气柜的中间继电器线圈和指示灯等。中间继电器线圈的驱动电流一般为数十毫安。在开关量输出电路中，当被控制的对象是电磁阀、电磁离合器等交流负载或直流负载，工作电压或电流超过 PLC 输出信号的最大允许值时，PLC 应驱动中间继电器，中间继电器线圈上要并联续流二极管，当线圈断电时，为电流提供放电回路。图 8-15 为内置式 PLC 的输出控制。

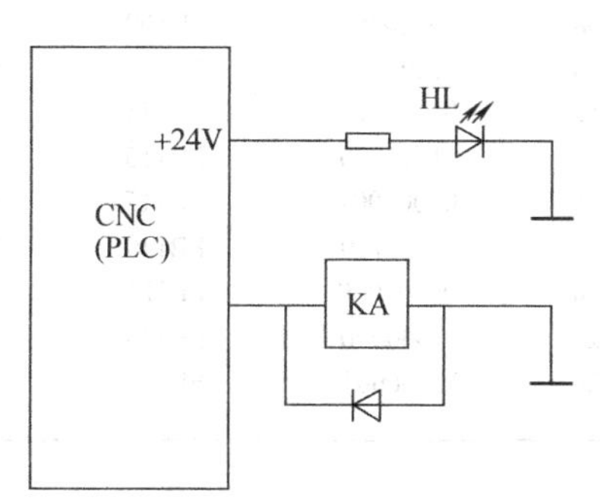


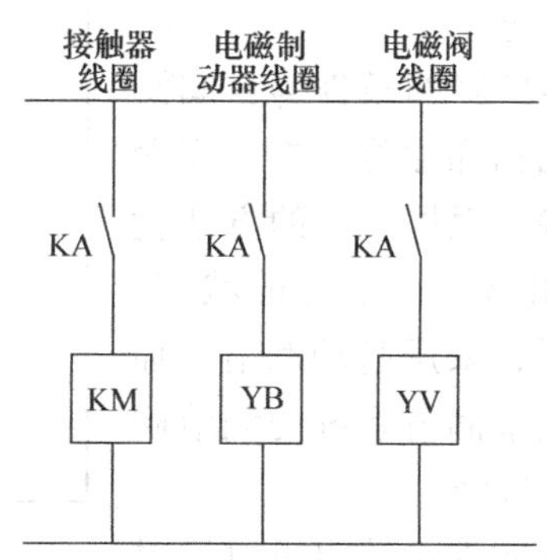


图 8-15 内置式 PLC 的输出控制

有些 PLC 由于本身具有电源模块，输出容量较大，可以提供交流 220V 电源或较大容量的直流 +24V 电源，可以直接带动接触器或电磁阀线圈，如西门子 SIMATICS5—115U 等。

在电器控制柜中，各电器元件及与元件端子相连接的导线均有编号，编号的名称与线圈上的名称相对应。作为维修人员，要熟悉电器线路图和各元器件在电气柜中的位置以及连线的走线等。当输出、输入元件出现故障时，能够做到有的放矢，提高故障诊断的正确性。

# 第三节 PLC 故障分析

## 一、PLC 故障形式

当数控机床出现 PLC 方面的故障时，一般有三种表现形式：CNC 故障报警；有 CNC 故障显示，但不反映故障的真正原因；没有任何提示。对于后两种情况，根据 PLC 的梯形图和输入、输出状态信息来分析和判断故障的原因，这种方法是解决数控机床外围故障的基本方法。

如某配备 SIEMENS 数控系统的机床显示某号报警，其内容是进给禁止。引起报警的各种因素以输入信号 I 和标志信号 F 出现在 PLC 程序中。若报警号标志为 F130.1，伺服准备好信号为 F122.7，进给准备好标志为 I5.2，润滑准备好信号为 F122.0，则逻辑关系有下面三种形式，见表 8-1。

表 8-1 输入输出及标志逻辑关系

| 语句表（STL） | 梯形图（LAD） | 流程图（CSF） |
|---|---|---|
| ：A F122.7<br>：A I5.2<br>：A F122.0<br>：A F130.1 | F122.7 F122.0 I5.2 S R Q F130.1 | F122.7 I5.2 F122.0 & S R F130.1 |

通过操作面板上的 DIAGNOSIS 软键功能，在监视器上显示 PLC STATUS 菜单，如图 8-16 所示。观察 IB、FB 输入及标志字状态位，发现只有 F122.0 不为“1”，这说明由于润滑没有准备好而引起进给禁止。

设润滑准备好的条件为：润滑起动，润滑油箱和油位监控，润滑油的油压监控。根据上面的方法就可以继续查出这三个信号的状态。根据电路图样，采用起动润滑、加注润滑油和调节润滑系统的调节阀等措施以消除报警。

JOG
PLC STATUS –CH1

| | 76543210 | | 76543210 |
|---|---|---|---|
| FB106 | 00000000 | FB107 | 00000000 |
| FB108 | 00110001 | FB109 | 10010000 |
| FB110 | 11001000 | FB111 | 00000111 |
| FB112 | 00000001 | FB113 | 00000001 |
| FB114 | 11111000 | FB115 | 11111110 |
| FB116 | 00001001 | FB117 | 00100001 |
| FB118 | 11111110 | FB119 | 11111001 |
| FB120 | 00000010 | FB121 | 10010001 |
| FB122 | 11000000 | FB123 | 00111000 |
| FB124 | 10100001 | FB125 | 00000010 |

图 8-16 PLC STATUS

SIEMENS 数控系统也可以通过机位编程器，如 PG685、PG710、PG750 及装有专用软件的通用微机来实现观察 PLC 梯形图或流程图，通过 RS232C 和 CNC 通信，进行数据发送和接收，如图 8-17a 所示。图 8-17b 所示为编程器页面显示。机外编程的操作系统由 S5-DOS、S5-DOS/SMATIC、STEP5 编程软件包。

对 FANUC 系统可以直接利用 CNC 系统上的 DGNOS PAPRM 功能跟踪梯形图的运行，FANUC 系统可用 P-E 或 P-G 编程器装置和 FAPTLAD 编程语言进行 PLC 编程。对 FANUC 10、11、12 和 15 系统也可通过数控系统的 MDI/CRT 直接进行 PLC 编程和梯形图跟踪。

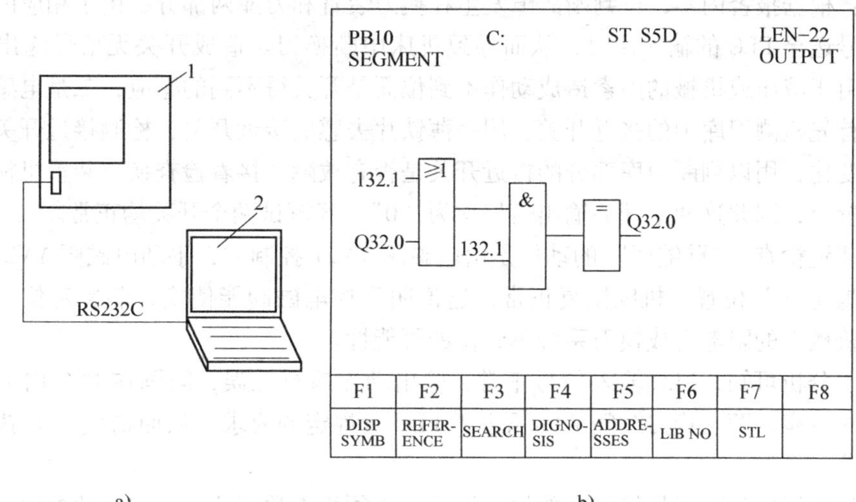


图 8-17 机外编程器

a）与 CNC 连接 b）页面显示

1—CNC 2—机外编程器

对 MITSUBISHI 公司的 MELDAS50 系列数控系统，可以通过 MDI/CRT 进行梯形图跟踪及 PLC 梯形图设计。编程方法与 MITSUBISHI 公司 FX 系列 PLC 控制器相同。

## 二、PLC 故障分析

1. 根据报警号诊断故障

数控系统的故障报警信息，为用户提供排除故障的信息。

**例 1** 一台配置 SINUMERIK 820 数控系统的加工中心，产生 7035 号报警，查阅报警信息为工作台分度盘不回落。

在 SINUMERIK 810/820 数控系统中，7 字头的报警为 PLC 操作信息或机床厂设定的报警，表明 CNC 系统外的机床侧状态不正常。

诊断：一般的处理方法是，调出 PLC 的输入、输出状态与复制清单对照查找故障。工作台分度盘的回落是由工作台下面的接近开关 SQ25、SQ28 来检测的，其中 SQ28 检测工作台分度盘是否旋转到位，对应 PLC 输入接口 I10.6；SQ25 检测工作台分度盘是否回落到位，对应 PLC 输入接口 I10.0。工作台分度盘的回落是由输出接口 Q4.7 通过继电器 KA32 驱动电磁阀 YV06 动作来完成的。

从 PLC STATUS 中观察，I10.6 为“1”，表明工作台分度盘旋转到位；I10.0 为“0”，表明工作台分度盘未回落，再观察 Q4.7 为“0”，KA32 继电器不得电，电磁阀 YV06 不动作，因而工作台分度盘不回落产生报警。

试手动 YV06 电磁阀，观察工作台分度盘是否回落，以区别故障在输出回路还是在 PLC 内部。

**例 2** 某数控机床的换刀系统在执行换刀指令时不动作，机械臂停在行程的中间位置上，监视器显示报警信息，查手册得知该报警信号表示换刀系统机械臂位置检测开关信号为“0”及“刀库换刀位置错误”。

诊断：根据报警内容，可判断故障发生在换刀装置和刀库两部分，由于相应的位置检测开关无信号送至 PLC 的输入接口，从而导致机床中断换刀。造成开关无信号输出有两个原因：一是由于液压或机械的因素造成动作不到位而是开关得不到的感应；二是电感式接近开关失灵。首先检测刀库中的接近开关，用一薄铁片去感应接近开关，检测接近开关的输出信号是否有变化，用以判断刀库部分的接近开关是否有故障。接着检查换刀装置机械臂停在行程中间位置上，因此这两个开关输出信号均为“0”，经测试两个开关均正常。

机械装置检查：“臂缩回”的动作是由电磁阀 YV21 控制的，手动电磁阀 YV21，将机械缩回至“臂缩回”位置，机床恢复正常，这说明手控电磁阀能使换刀装置定位，从而排除了液压或机械上的阻滞造成换刀系统不到位的可能性。

由以上分析可知，PLC 输入信号正常，输出动作执行无误，问题在 PLC 内部或操作不当。经操作观察，两次换刀时间的间隔小于 PLC 所规定的要求，从而造成 PLC 执行程序错误引起故障。

对于只有报警号而无报警信息的故障报警，必须检查数据位，确定该数据位所表示的含义，采取相应的措施。

**例 3** 配备 FANUC 7 数控系统的某数控机床，产生 99 号报警，该报警无任何说明。

诊断：利用机床信息诊断，发现数据 T6 的第 7 位数据有“1”变为“0”，该数据位为数控柜过热信号，正常时为“1”，过热时为“0”。处理方法：检查数控柜中的热控开关，检查数控柜中的通风是否良好，检查数控柜中的稳压装置是否损坏。

2. 根据动作顺序诊断故障

数控机床上刀具及托盘等装置的自动交换动作，都是按一定的顺序来完成的。因此，观察机械装置的运动过程，比较故障和正常时的情况，就可发现疑点，诊断出故障原因。

**例 4** 图 8-18 所示某立式加工中心自动换刀控制示意图。故障现象是换刀臂平移至 $C$ 时，无拔刀动作。

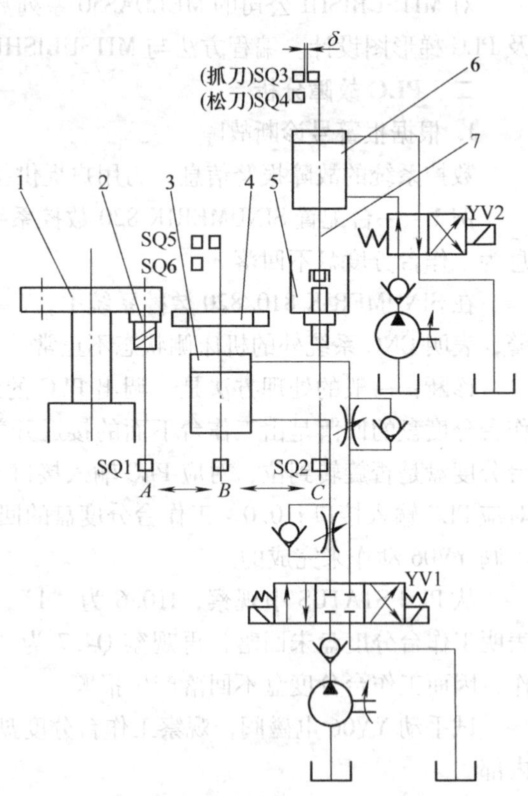


图 8-18 自动换刀控制示意图

1—刀库 2—刀具 3—换刀臂升降液压缸 4—换刀臂 5—主轴 6—主轴液压缸 7—拉杆

诊断：ATC 工作的起始动作状态是：主轴保持要交换的旧刀具，换刀臂在 $B$ 位置，换刀臂在上部位置，刀库已将要交换的新刀具定位。自动换刀的顺序为：换刀臂左移（$B$→$A$）→换刀臂下降（从刀库拔刀）→换刀臂（$A$→$B$）→换刀臂上升→换刀臂右移（$B$→$C$，抓住主轴中的刀具）→主轴液压缸下降（松刀）→换刀臂下降（从主轴拔刀）→换刀臂旋转 180°（两刀具交换位置）→换刀臂上升（抓刀）→换刀臂左移（$C$→$B$）→刀库转动（找出旧刀具位置）→换刀臂左移（$B$→$A$，返回旧刀具给刀库）→换刀臂右移（$A$→$B$）→

刀库转动（寻找下把刀具）。换刀臂平移至 C 位置时，无拔刀动作，引起故障有几种可能：

1）SQ2 无信号，使松刀电磁阀 YV2 未励磁，主轴仍处于抓刀状态，换刀臂不能移动。

2）松刀接近开关 SQ4 无信号，则换刀臂升降，电磁阀 YV1 状态不变，换刀臂不下降。

3）电磁阀有故障，给予信号也不能动作。

检查发现 SQ4 未发信号，对 SQ4 进一步检查，发现感应间隙过大，导致接近开关无信号输出，产生动作障碍。

3. 根据控制对象的工作原理诊断故障

数控机床的 PLC 程序是按照控制对象的工作原理设计的，通过对控制对象工作原理的分析，结合 PLC 的 I/O 状态是诊断故障很有效的方法。

**例 5**　一台配置 FANUC 0T 系统的某数控车床其尾座套筒的 PLC 输入开关如图 8-19 所示。故障现象是当脚踏尾座开关使套筒顶尖顶紧工件时，系统产生报警。

诊断：在系统诊断状态下，调出 PLC 输入信号，发现脚踏向前开关输入 X04. 2 为“1”，脚踏尾座转换开关输入 X17. 3 为“1”，润滑油供给正常使液位开关输入 X17. 6 为“1”。调出 PLC 输出信号，当脚踏向前开关时，输出 Y49. 0 为“1”，同时，电磁阀 YV4. 1 也得电，这说明 PLC 输入、输出状态均正常。

图 8-20 是尾座套筒液压系统。当电磁阀 YV4. 1 通电后，液压油经减压阀、节流阀和液控单向阀进入尾座套筒液压缸，使其向前顶紧工件压力继电器常开触头接通。松开脚踏开关后，电磁换向阀处于中间位置，油路停止供油。由于液控单向阀的作用，尾座套筒向前时的油压得到保持，该油压使压力继电器常开触头接通，系统 PLC 输入信号 X00. 2 为“1”。但是检查系统 PLC 输入信号 X00. 2 则为“0”，说明压力继电器有问题。经检查，压力继电器 SP4. 1 触头开关损坏，油压信号无法接通，从而造成 PLC 输入信号为“0”，系统认为尾座套筒未顶紧而产生报警。更换新的压力继电器，调整触头压力，使其在向墙脚踏开关动作后接通并保持到压力取消，故障排除。

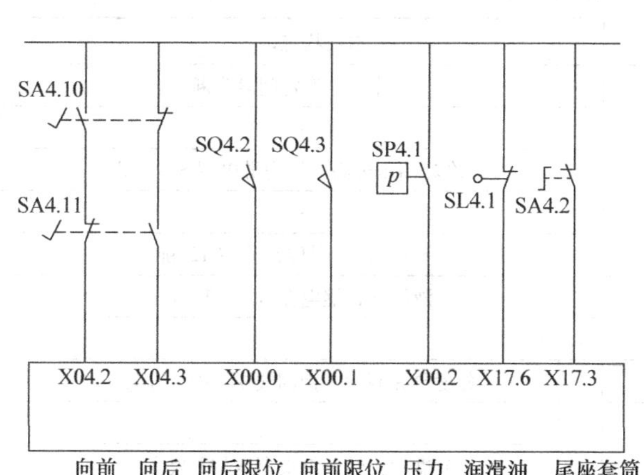


图 8-19　尾座套筒的 PLC 输入开关

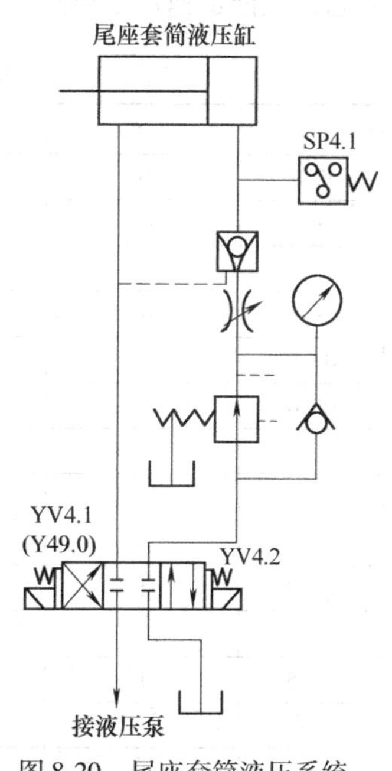


图 8-20　尾座套筒液压系统

**例 6** 一台配备 FANUC 0T 系统的某数控车床，产生刀架奇偶报警，奇数位刀能定位，而偶数位刀不能定位。图 8-21 所示为刀架 PLC 控制信号。

诊断：在机床侧输入 PLC 信号中，刀架位置编码有 5 根信号线，这是一个二进制 8421 编码，它们对应 PLC 的输入信号为 X06. 0、X06. 1、X06. 2、X06. 3 和 X06. 4。在刀架的转位过程中，这五个信号根据刀架的变化而进行不同的组合，从而输出刀架的奇偶位置信号。根据故障现象分析，若刀具位置#634 线信号恒为“1”，而其余四根线的信号则根据刀架的变化情况或“0”或“1”，表明了刀具位置编码器发生故障。

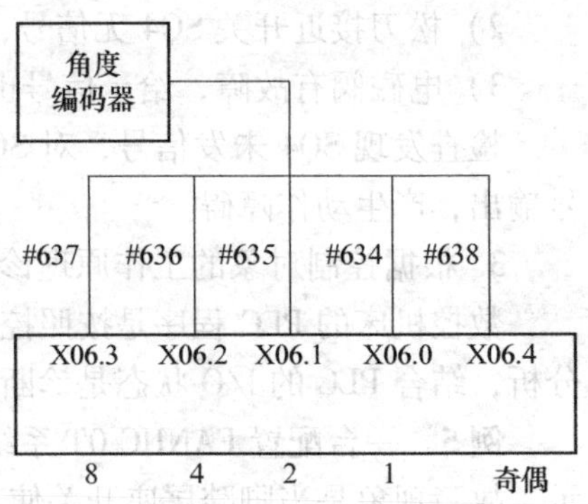


图 8-21 刀架 PLC 控制信号

4. 根据 PLC 的 I/O 状态诊断故障

在数控机床中，输入输出信号的传递，一般要通过 PLC 的 I/O 接口来实现，因此一些故障会在 PLC 的 I/O 接口通道上反映出来。数控机床的这个特点为故障诊断提供了方便。如果不是数控系统硬件故障，可以不必查看梯形图和有关电路图，通过查询 PLC 的 I/O 接口状态，找出故障原因。因此，要熟悉控制对象的 PLC 的 I/O 通常状态和故障状态。

**例 7** 某数控机床出现防护关不上，自动加工不能进行的故障，而且无故障显示，该防护门是由气缸来完成开关的，关闭防护门是由 PLC 输出 Q2. 0 控制电磁阀 YV2. 0 来实现。

诊断：检查 Q52. 0 的状态，其状态为“1”，但电磁阀 YV2. 0 却没有得电，由于 PLC 输出 Q2. 0 是通过中间继电器 KA2. 0 来控制电磁阀 YV2. 0 的，检查发现，中间继电器损坏引起故障。

另外一种简单实用的方法，就是将数控机床的输入/输出状态列表，通过比较通常状态和故障状态，就能迅速诊断出故障部位。表 8-2 为某数控机床的 PLC 输入/输出状态。

**表 8-2 PLC 输入/输出状态**

| 接口 | | 本项状态 | 通常状态 | 本项状态内容 |
|---|---|---|---|---|
| 输入 | I0. 0 | 0 | 1 | 急停，急停常闭触头断 |
| | … | … | … | … |
| | I3. 1 | 1 | 0 | 主轴冷却油压过高，压力继电器 SP92 闭合 |
| | … | … | … | … |
| | I15. 7 | 0 | 1 | 分度工作台限位开关 SQ12 断 |
| 输出 | Q0. 0 | 1 | 1 | 液压开，继电器 KA11 吸合 |
| | … | … | … | … |
| | Q0. 4 | 1 | 0 | 分度台无制动，抱闸线圈 YB15 得电 |
| | … | … | … | … |
| | Q0. 7 | 1 | 0 | 分度台旋转，继电器 KA43 吸合 |
| | … | … | … | … |
| | Q5. 5 | 1 | 0 | 机械手向下，电磁阀 YV24 得电 |
| | … | … | … | … |
| | Q11. 7 | 1 | 0 | 刀库旋转，继电器 KA35 吸合 |

**例8** 故障现象是数控机床不能启动，但无报警信号。

诊断：这种情况大多数是由于机床侧的准备工作没有完成，如润滑准备、冷却准备等。根据表8-2，查阅PLC有关的输入、输出接口，发现I3.1为“1”，其余均正常。从接口表明看，正常I3.1为“0”，检查压力开关SP92，发现滤油阀脏，堵塞造成油压增高。

**例9** 机床同上，故障现象是分度台旋转不停，但无报警信号。

诊断：查阅输出接口，发现输出Q0.4为“1”，Q0.7为“1”。从接口表看，Q0.4为“1”，表明分度台无制动，Q0.7为“1”表明分度台处于旋转状态。再检查输入接口，发现I15.7为“0”，其余正常，原因是限位开关SQ12损坏。更换限位开关后，PLC输入、输出均恢复正常，故障排除。

5. 通过PLC梯形图诊断故障

根据PLC的梯形图来分析和诊断故障是解决数控机床外围故障的基本方法。如果采用这种方法诊断机床故障，首先应该查清机床的工作原理、动作顺序和连锁关系，然后利用CNC系统的自诊断功能或通过机外编程器，根据PLC梯形图查看相关的输入、输出及标志位的状态，以确定故障原因。

**例10** 一台配备SINUMERIK 810数控系统的加工中心，出现分度工作台不分度的故障且无报警。

诊断：工作台分度时首先将分度的齿条与齿轮啮合，这个动作是靠液压装置来完成的，由PLC输出Q1.4控制电磁阀YV14来执行。PLC梯形图如图8-22所示。通过数控系统的DIAGNOSIS自诊断功能中的“STATUS PLC”软健，实时查看Q1.4的状态，发现其状态为“0”，由PLC梯形图，查看“STATUS PLC”中的输入信号，发现I10.2为“0”，从而导致F105.2为“0”。I9.3、I9.4、I10.2和I10.3为4个接近开关的检测信号，以检测齿条和齿轮是否啮合。工作台分度时，这4个接近开关都应该有信号，即I9.3、I9.4、I10.2和I10.3应闭合，但是I10.2未闭合。

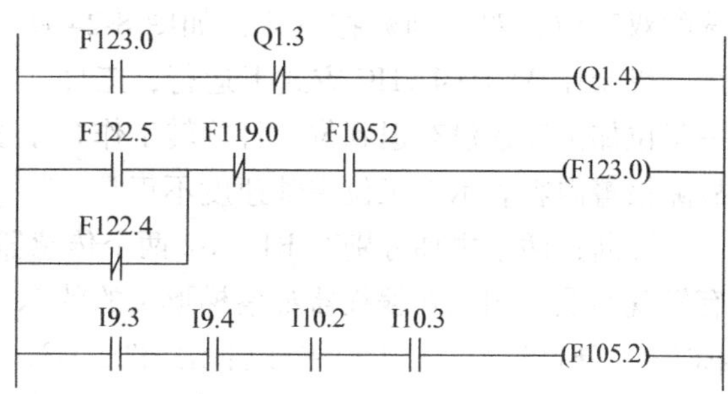

图8-22 分度工作台PLC梯形图

处理方法：检查机械传动部分和机械传动开关是否有故障。

上述方法是在已知PLC梯形图的情况下，通过CNC自诊断功能中的PLC STATUS来查看输入输出及标志字，以此来诊断故障。对SIEMENS数控系统，也可通过机外编程器实时观察PLC的运行情况。

**例11** 某卧式加工中心出现回转工作台不旋转的故障。

诊断：用机外编程器调出有关回转工作台的梯形图，如图8-23所示。根据回转工作台的工作原理，工作台首先气动浮起，然后旋转，气动电磁阀YV12受PLC输出Q1.2的控制。根据加工工艺的要求，当两个工位的分度头都在起始位置，回转工作台才能满足旋转的条件，I9.7、I10.6检测信号是反映两个工位的分度头是否在起始位置，正常情况下两者应该同步，F122.3是分度到位标志位。

从PLC的PB20.10中观察，由于F97.0未闭合，导致Q1.2无输出，电磁阀YV12不得电。

继续观察 PB20.9，发现 F120.6 未闭合导致 F97.0 低电平。向下检查 PB20.7，F120.4 未闭合引起 F120.6 未闭合。继续跟踪 PB20.3，F120.3 未闭合引起 F120.4 未闭合。向下检查 PB20.2，由于 F122.3 没满足，导致 F120.3 未闭合。观察 PB21.4，发现 I9.7、I10.6 状态总是相反，故 F122.3 总是“0”。故障时两个工位分度头不同步引起。

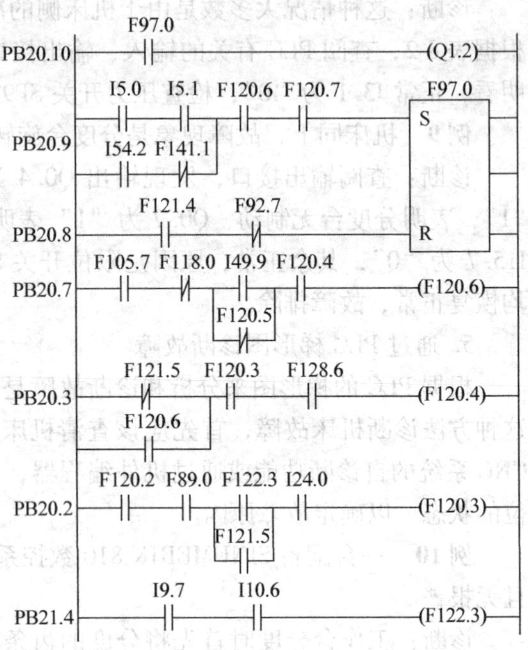

图 8-23 回转工作台 PLC 梯形图

处理方法：检查两个工位分度头的机械装置是否错位；检查检测开关 I9.7、I10.6 是否发生偏移。

6. 动态跟踪梯形图诊断故障

有些 PLC 发生故障时，查看输入输出及标志状态均为正常，此时必须通过 PLC 动态跟踪，实时跟踪输入输出及标志状态的瞬时变化。根据 PLC 动作原理作出诊断。

**例 12** 一台配备 SINUMERIK 810 数控系统的双工位，双主轴数控机床，如图 8-24 所示。机床在 AUTOMATIC 方式下运行，工件在一工位加工完还没有退到位，且旋转工作台正要旋转时，二工位主轴停转，自动循环中断，故障报警内容表示二工位主轴速度不正常。

诊断：两个主轴分别有 B1、B2 两个传感器检测转速，通过对主轴传动系统的检查，没有发现问题。用机外编程器观察梯形图的状态，如图 8-25 所示。F112.0 为二工位主轴启动标志位，F111.7 为二工位主轴启动条件，Q32.0 为二工位主轴启动输出，I21.1 为二工位主轴卡紧检测输入，F115.1 为二工位刀具卡紧标志位。

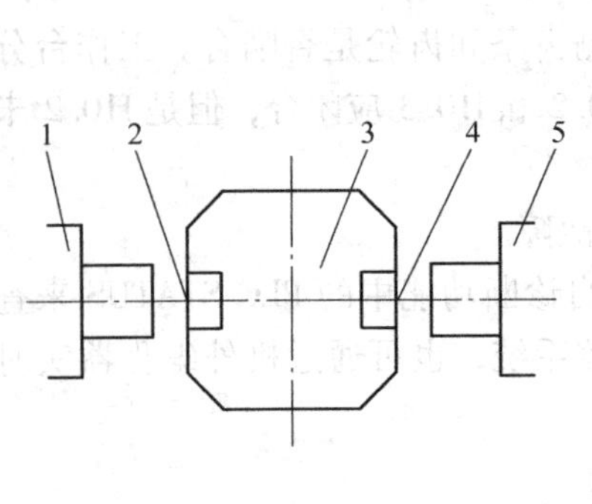

图 8-24 双工位、双主轴示意图

1—主轴Ⅰ 2—工位Ⅰ 3—回转工作台 4—工位Ⅱ 5—主轴Ⅱ

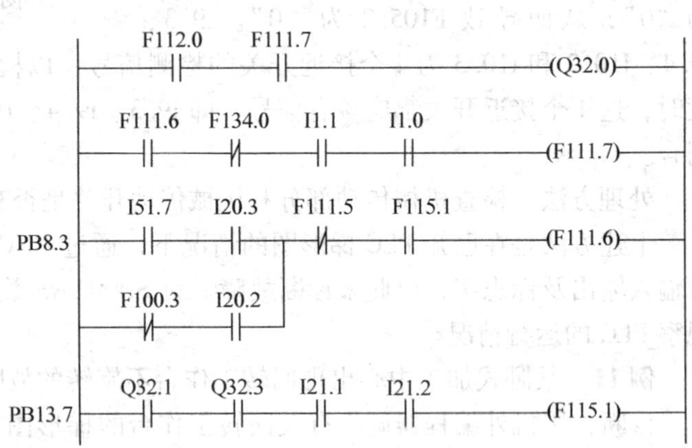

图 8-25 双工位、双主轴 PLC 梯形图

在编程器上观察梯形图的状态，F112.0 和 Q32.0 状态都为“0”，因此主轴停转，而 F112.0 为“0”是由于 B1、B2 检测主轴速度不正常所致。动态观察 Q32.0 的变化，发现故

障没有出现时，F112.0 和 F111.7 都是闭合，而当故障出现时，F111.7 瞬时断开之后又马上闭合，Q32.0 和 F111.7 瞬时断开其状态变为“0”，在 F111.7 闭合的同时，F112.0 的状态也变为“0”，这样 Q32.0 的状态保持为“0”，主轴停转。B1、B2 由于 Q 32.0 随 F111.7 瞬时断开测得转度不正常而使 F112.0 状态变为“0”。主轴启动的条件 F111.7 受多方面因素的制约，从梯形图上观察发现 F111.6 瞬时变“0”，引起 F111.7 的变化。向下检查梯形图 FPB8.3，发现刀具卡紧标志 F115.1 瞬时变“0”，促使 F111.6 发生变化，继续跟踪梯形图 PB13.7，发现在出故障时，I21.1 是刀具液压夹紧卡紧力检测开关信号，它的断开指示刀具卡紧力不够。由此诊断故障的根本原因是刀具液压卡紧力波动，调整液压使之正常，故障排除。

综上所述，PLC 故障诊断的要点是：

要了解数控机床各部分检测开关的安装位置，如加工中心的刀库，机械手和回转工作台，数控车床的旋转刀架和尾座，机床的气动与液压系统中的限位开关、接近开关和压力开关等，要清楚检测开关作为 PLC 输入信号的标志。

要了解执行机构的动作顺序，如液压缸、气缸的电磁换向阀等，要清楚对应的 PLC 输出信号标志。

要了解各种条件标志，如启动、停止、限位、夹紧和放松等标志信号。借助编程器跟踪梯形图的动态变化，分析故障的原因，根据机床的工作原理作出正确的诊断。

## 思 考 题

8-1 什么是数控机床的 PLC?

8-2 简述数控机床 PLC 的工作原理?

8-3 简述数控机床 PLC 的工作过程?

8-4 数控机床 PLC 的输入、输出元件有哪些?

8-5 数控机床 PLC 故障的表现形式有哪些?

8-6 数控机床 PLC 故障诊断一般采用什么方法?

8-7 一台经济型数控车床在选刀时，电动刀架旋转不停的原因是什么？排除故障后又出现刀位错误，其故障的原因是什么?

8-8 一台数控镗铣床，出现 *X* 轴润滑故障报警提示。该机床坐标轴润滑采用间隙润滑方式，间隙润滑时间由 PLC 中的定时器控制。润滑泵提供的系统压力必须在 5s 内建立起来，否则产生报警。压力到达后，润滑泵停止，60s 后再次启动润滑泵直到系统压力再次到达，如此往复来实现间隙润滑。当调整润滑油路不能消除故障的情况下，应调整 PLC 中的什么参数？调整的原因是什么?

# 参考文献

[1] 中国机械工程学会设备维修分会《机械设备维修问答丛书》编委会. 数控机床故障检测与维修问答[M]. 北京：机械工业出版社，2002.
[2] 郑小年，杨克冲. 数控机床故障诊断与维修[M]. 武汉：华中科技大学出版社，2005.
[3] 孙伟. 数控设备故障诊断与维修技术[M]. 北京：国防工业出版社，2006.
[4] 王贵成. 数控机床故障诊断技术[M]. 北京：化学工业出版社，2005.
[5] 任建平. 现代数控机床故障诊断及维修[M]. 北京：国防工业出版社，2005.
[6] 数控加工设备控制系统维修技术大全编委会. 数控加工设备控制系统维修技术大全[M]. 北京：电子工业出版社，2006.

# 职业教育院校机电类专业规划教材
# 数控技术应用专业教学用书

| 教 材 名 称 | 主　　编 |
|---|---|
| 《机械制图与计算机绘图》 | 陆浩刚 |
| 《机械制图与计算机绘图习题集》 | 陆浩刚 |
| 《电子电工技术》 | 郑亚红 |
| 《机械加工基础》 | 刘军　刘桂霞 |
| 《液压与气动》 | 柴彬堂 |
| 《机械基础》 | 朱求胜 |
| 《公差配合与测量技术》 | 邓晓文 |
| 《计算机绘图-CAXA 电子图板》 | 鲍湘之　曾联 |
| 《车工技能训练》 | 徐刚　黄庭曙 |
| 《钳工技能训练》 | 寇德淼 |
| 《铣工技能训练》 | 刘尚华　徐大山 |
| 《数控机床控制技术基础》 | 陈瑞华 |
| 《数控机床维护与常见故障分析》 | 宗国成 |
| 《数控车削加工工艺与编程操作》 | 孟冬梅 |
| 《数控铣削加工工艺与编程操作》 | 冯志新 |
| 《电加工编程与操作》 | 黄建明 |
| 《CAD/CAM 应用技术》 | 李红强 |
| 《数控专业英语》 | 宋胄 |
| 《模具概论及典型结构》 | 任登安 |
| 《数控车工实训》 | 赵玉岐 |
| 《数控铣工实训》 | 邬疆 |